AF610436

A
B

TABLEAU
ENCYCLOPÉDIQUE
ET MÉTHODIQUE
DES TROIS RÈGNES DE LA NATURE.

AVIS AU RELIEUR.

Tome Ier. Texte ou Explication des Planches, pag. 1 à 180. — Planche 1 à 95, inclusivement.

Tome II. Planche 96 à 314, inclusivement.

Tome III. Planche 315 à 488 (fin).

N. B. Le Relieur remplacera les pages 83 et 84 par un carton qui accompagne le cahier contenant les pages 133 à 180.

TABLEAU ENCYCLOPÉDIQUE ET MÉTHODIQUE DES TROIS RÈGNES DE LA NATURE.

VERS, COQUILLES, MOLLUSQUES ET POLYPIERS.

TOME SECOND.

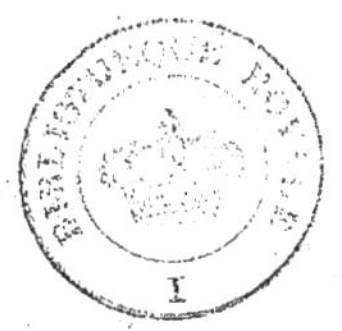

A PARIS,

Chez Mme veuve AGASSE, Imprimeur-Libraire, rue des Poitevins, n° 6.

M. DCCCXXVII.

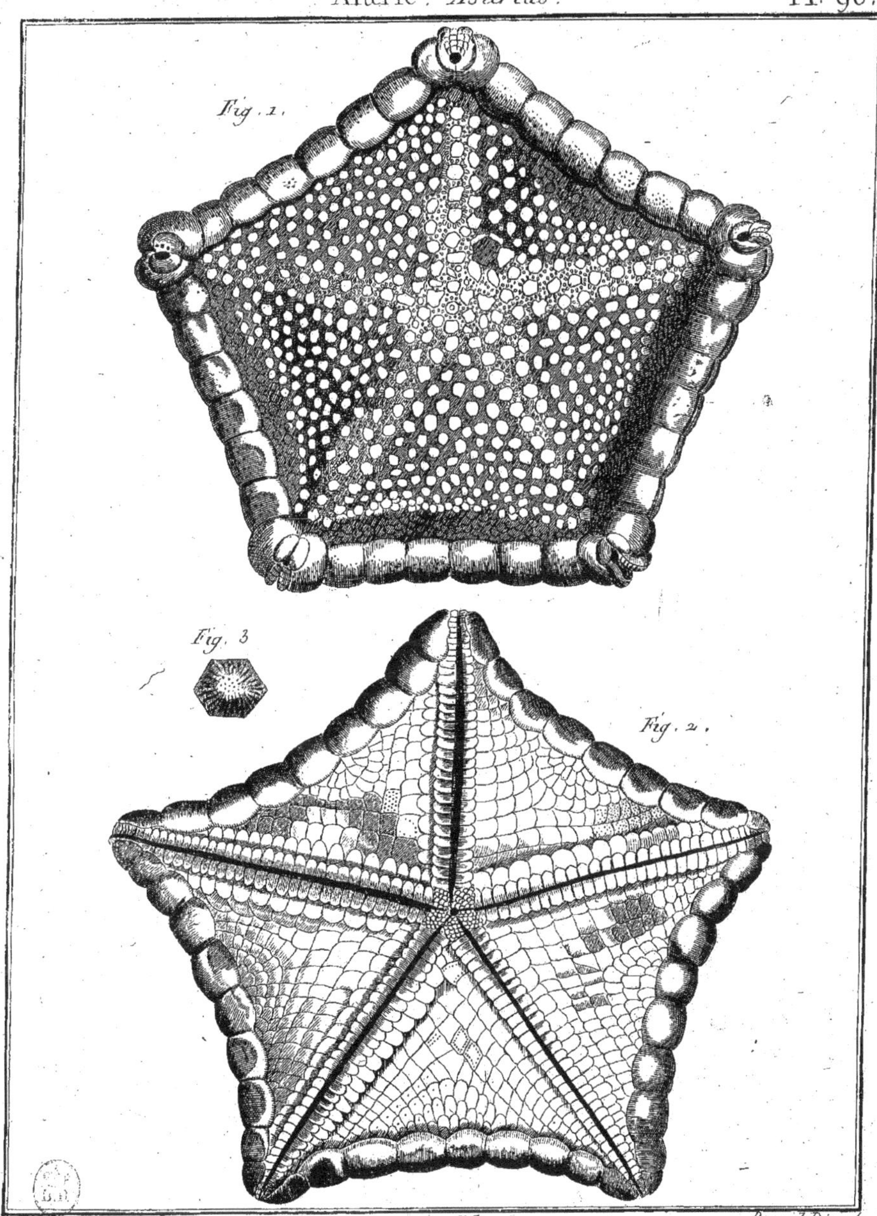

Histoire Naturelle, Vers Echinodermes.

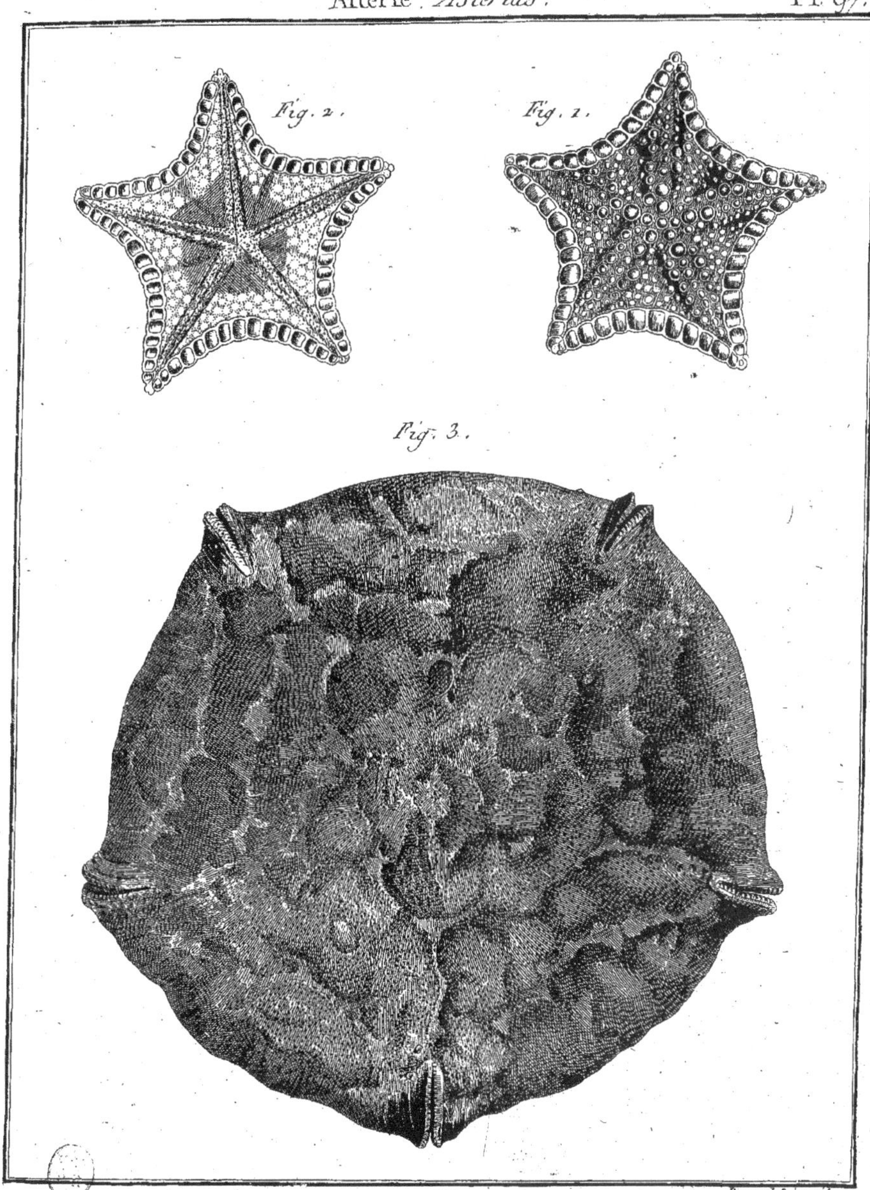

Benard Direxit.

Histoire Naturelle, Vers Echinodermes.

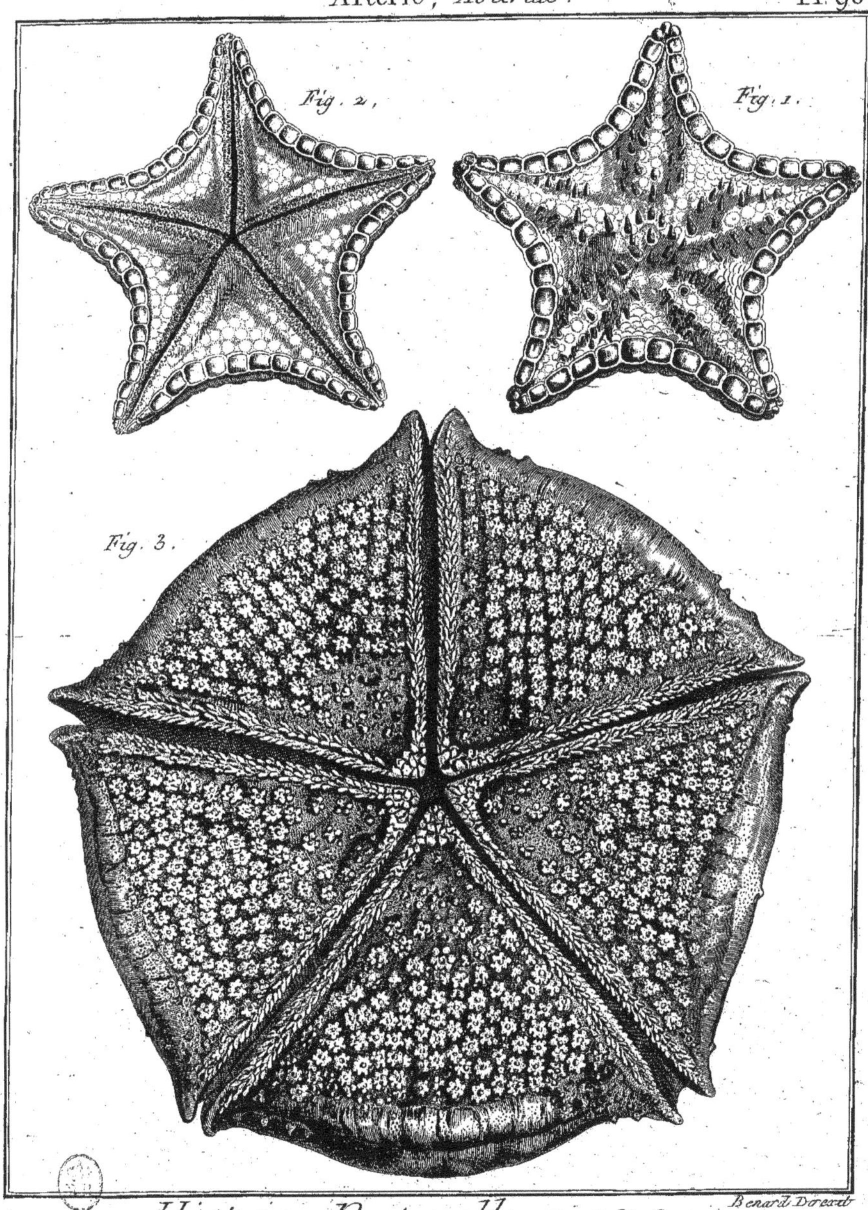

Benard Direxit

Histoire Naturelle, Vers Echinodermes.

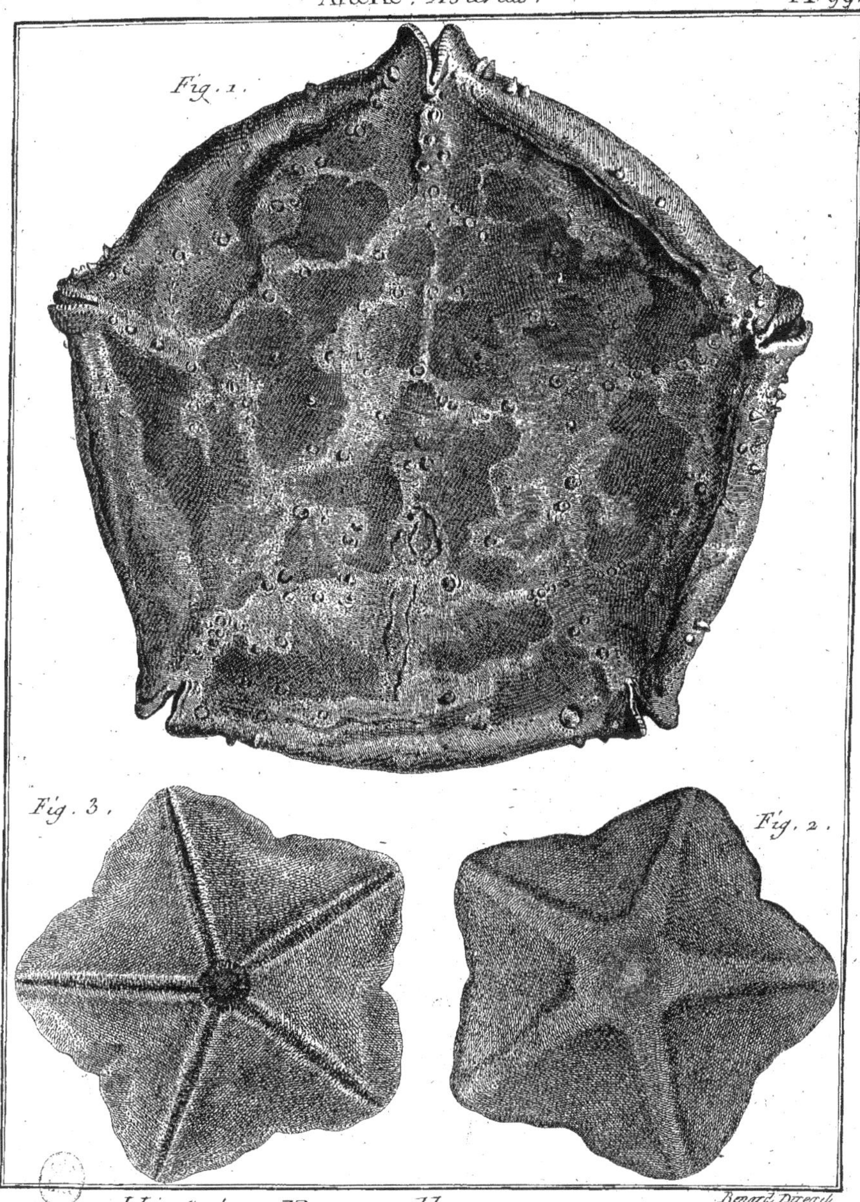

Renard Direxit

Histoire Naturelle, Vers Echinodermes.

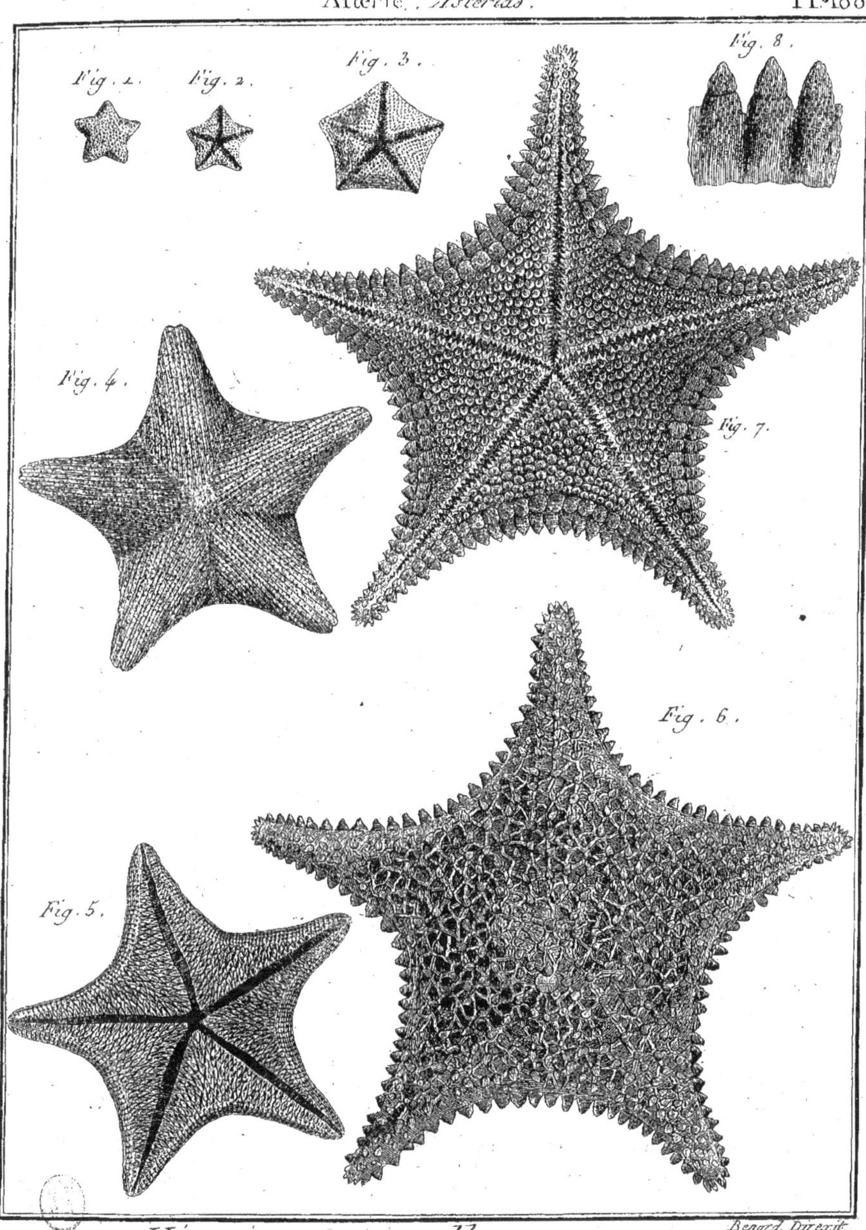

Benard Direxit

Histoire Naturelle, Vers Echinodermes.

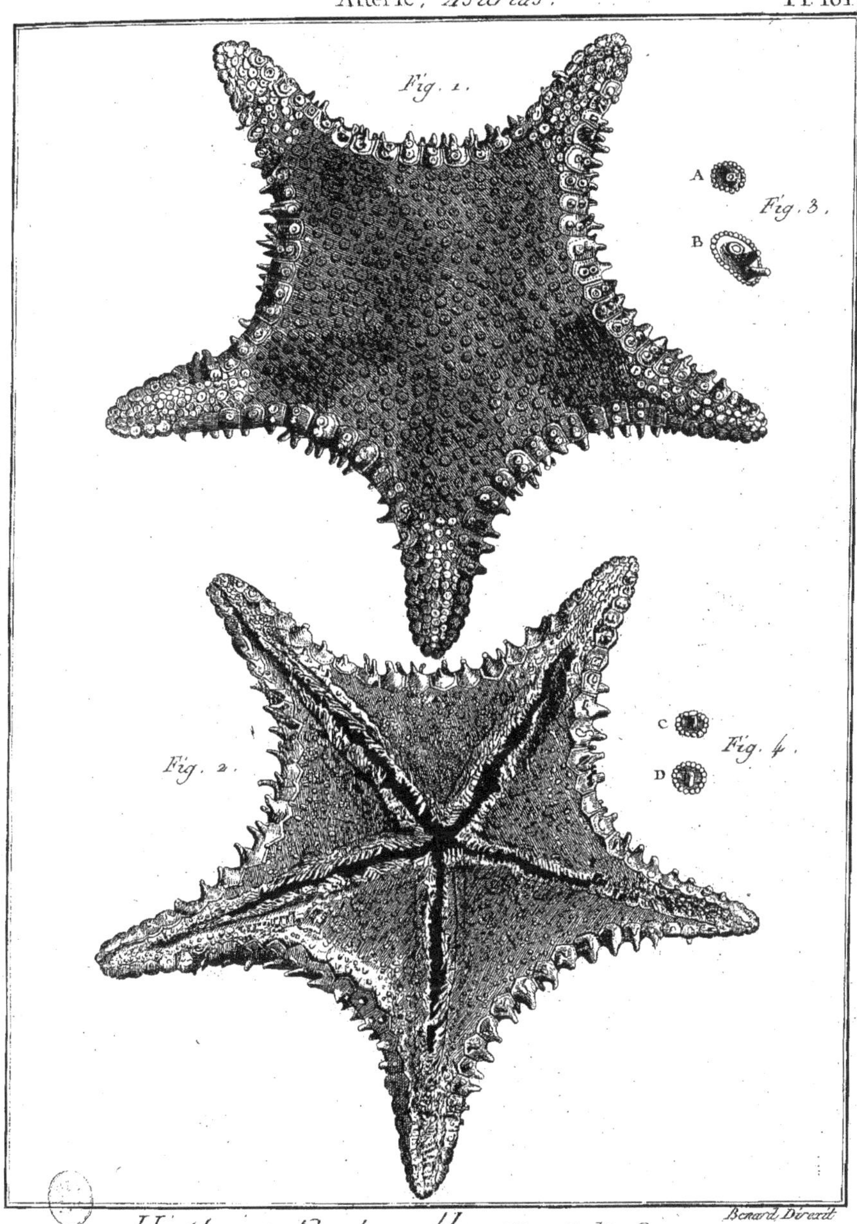

Benard Direxit

Histoire Naturelle, *Vers Echinodermes*.

Astérie, *Asterias*. Pl. 102.

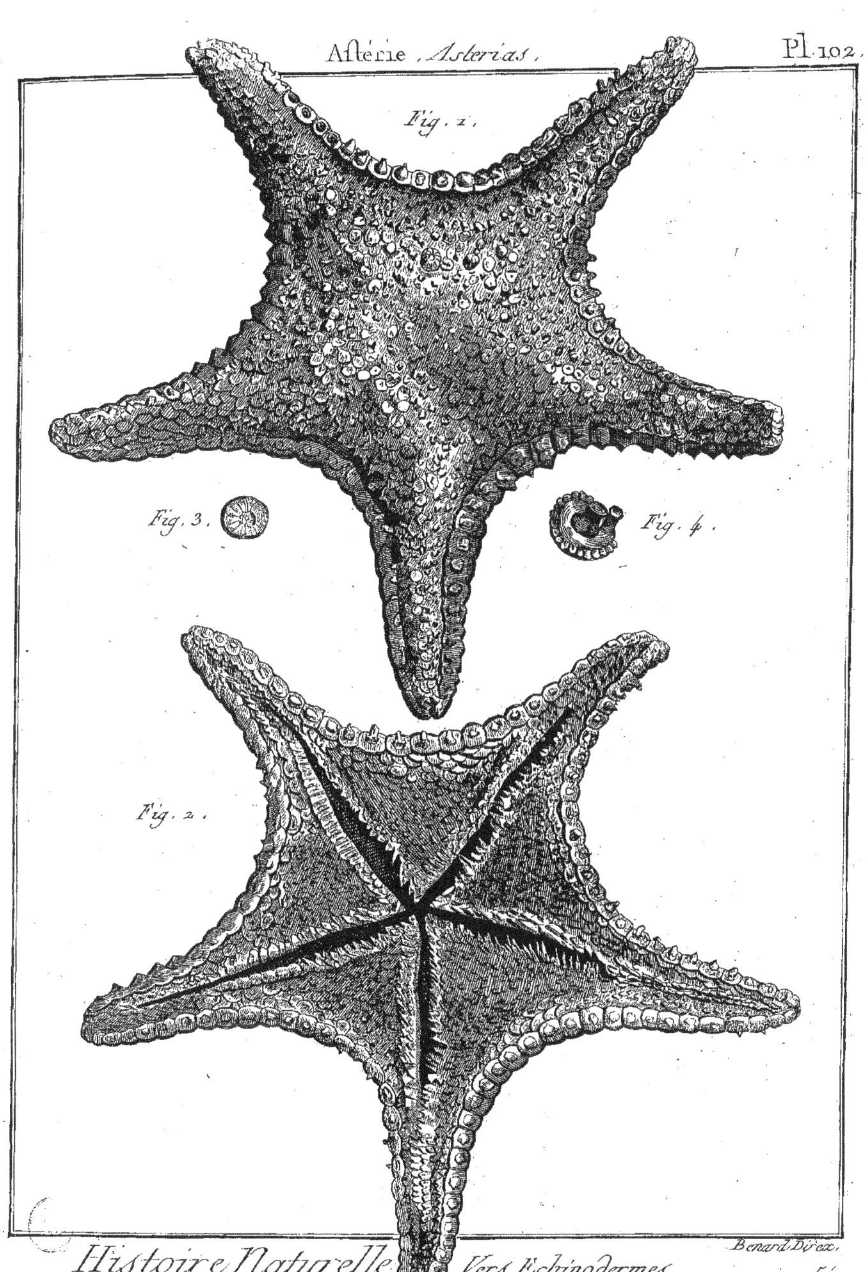

Histoire Naturelle. Vers Echinodermes.

Benard Direx.

54.

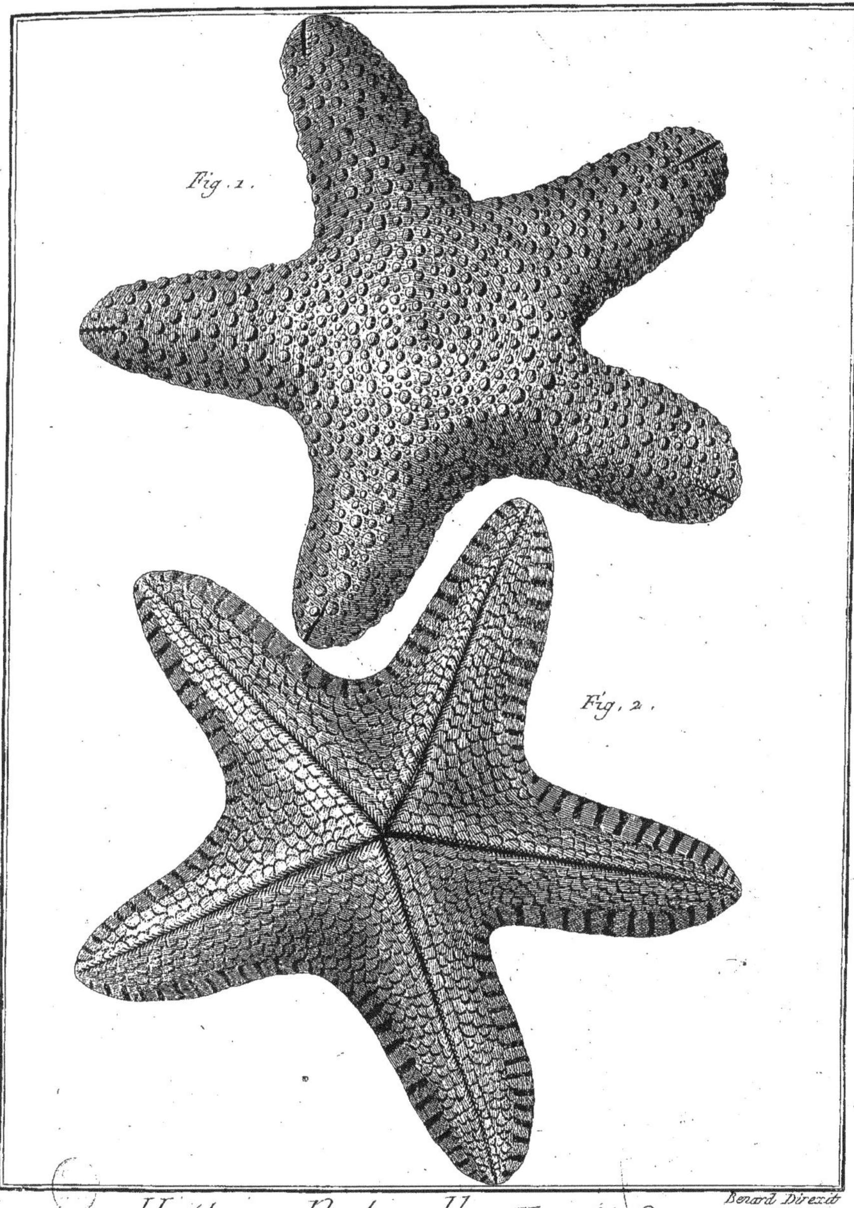

Benard Direxit

Histoire Naturelle, Vers Echinodermes.

Fig. 1.

Fig. 2.

Benard Direxit.

Histoire Naturelle, *Vers Echinodermes.*

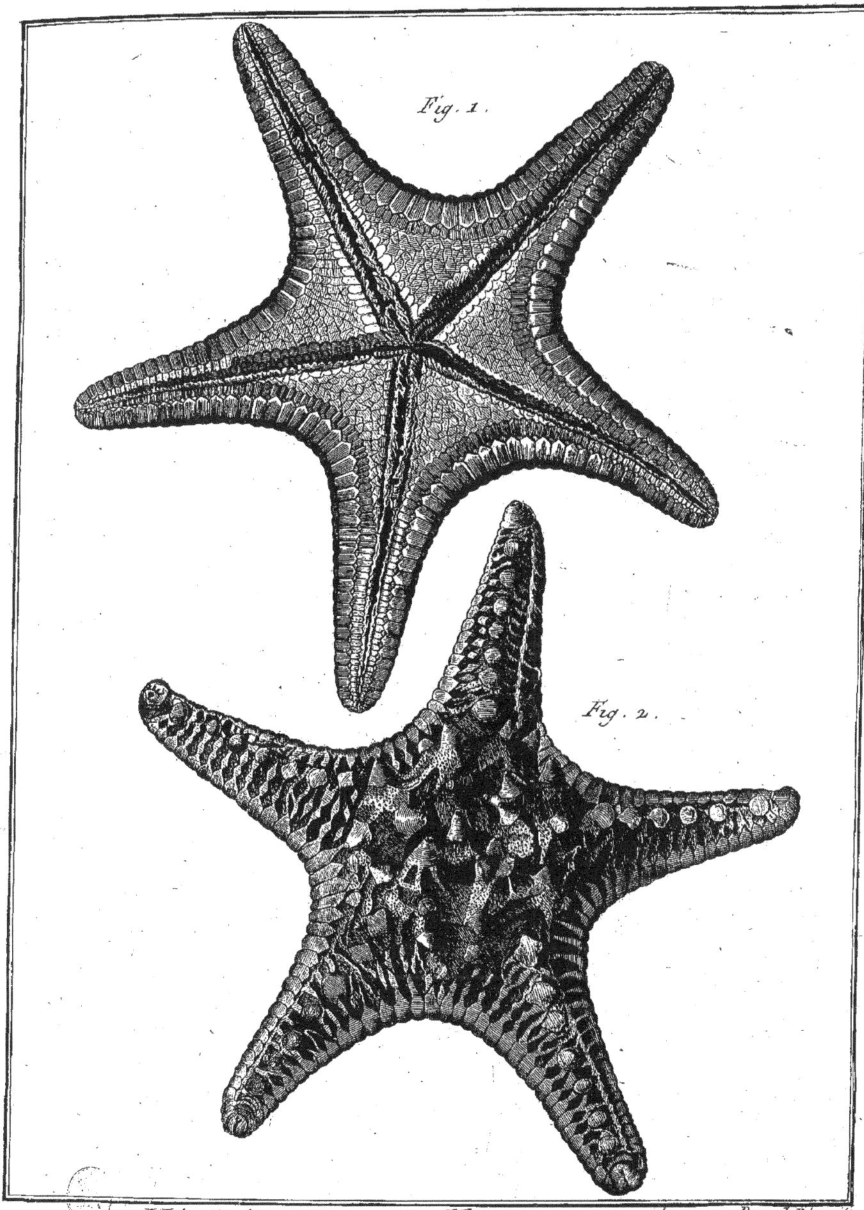

Histoire Naturelle, *Vers Echinodermes.*

Benard Direxit

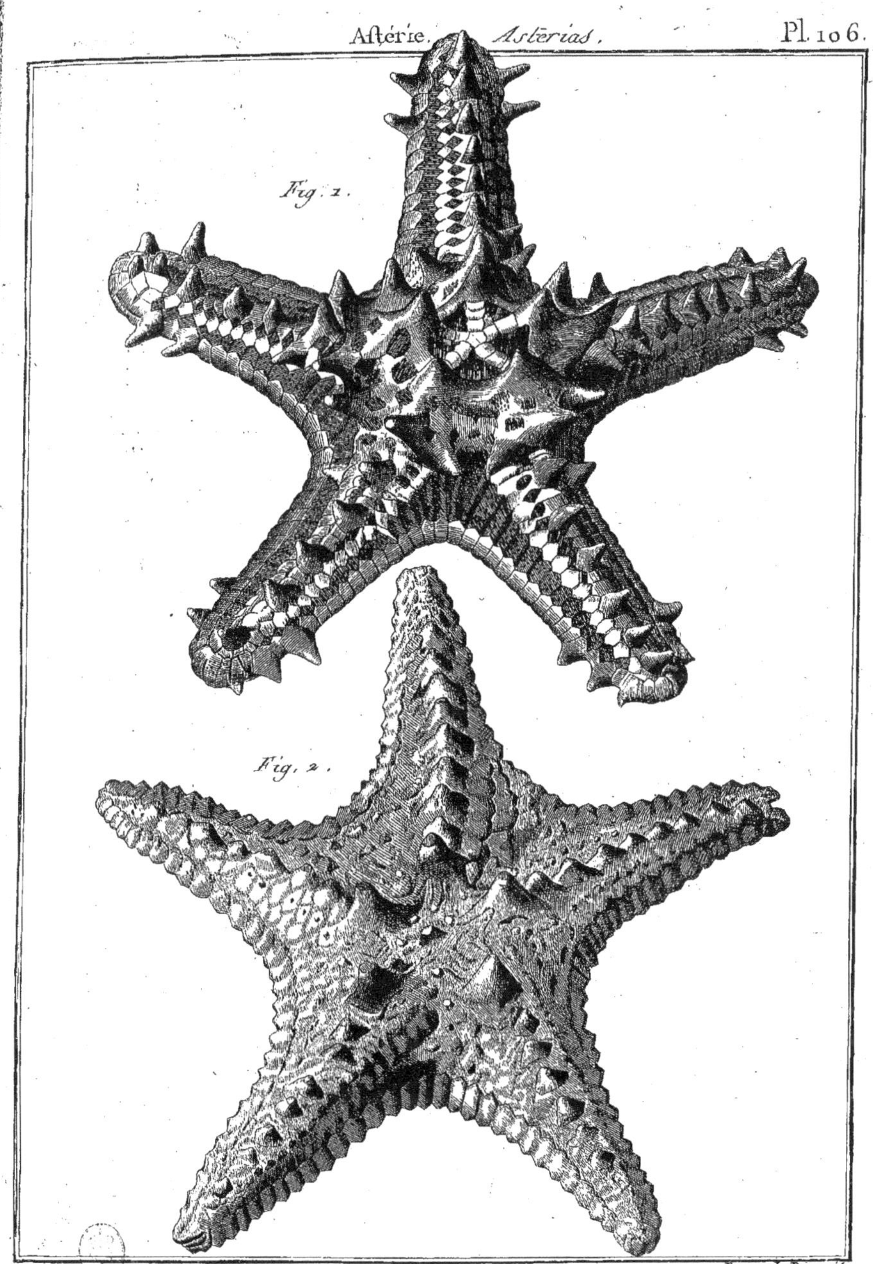

Histoire Naturelle, Vers Echinodermes.

Benard Direxit

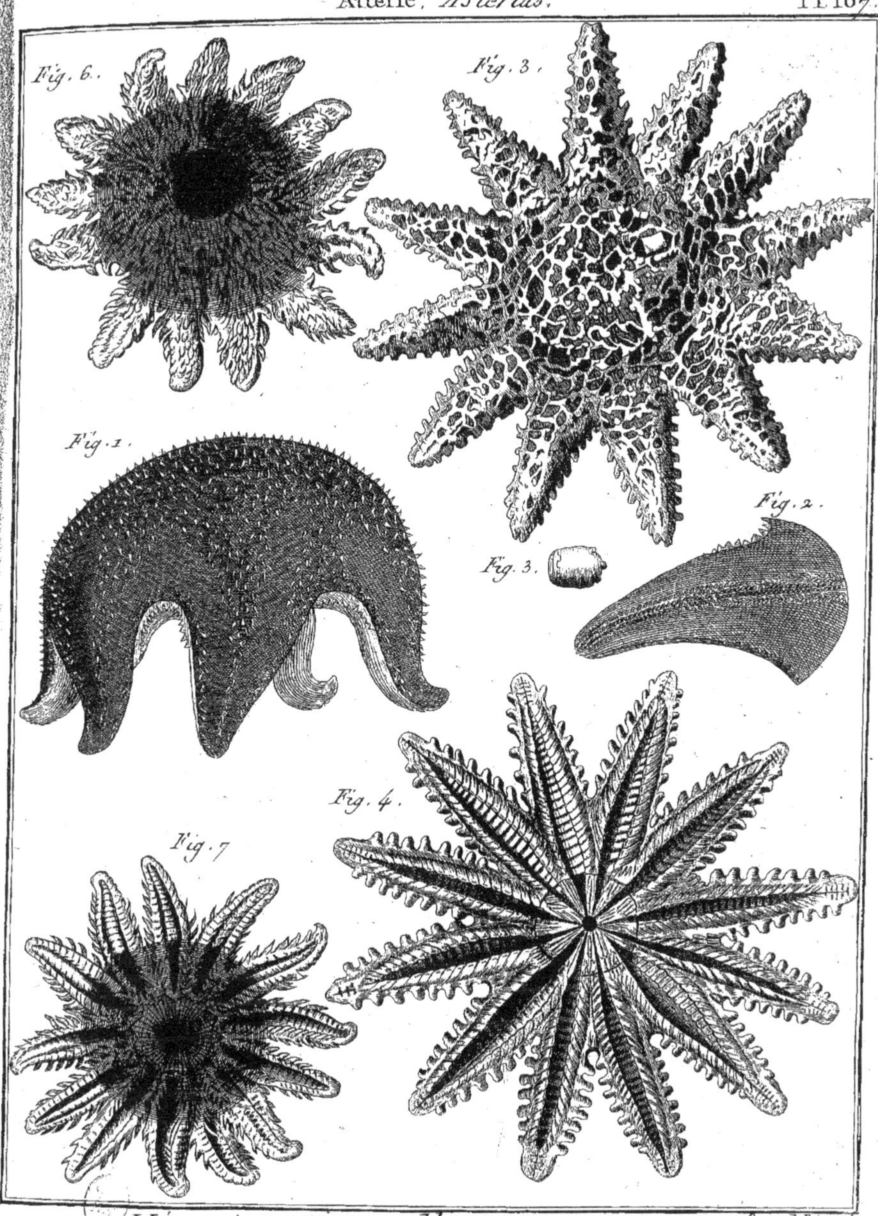

Histoire Naturelle, Vers Echinodermes.

Benard Direxit.

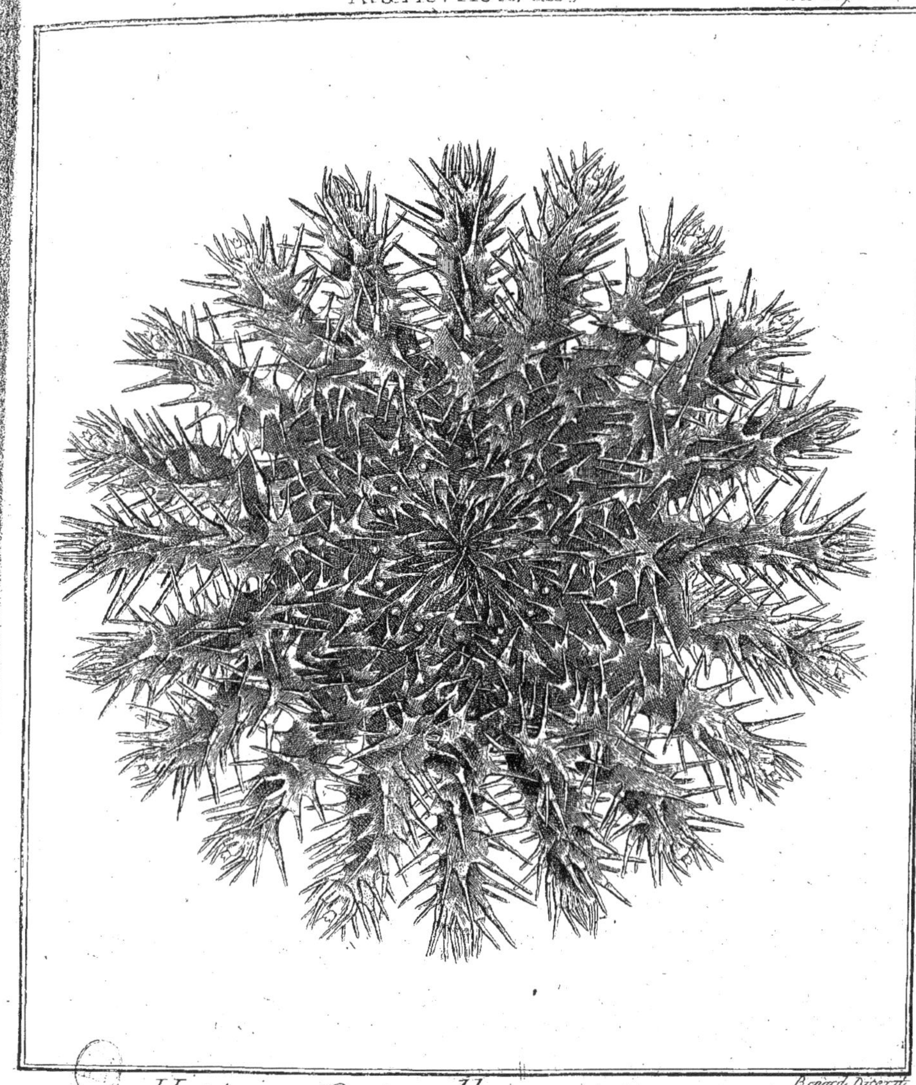

Histoire Naturelle, *Vers Echinodermes.*

Benard Direxit

56, 2.

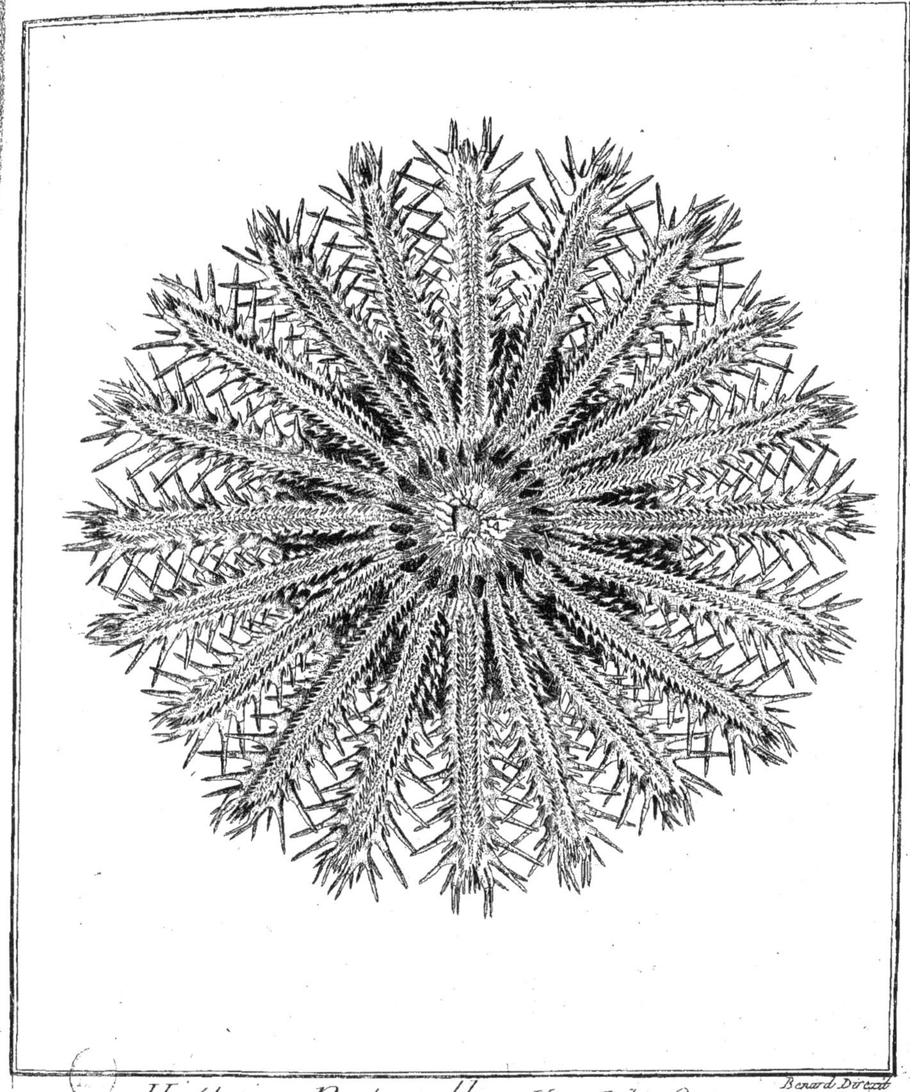

Histoire Naturelle, Vers Echinodermes.

Benard Direxit

56, 3.

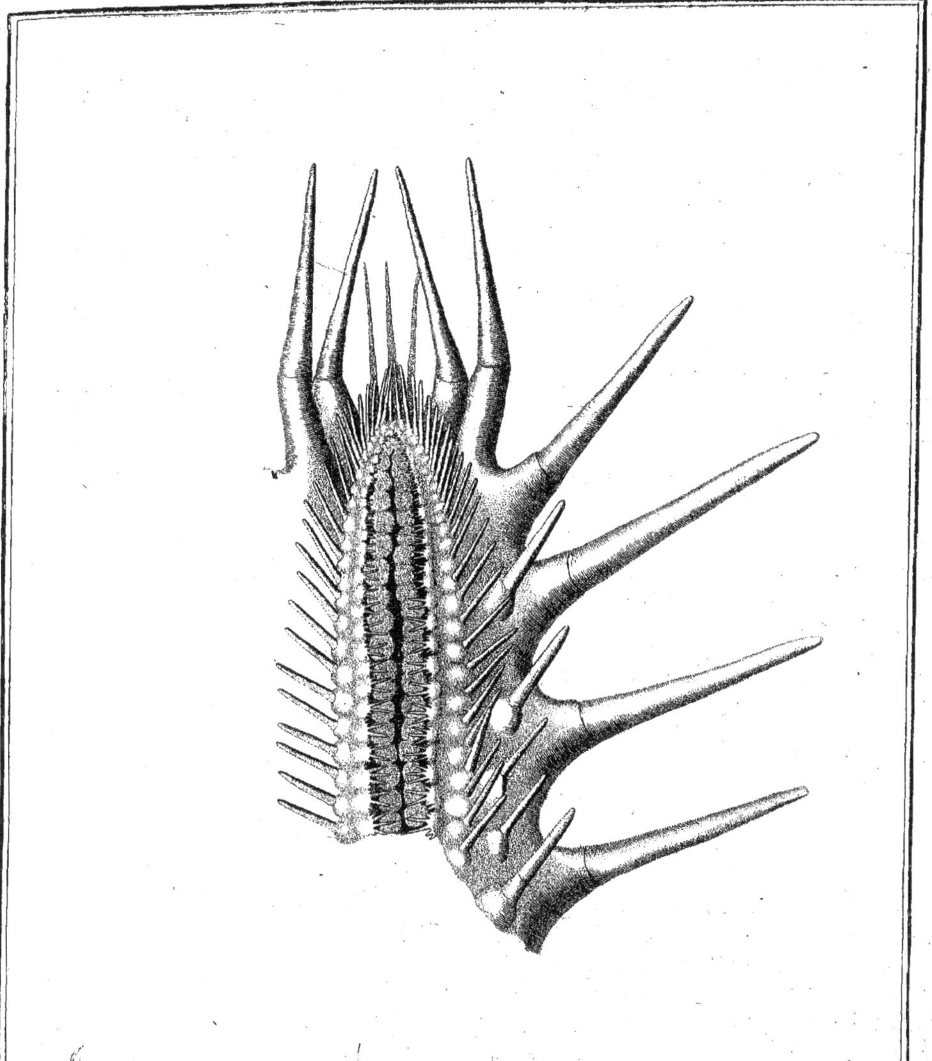

Histoire Naturelle, Vers Echinodermes.

Benard Direxit.

56, 4

Benard Direxit.

Histoire Naturelle, Vers Echinodermes.

Benard Direxit

Histoire Naturelle, Vers Echinodermes.

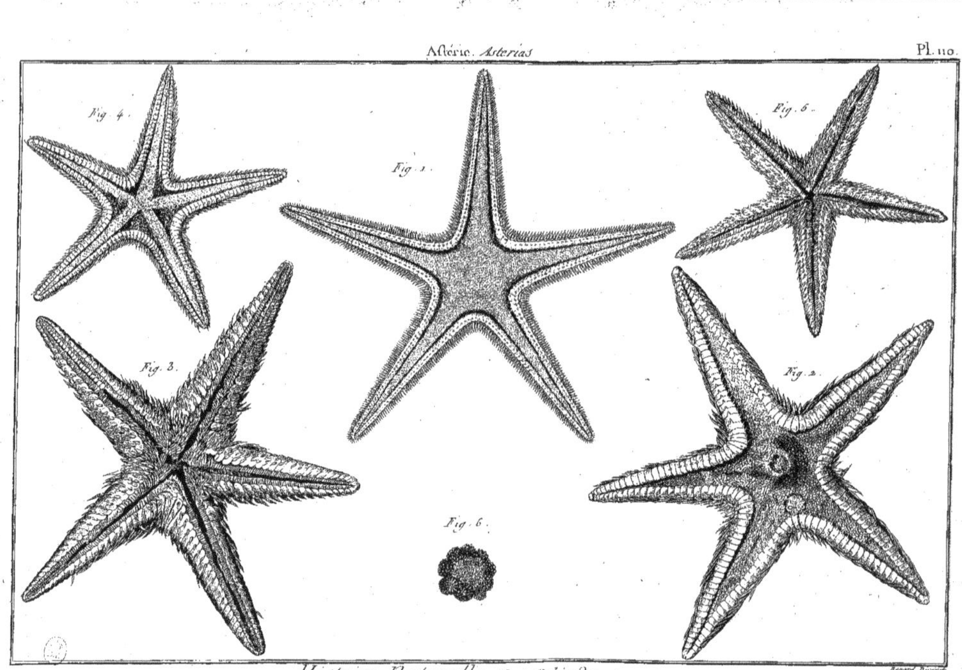
Fig. 4.
Fig. 1.
Fig. 5.
Fig. 3.
Fig. 2.
Fig. 6.

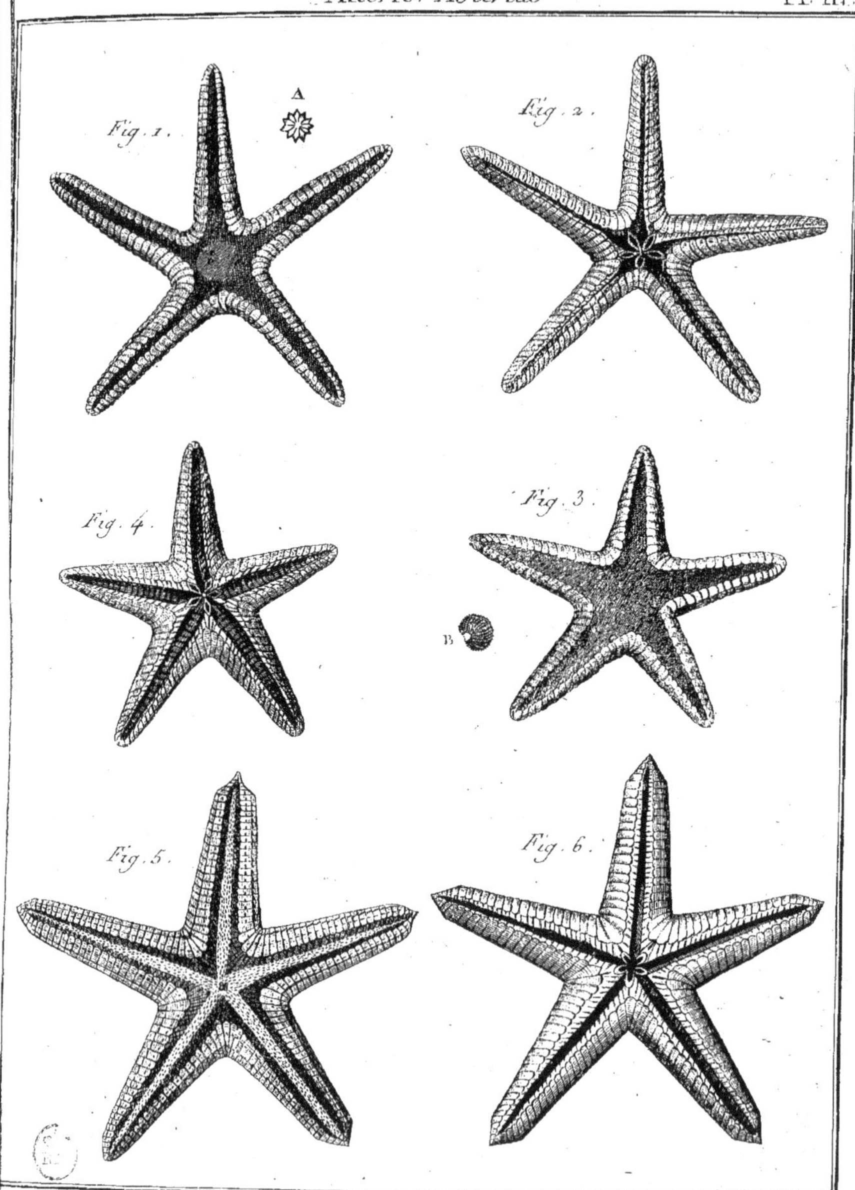

Benard Direxit

Histoire Naturelle, Vers Echinodermes.

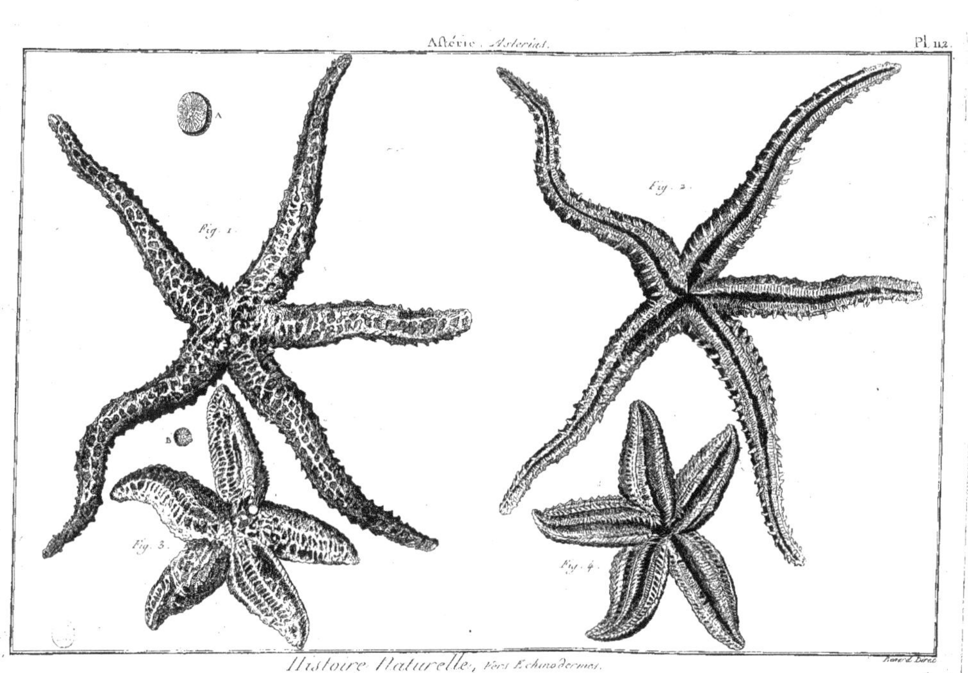
Astérie, Asterias.
Pl. 112.
A
Fig. 1.
Fig. 2.
B
Fig. 3.
Fig. 4.
Histoire Naturelle, Vers Echinodermes.
Bénard Direx.
60

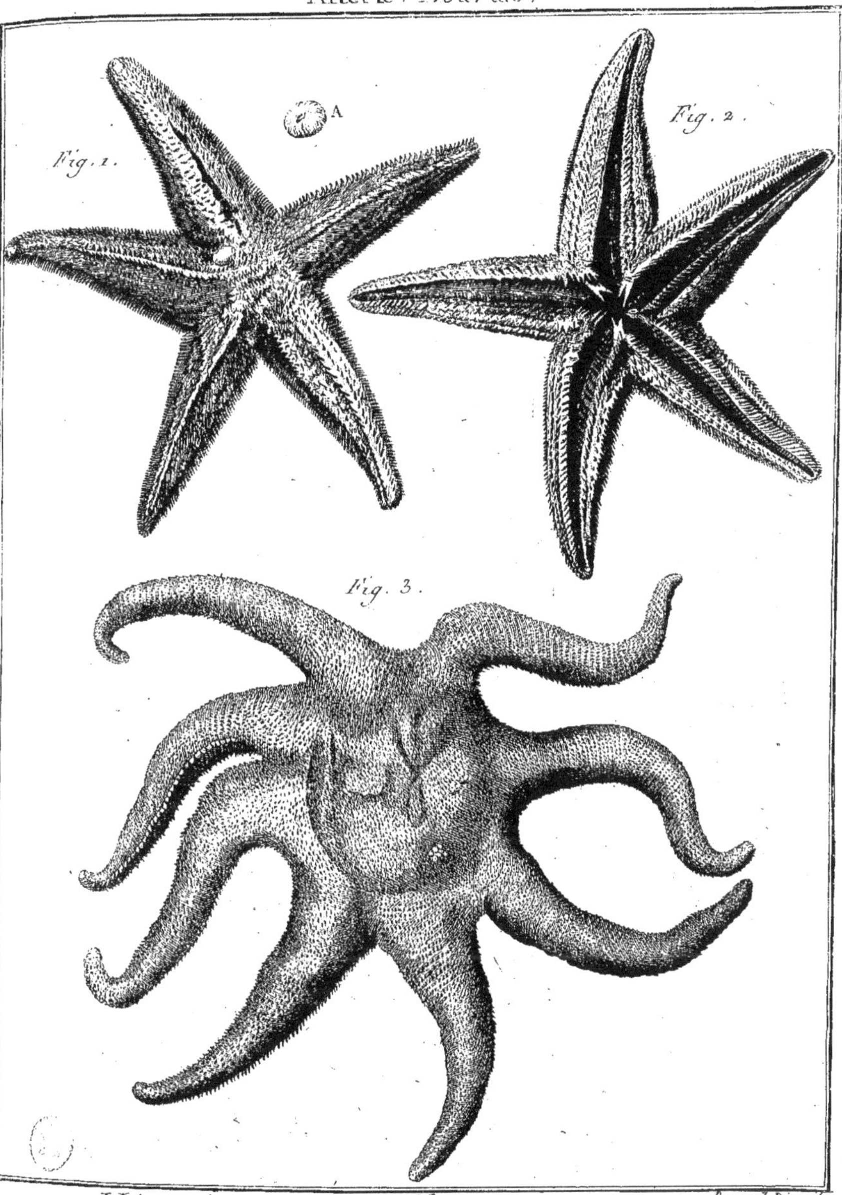

Histoire Naturelle, *Vers Echinodermes.*

Benard Direxit.

Fig. 1.

A

Bénard Direxit

Histoire Naturelle, *Vers Echinodermes*.

Benard Direxit.

Histoire Naturelle, Vers Echinodermes

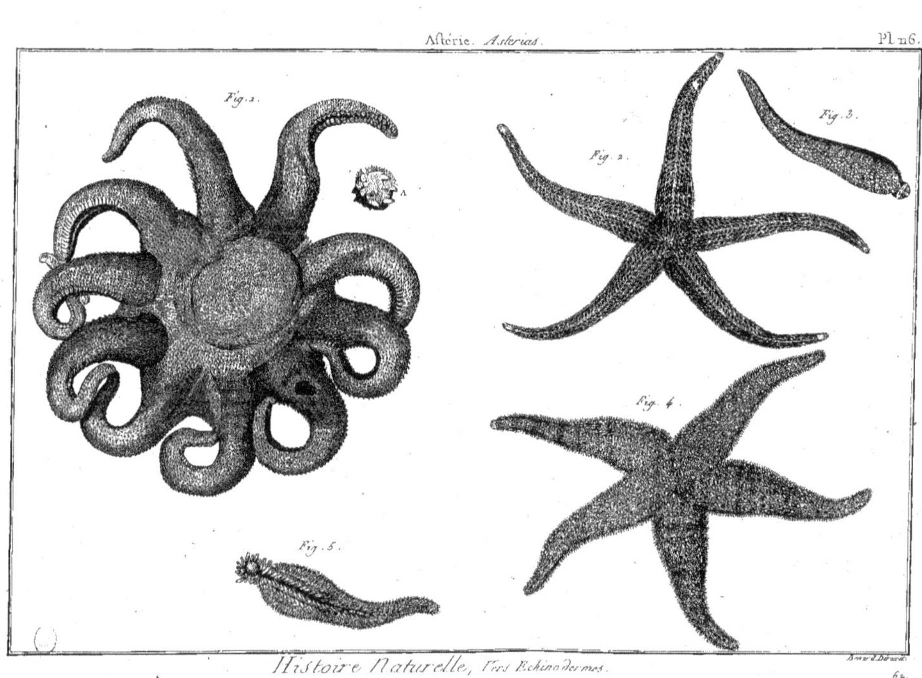

Histoire Naturelle, Vers Echinodermes.

Fig. 1.

Fig. 2.

Benard Direxit.

Histoire Naturelle, Vers Echinodermes.

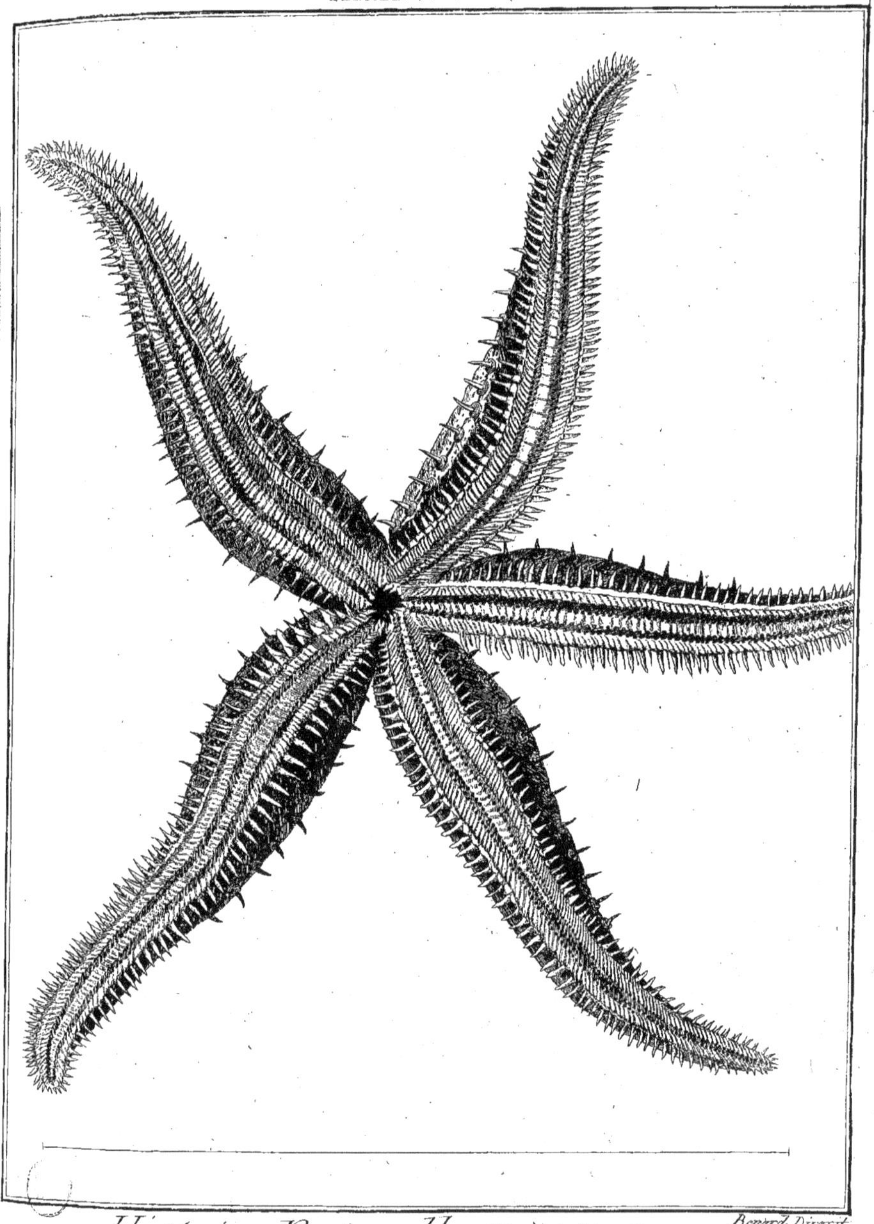

Histoire Naturelle, *Vers Echinodermes.*

Benard Direxit.

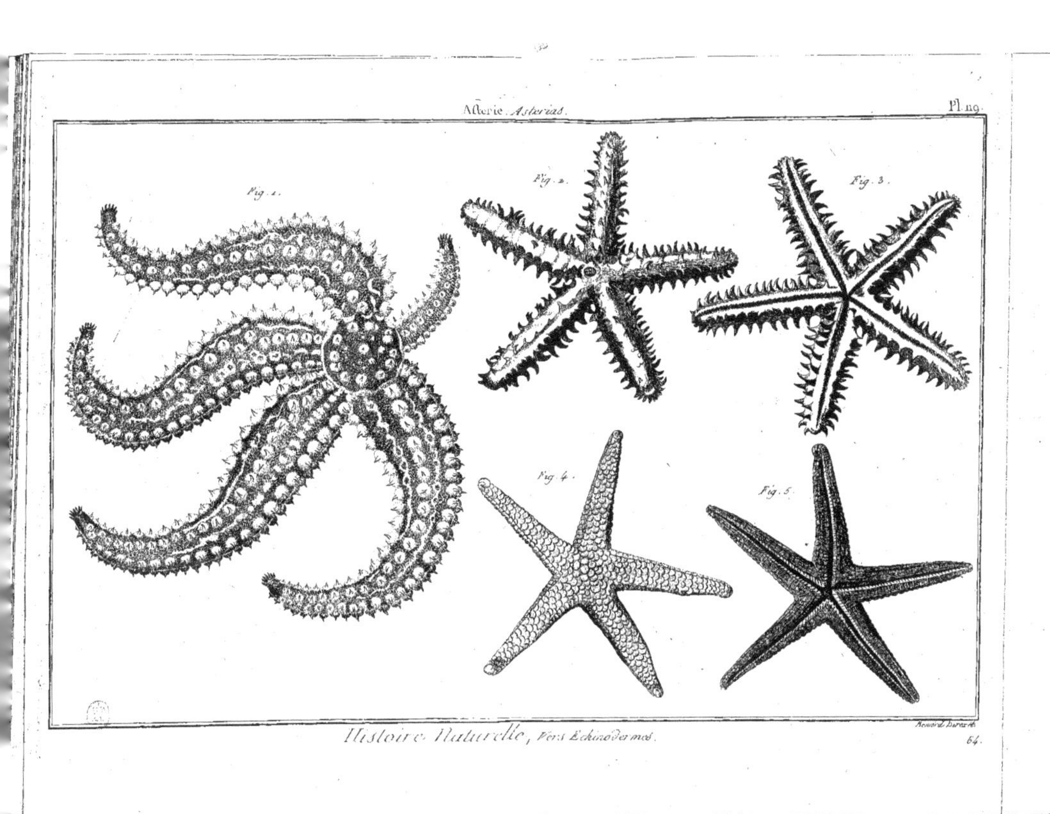
Asterie. Asterias.
Pl. 119.
Fig. 1.
Fig. 2.
Fig. 3.
Fig. 4.
Fig. 5.
Histoire Naturelle, Vers Echinodermes.
Benard Direxit.
64.

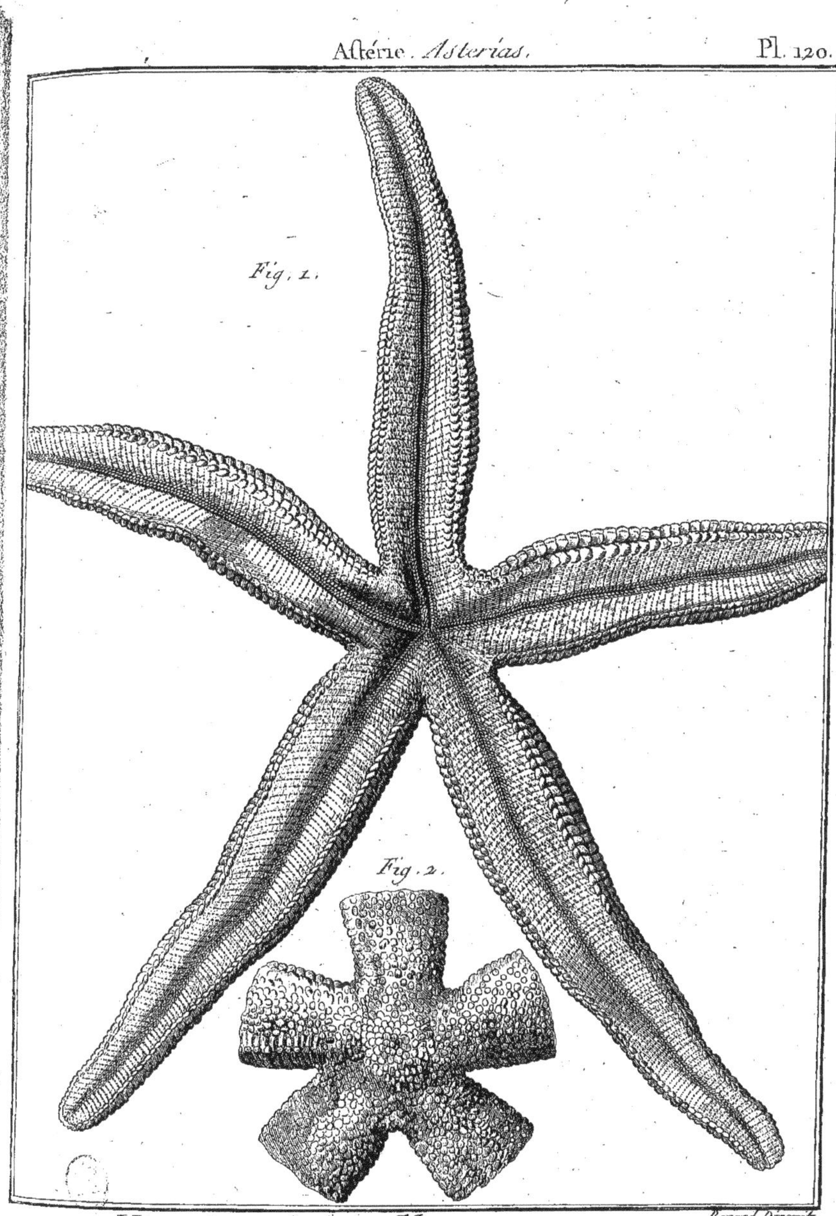

Benard Direxit.

Histoire Naturelle, Vers Echinodermes.

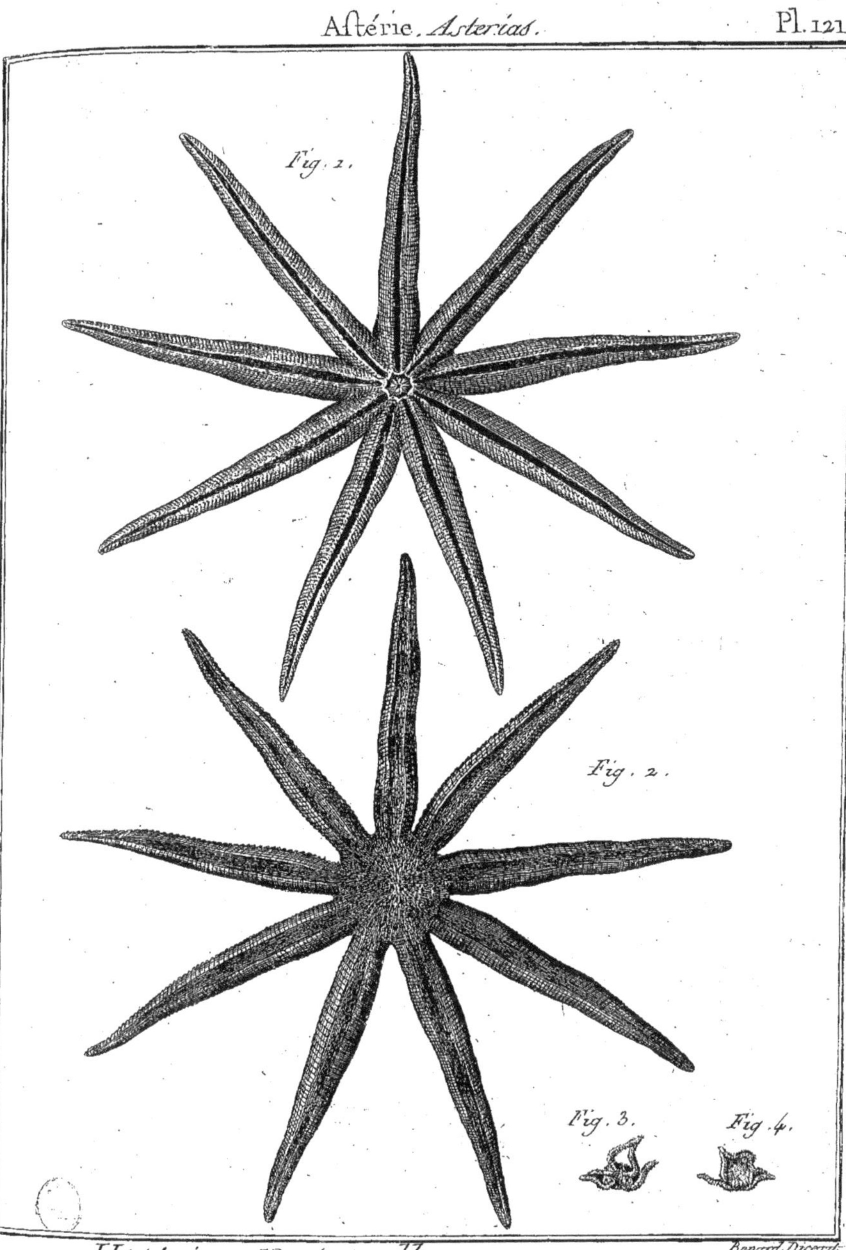

Histoire Naturelle, Vers Echinodermes.

Benard Direxit

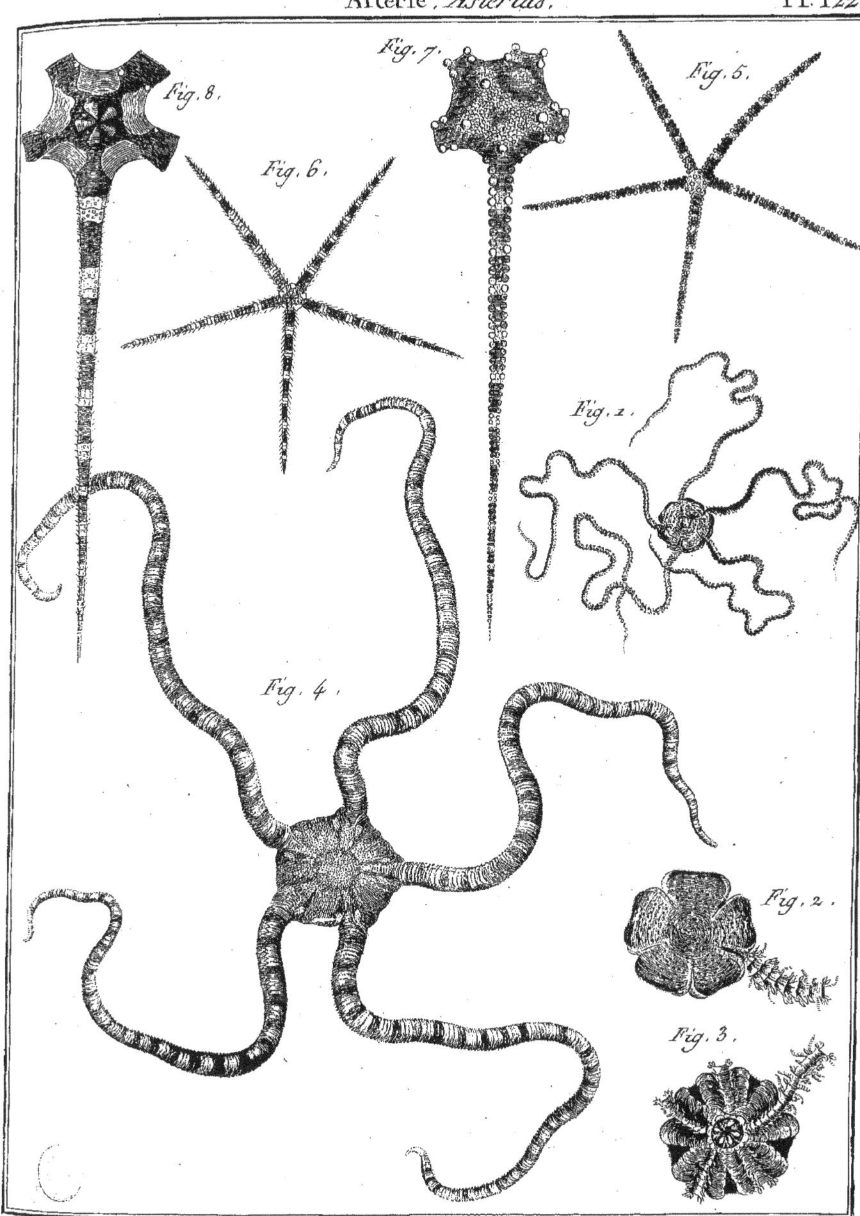

Benard Direxit.

Histoire Naturelle, Vers Echinodermes.

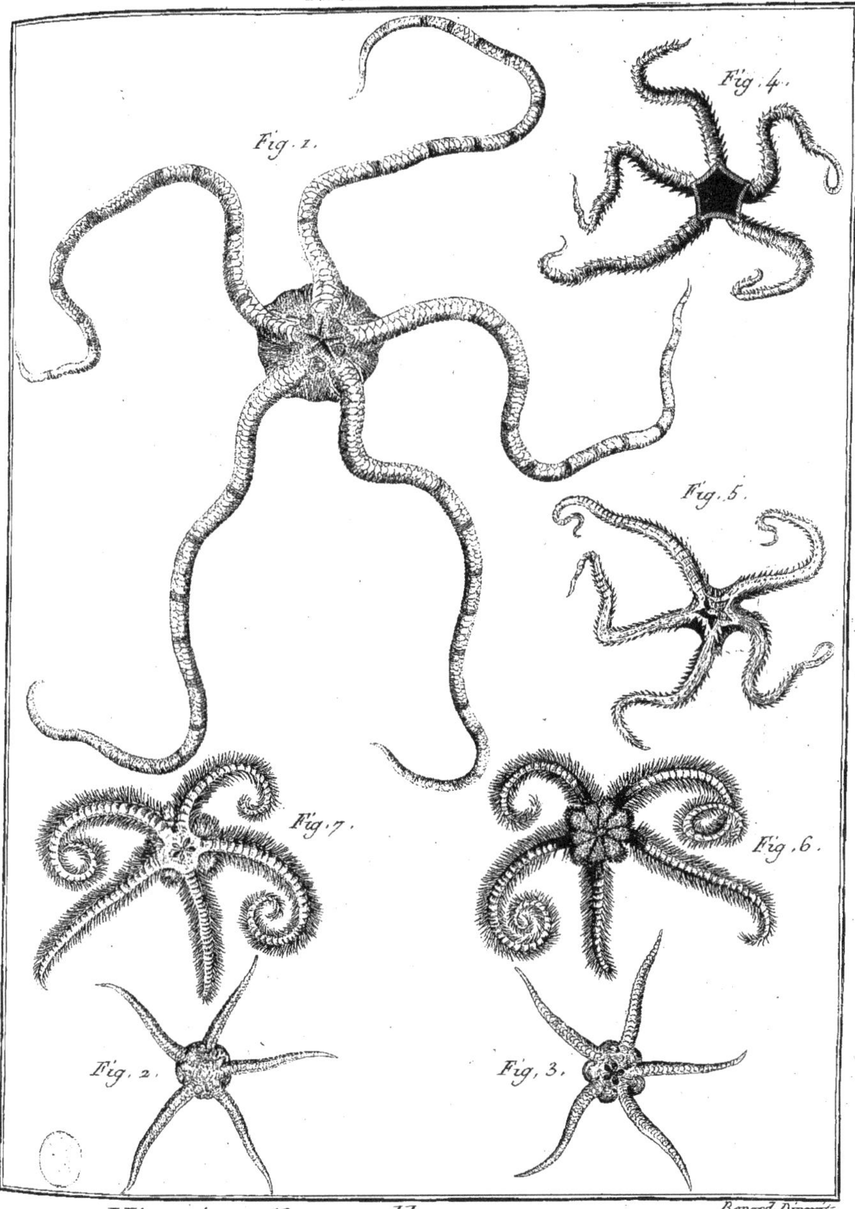
Fig. 1.
Fig. 4.
Fig. 5.
Fig. 7.
Fig. 6.
Fig. 2.
Fig. 3.

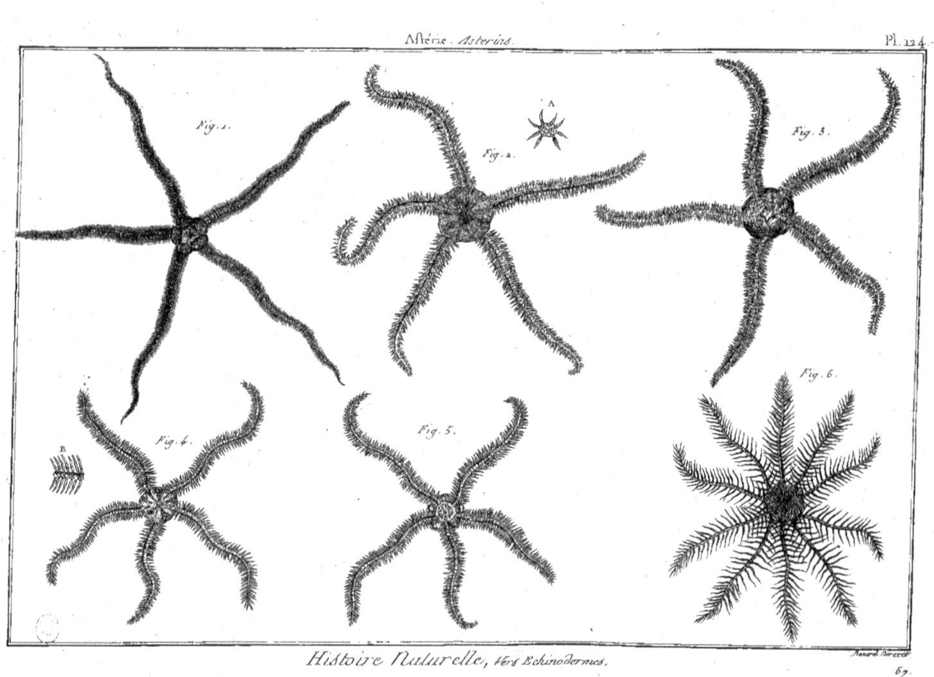

Histoire Naturelle, Vers Echinodermes.

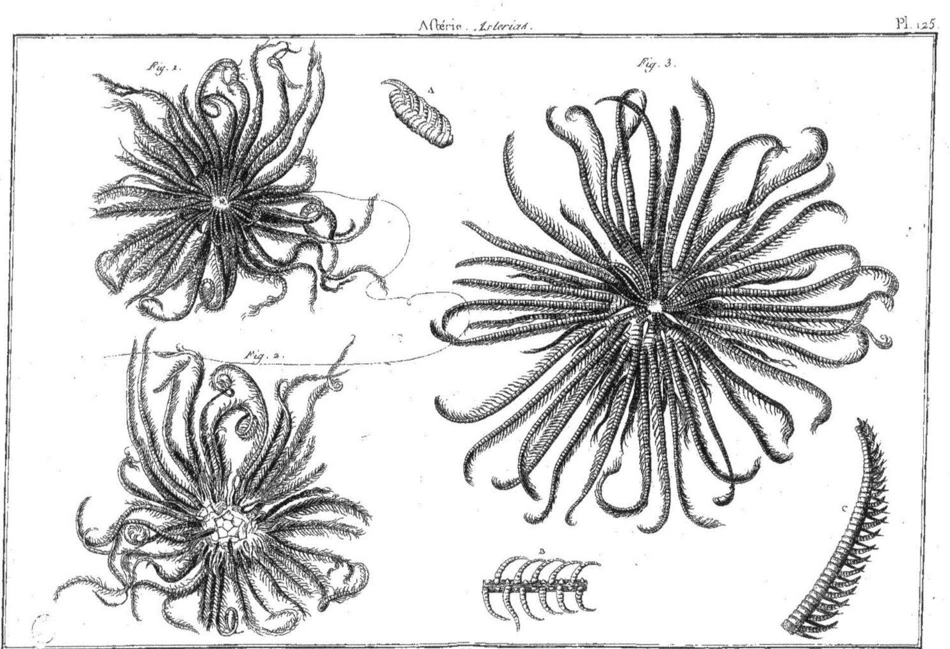

Histoire Naturelle, Vers Echinodermes.

Benard Dir. exit.

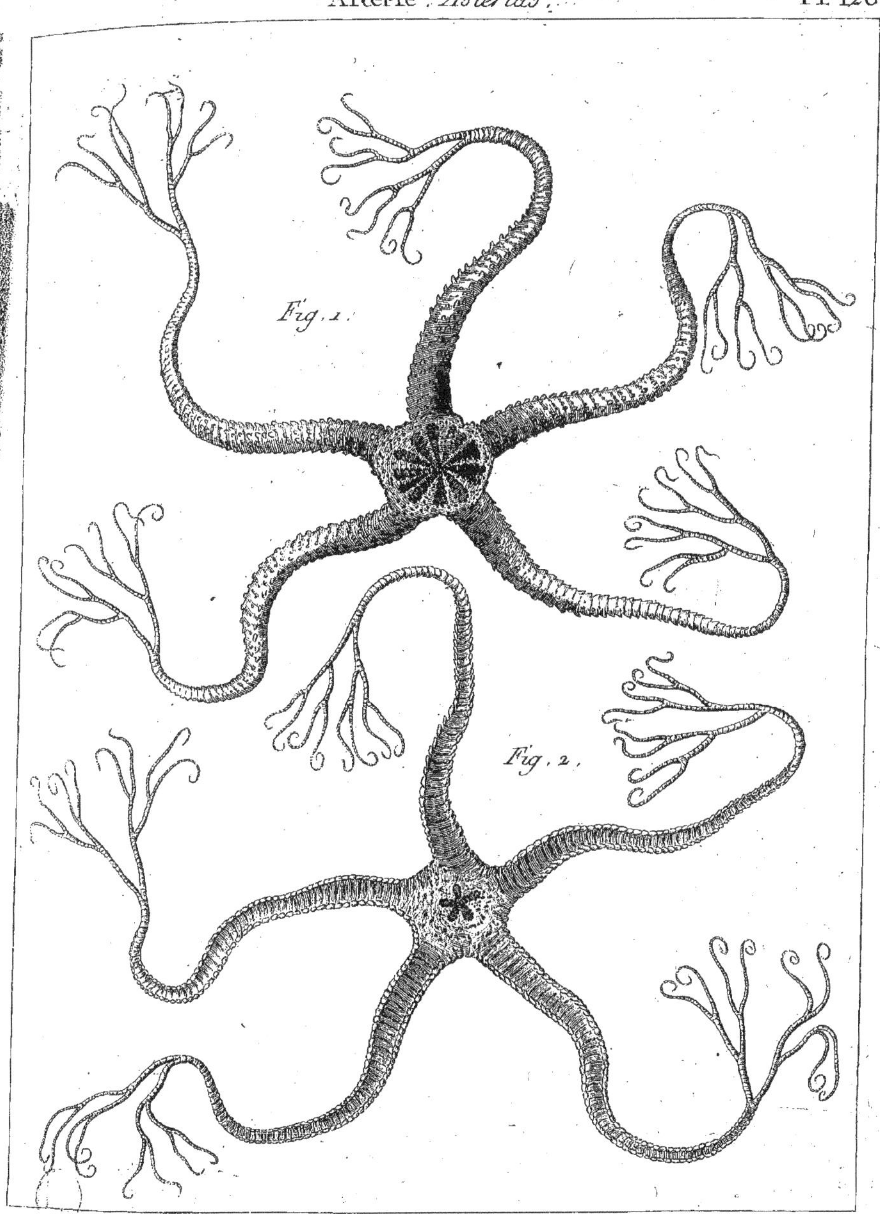

Benard Direxit

Histoire Naturelle, Vers Echinodermes

Histoire Naturelle, Vers Echinodermes.

Benard Direxit.

Histoire Naturelle, Vers Echinodermes.

Benard Direxit.

Histoire Naturelle, Vers Echinodermes.

Bénard Direxit.

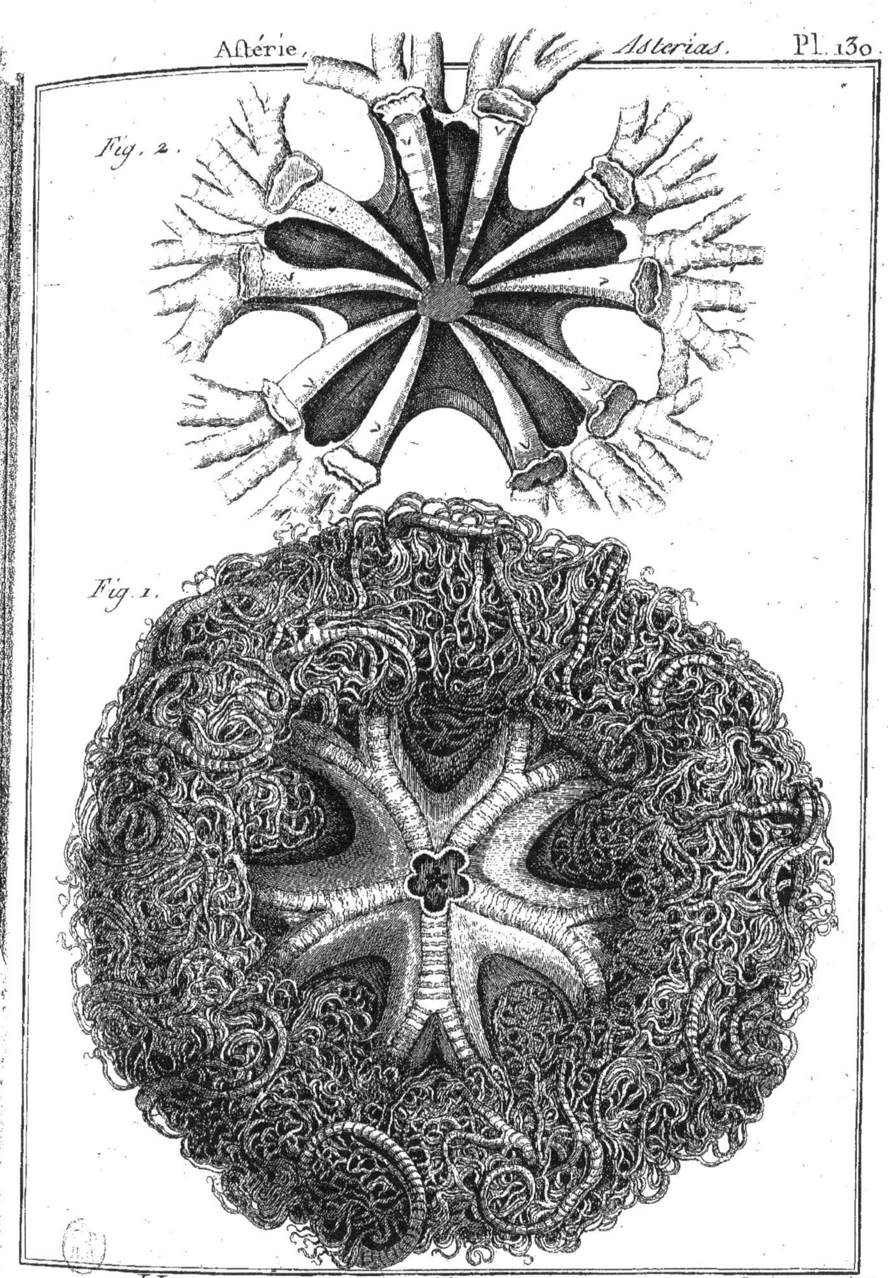

Histoire Naturelle, Vers Echinodermes.

Benard Direxit.

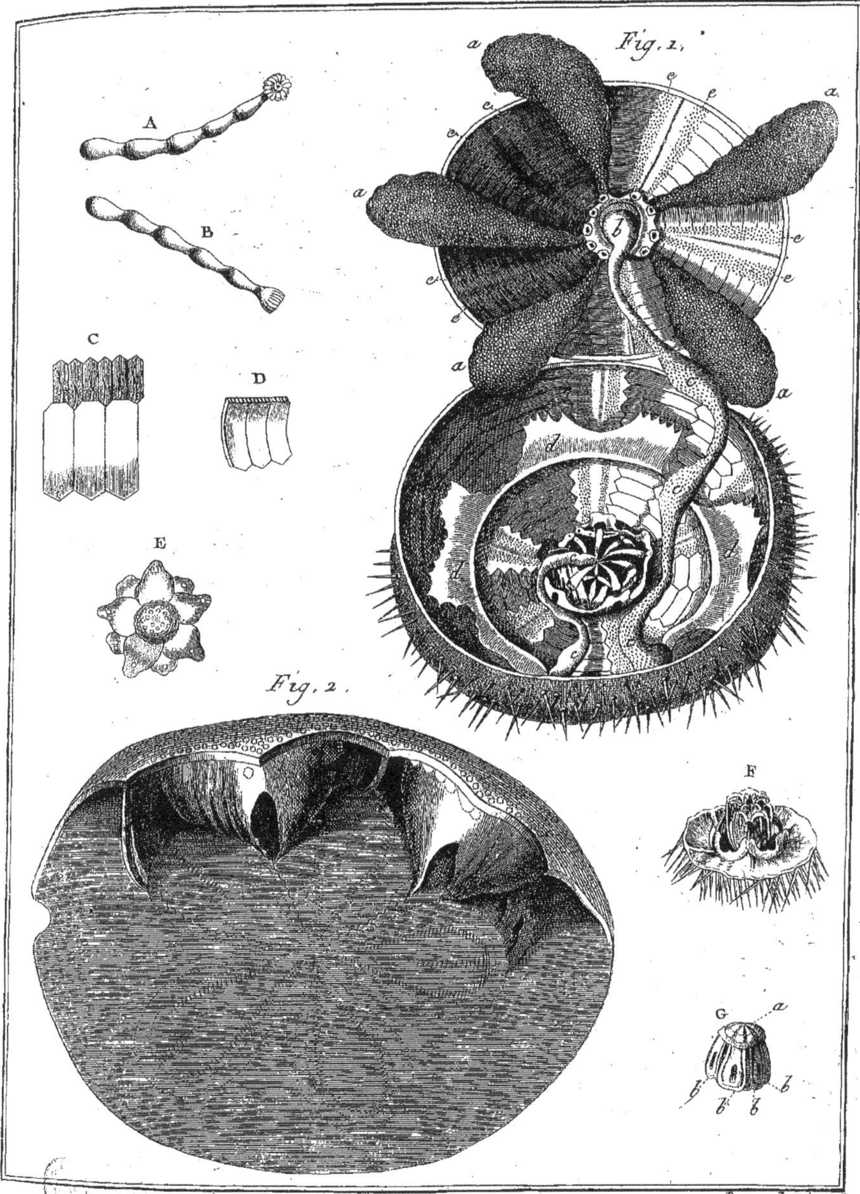

Histoire Naturelle, Vers Echinodermes.

Benard Direxit.

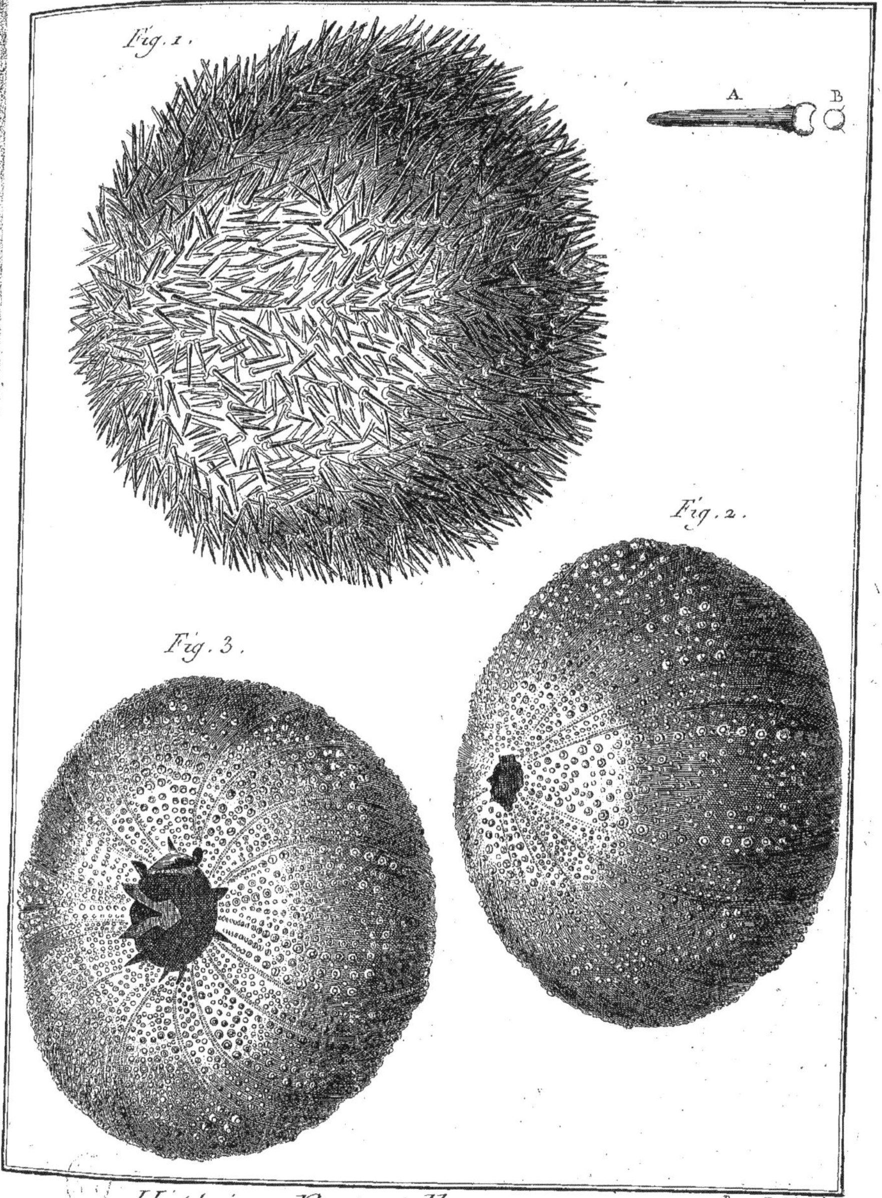

Fig. 1.

A. B

Fig. 2.

Fig. 3.

Histoire Naturelle, Vers Echinodermes.

Benard Direxit

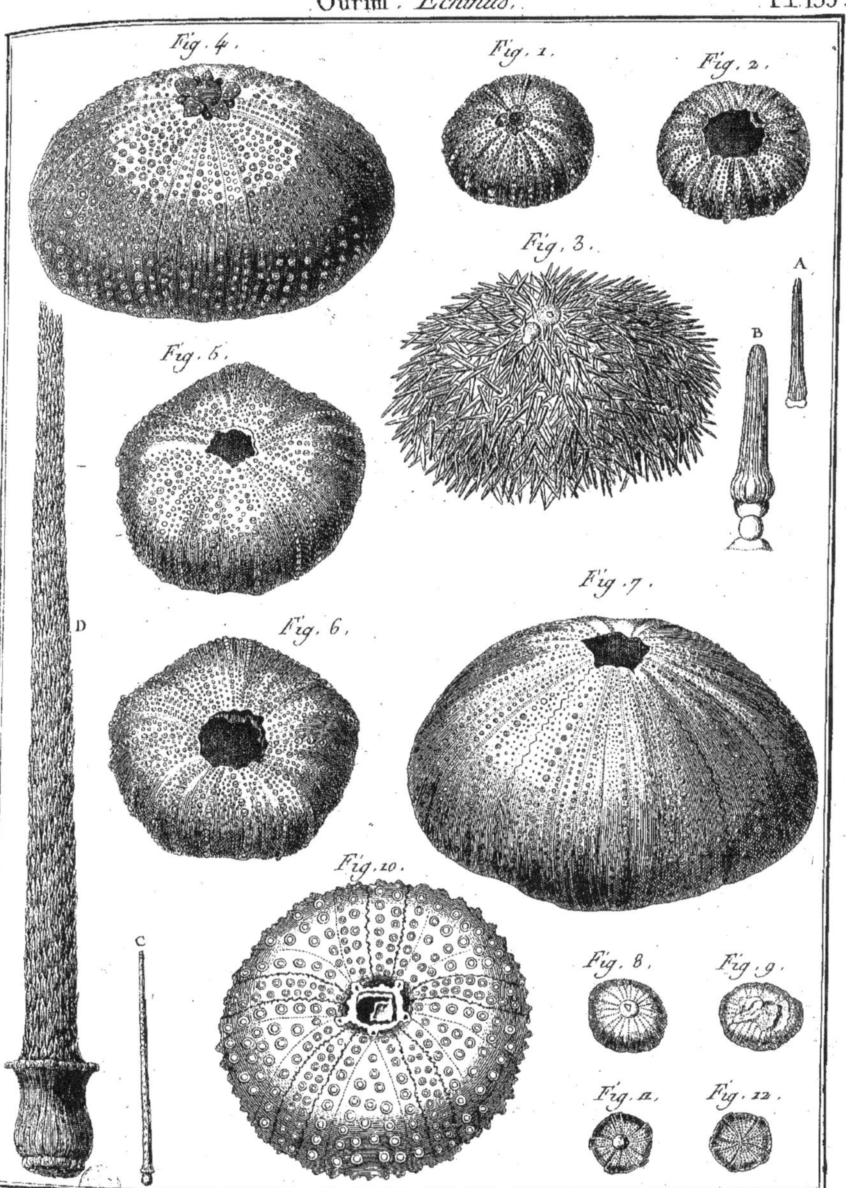

Benard Direxit

Histoire Naturelle, Vers Echinodermes.

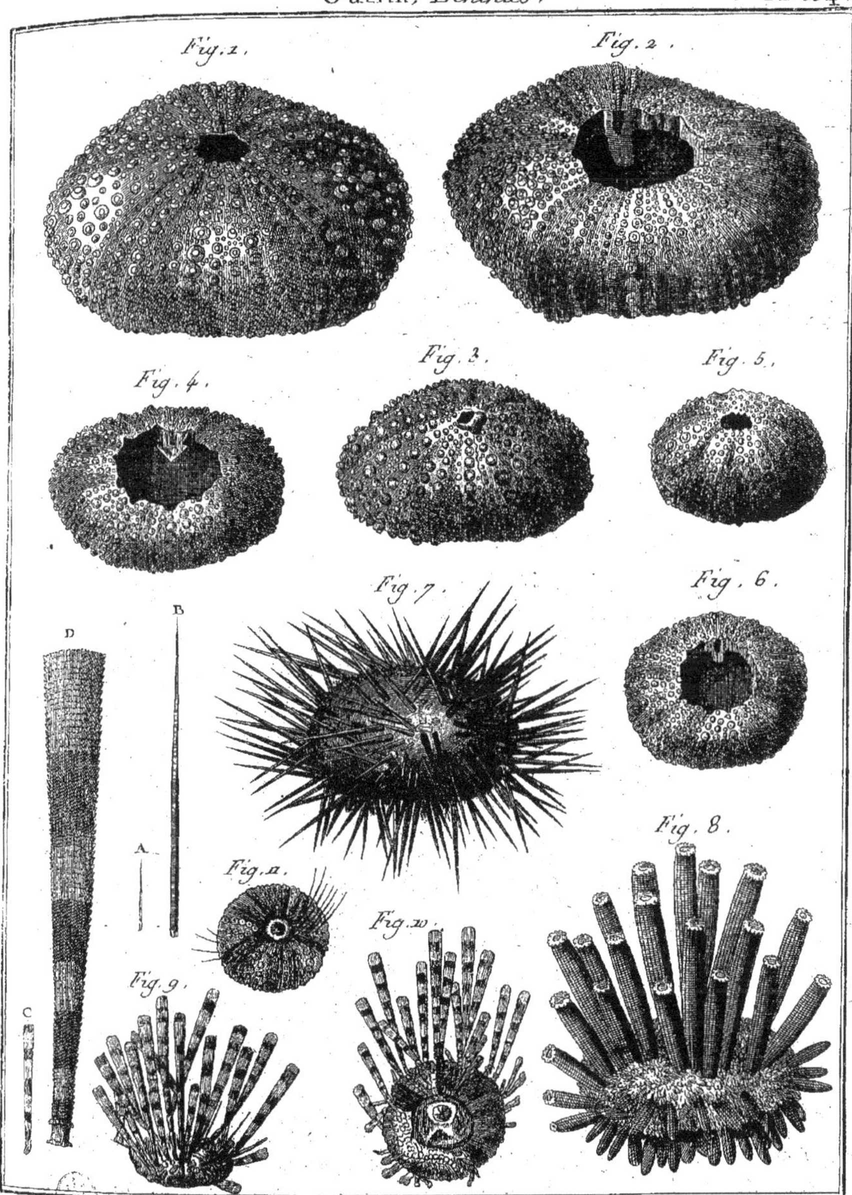

Benard Direxit

Histoire Naturelle, *Vers Echinodermes*.

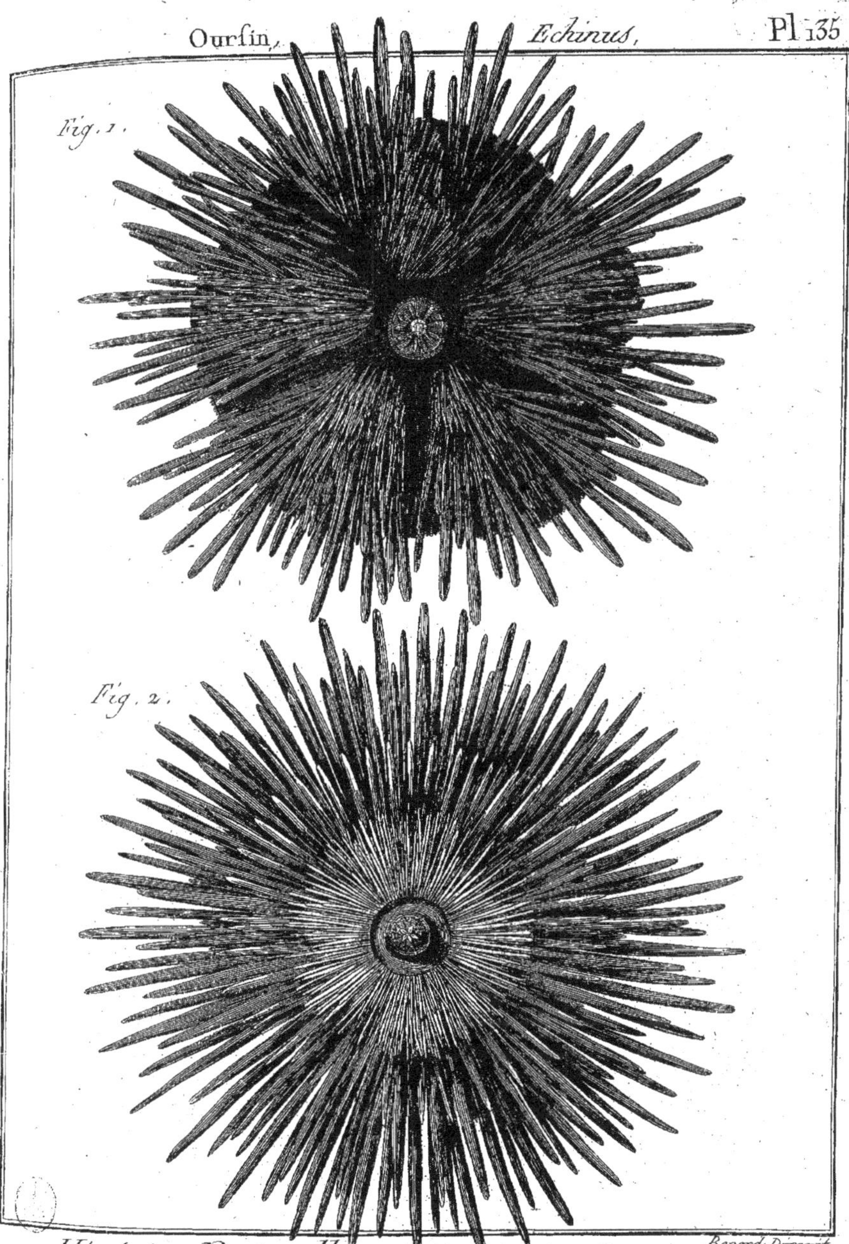

Histoire Naturelle, Vers Echinodermes.

Benard Direxit

Oursin. *Echinus.* Pl. 136

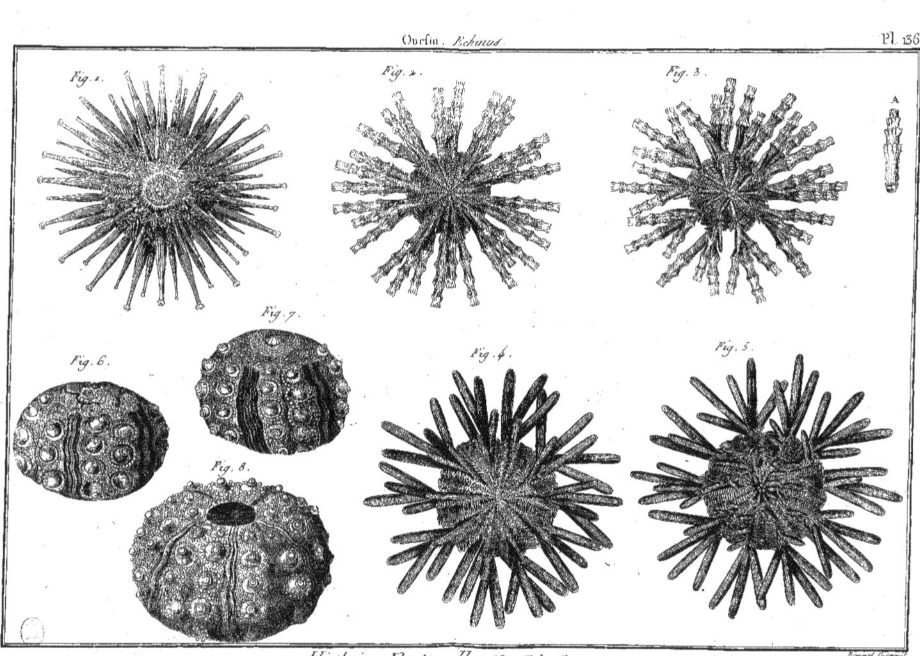

Histoire Naturelle, Vers Echinodermes.

Benard Direxit.

74

Ourſin. *Echinus.* Pl. 137.

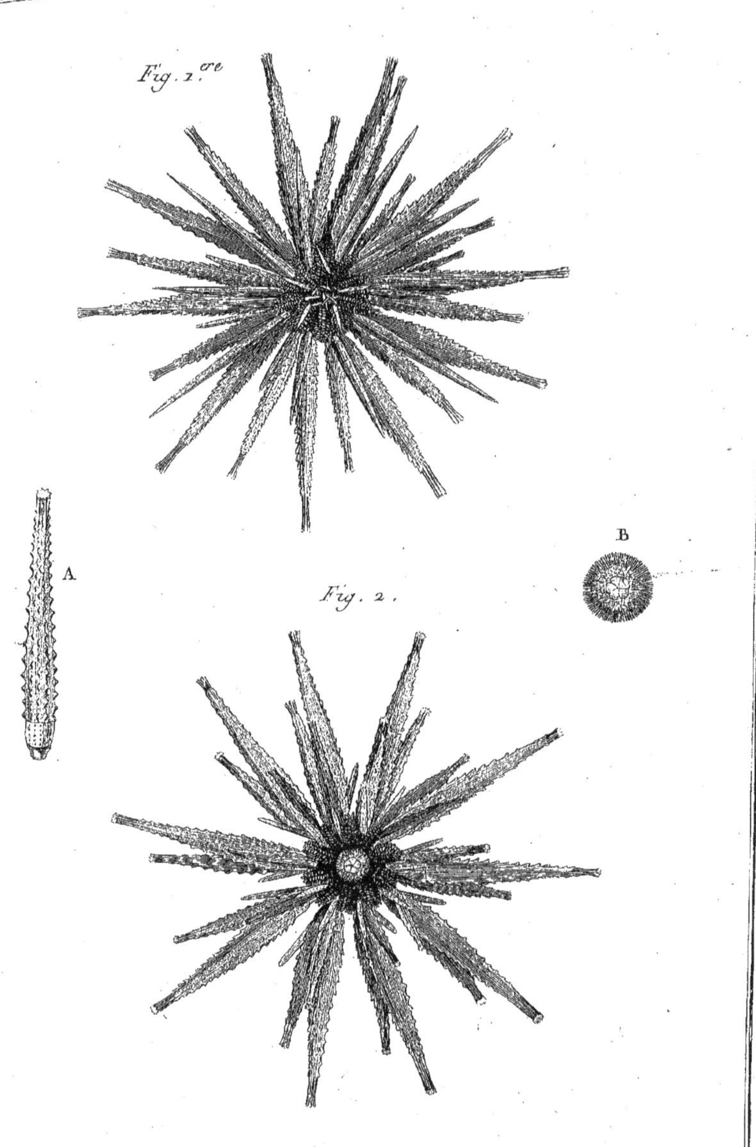

Histoire Naturelle, Vers Échinodermes.

Benard Direxit.

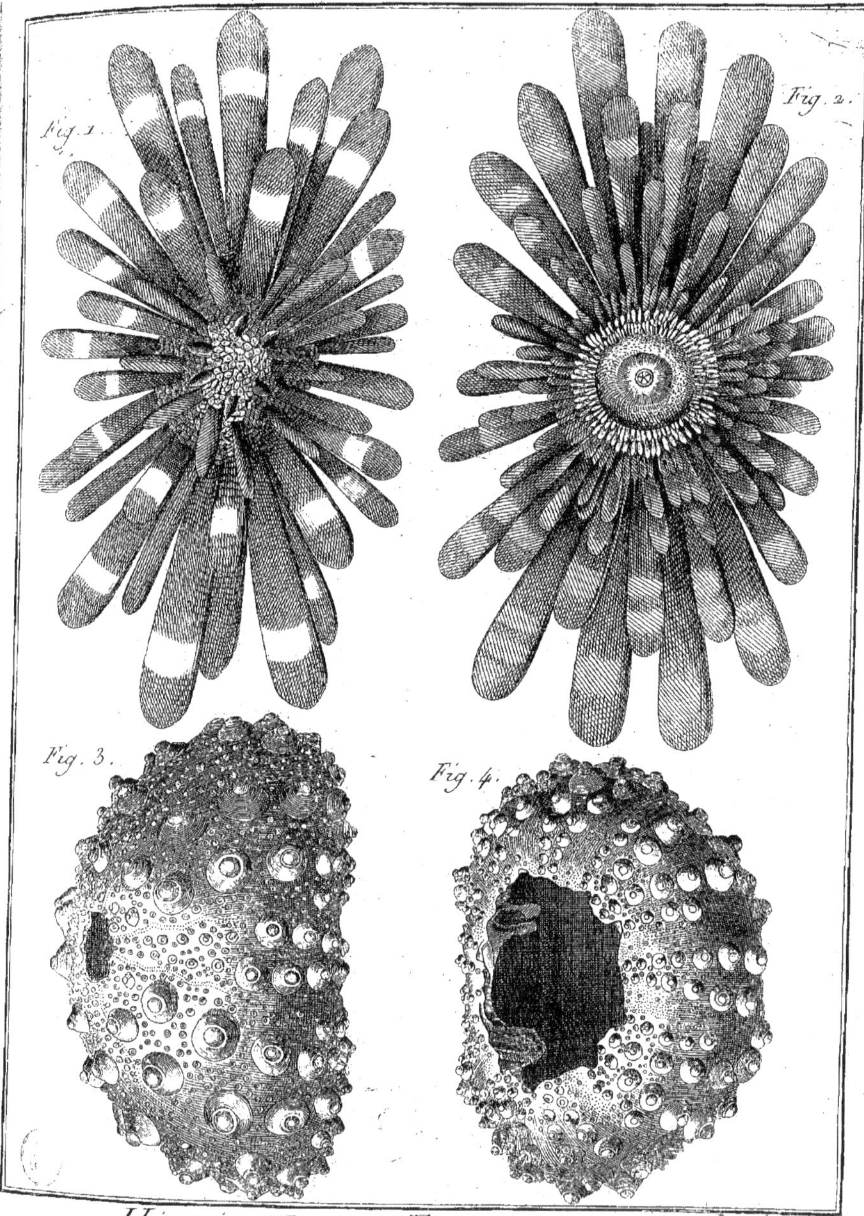

Histoire Naturelle, Vers Echinodermes.

Benard Direxit.

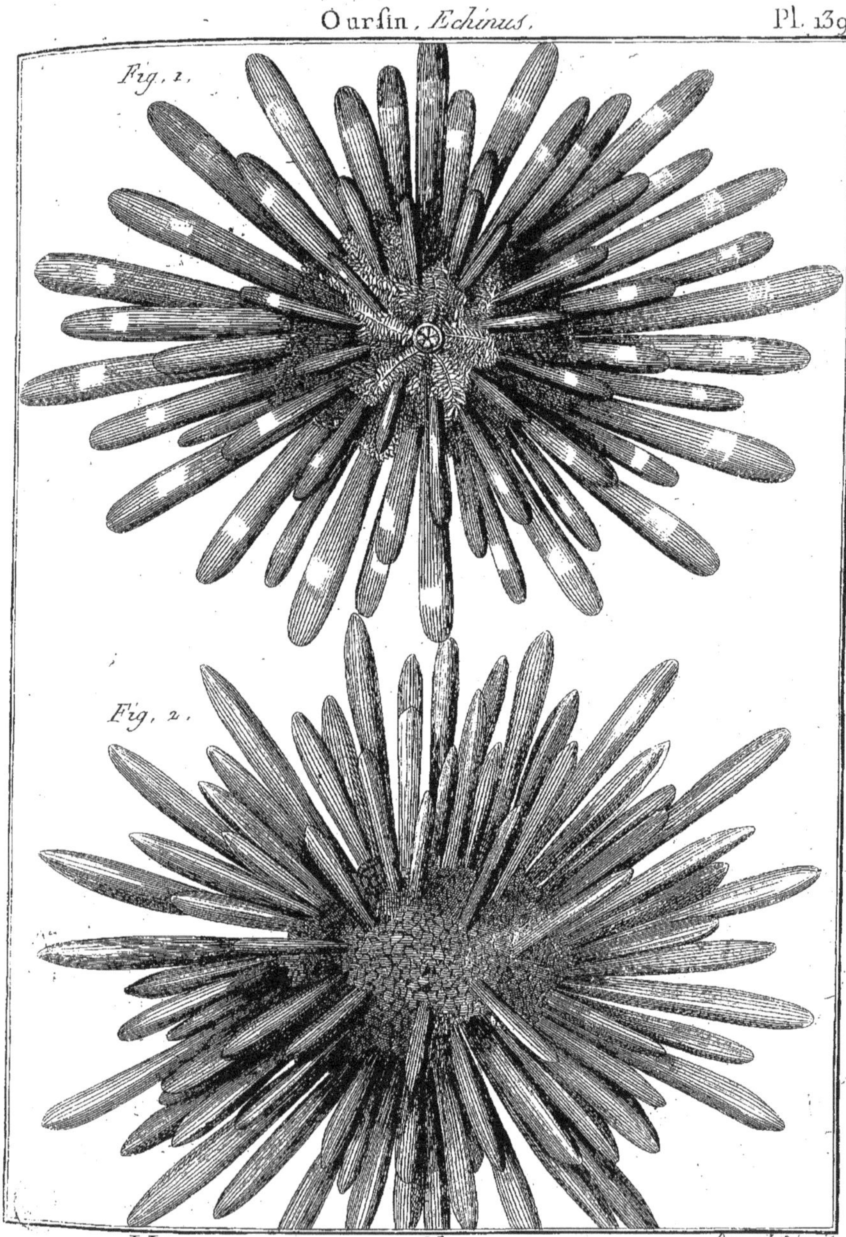

Histoire Naturelle, *Vers Echinodermes.*

Benard Direxit

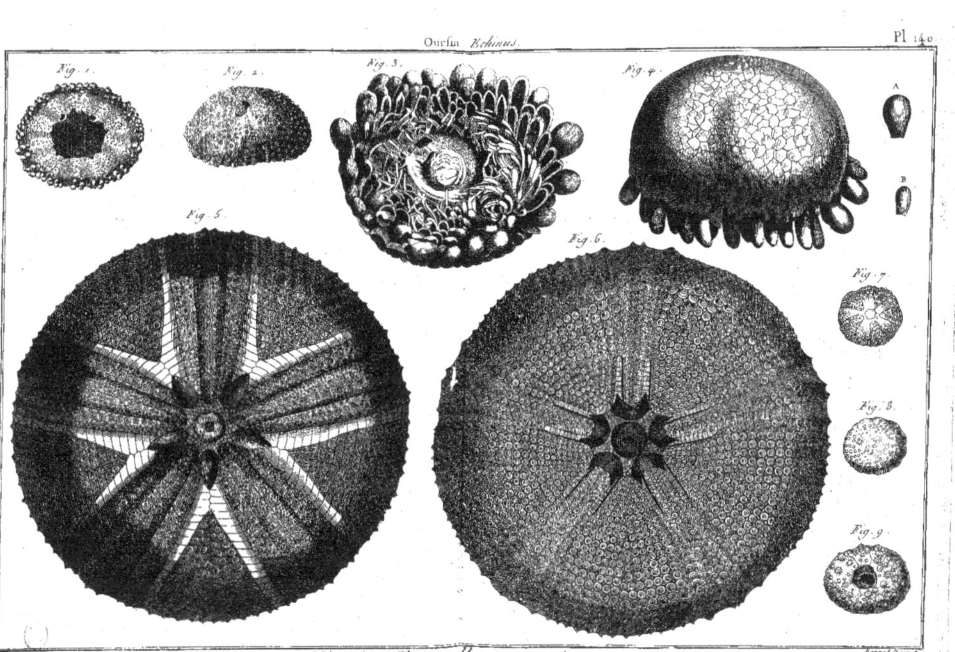

Histoire Naturelle, Vers Echinodermes.

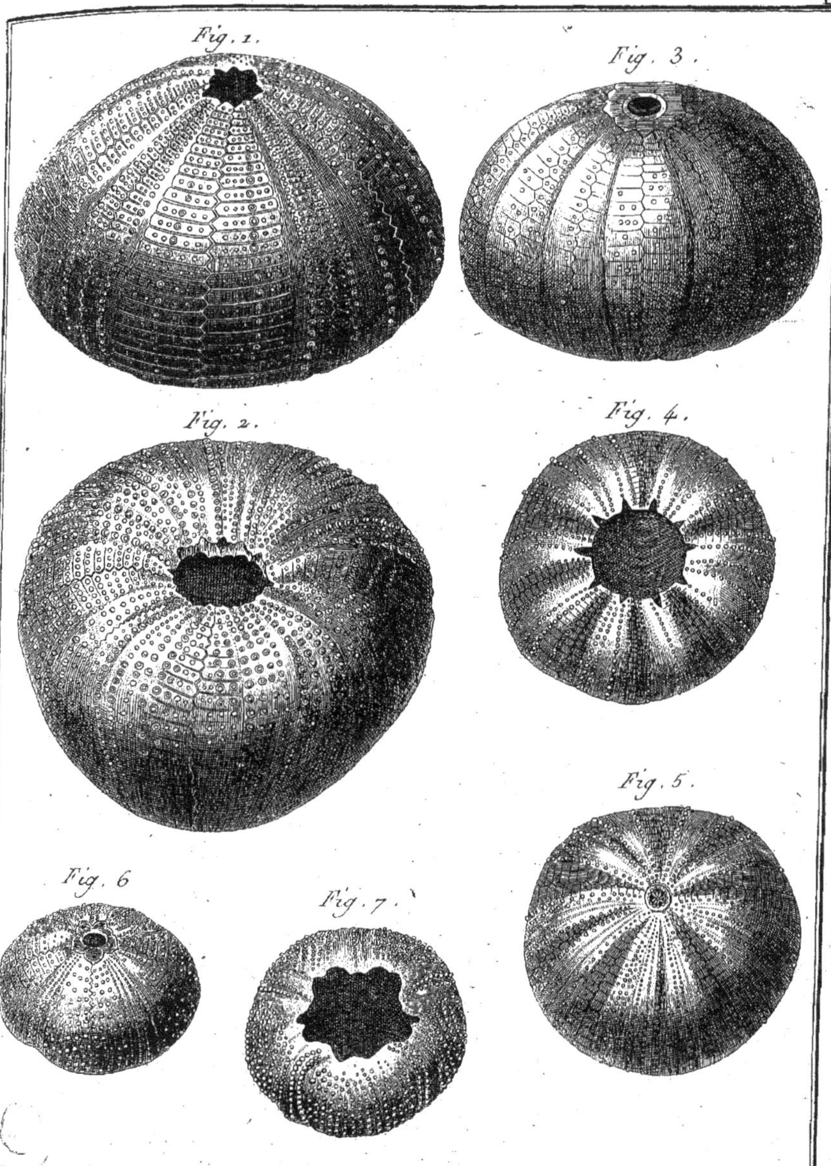

Benard Direxit.

Histoire Naturelle, Vers Echinodermes.

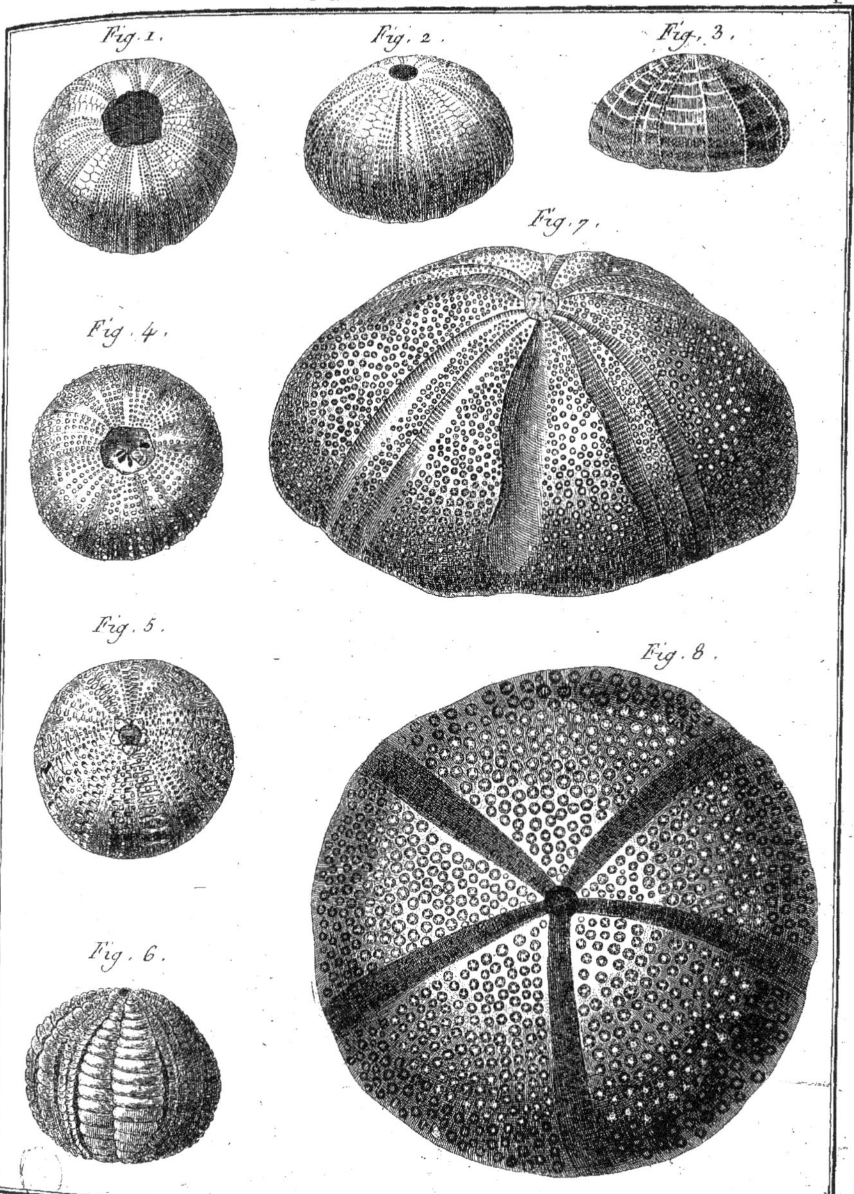

Histoire Naturelle, Vers Echinodermes

Benard Direxit

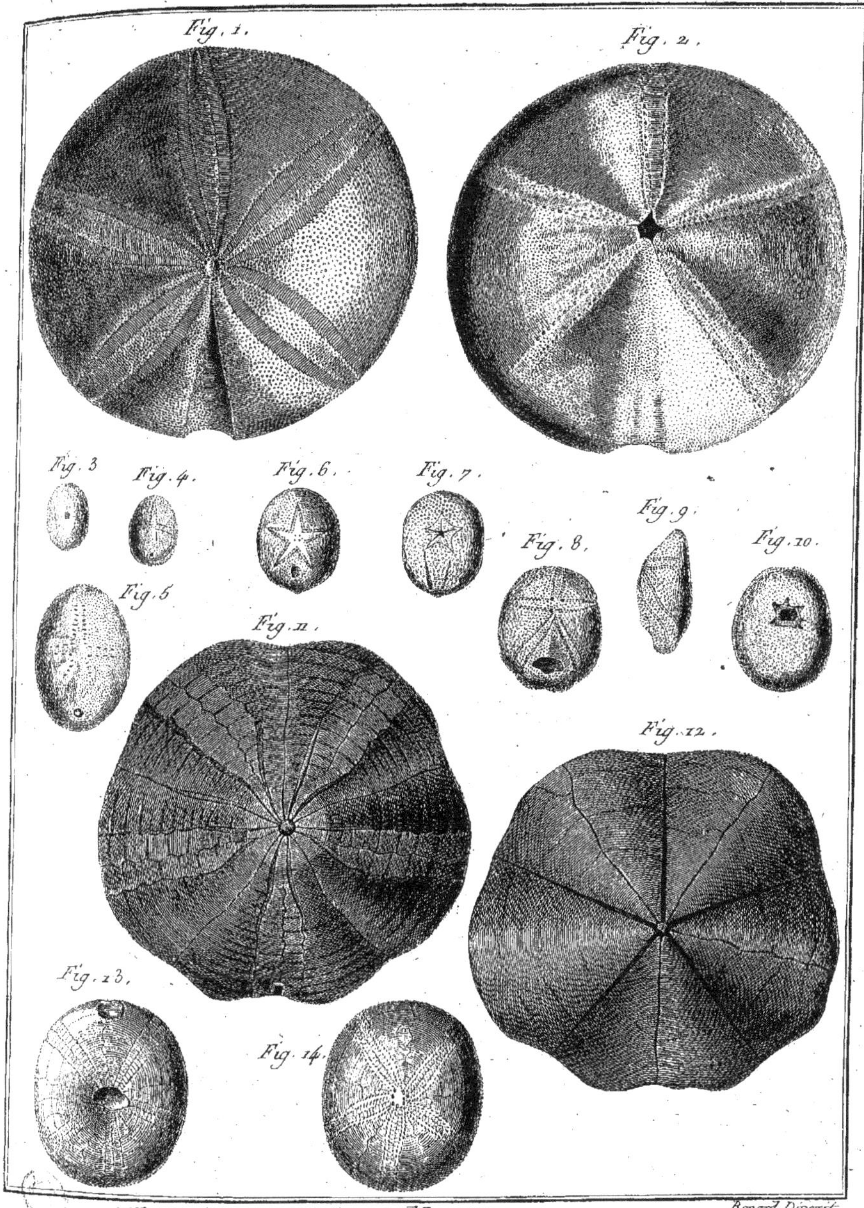

Benard Direxit.

Histoire Naturelle, Vers Echinodermes.

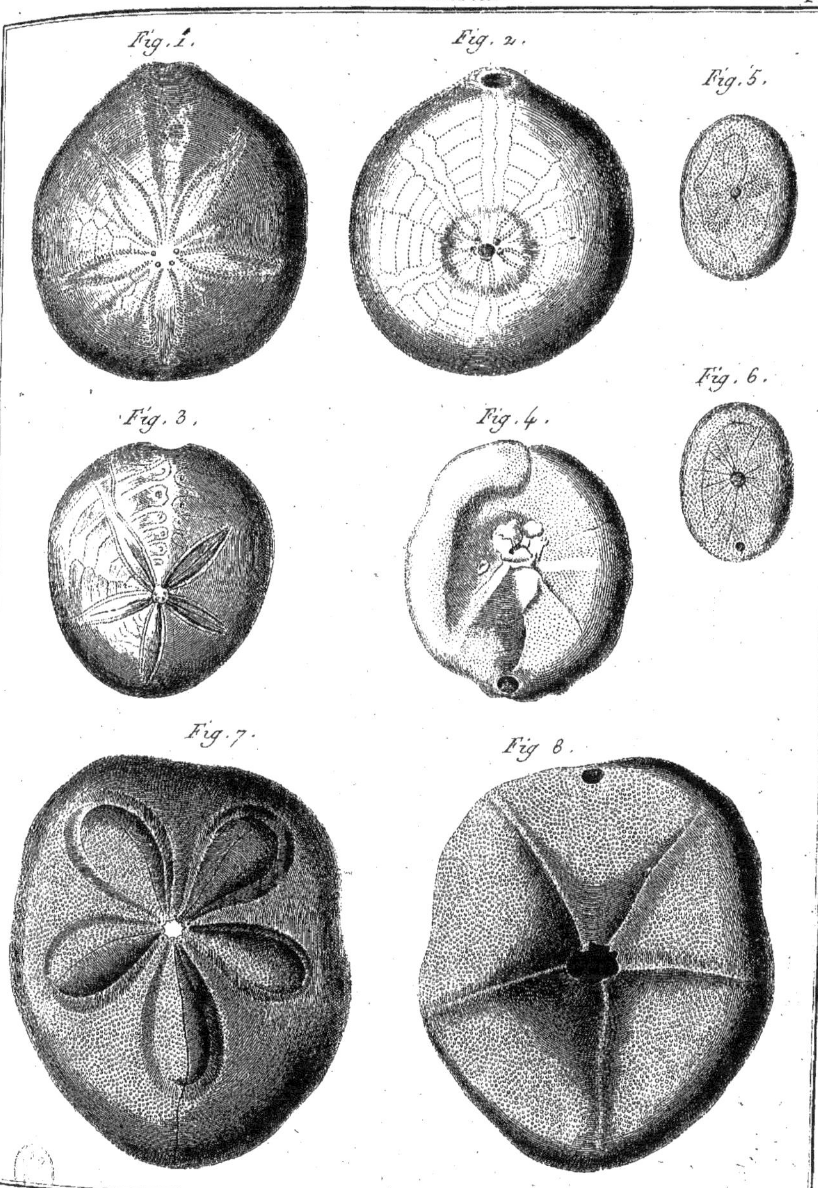

Histoire Naturelle, Vers Echinodermes.

Benard Direxit.

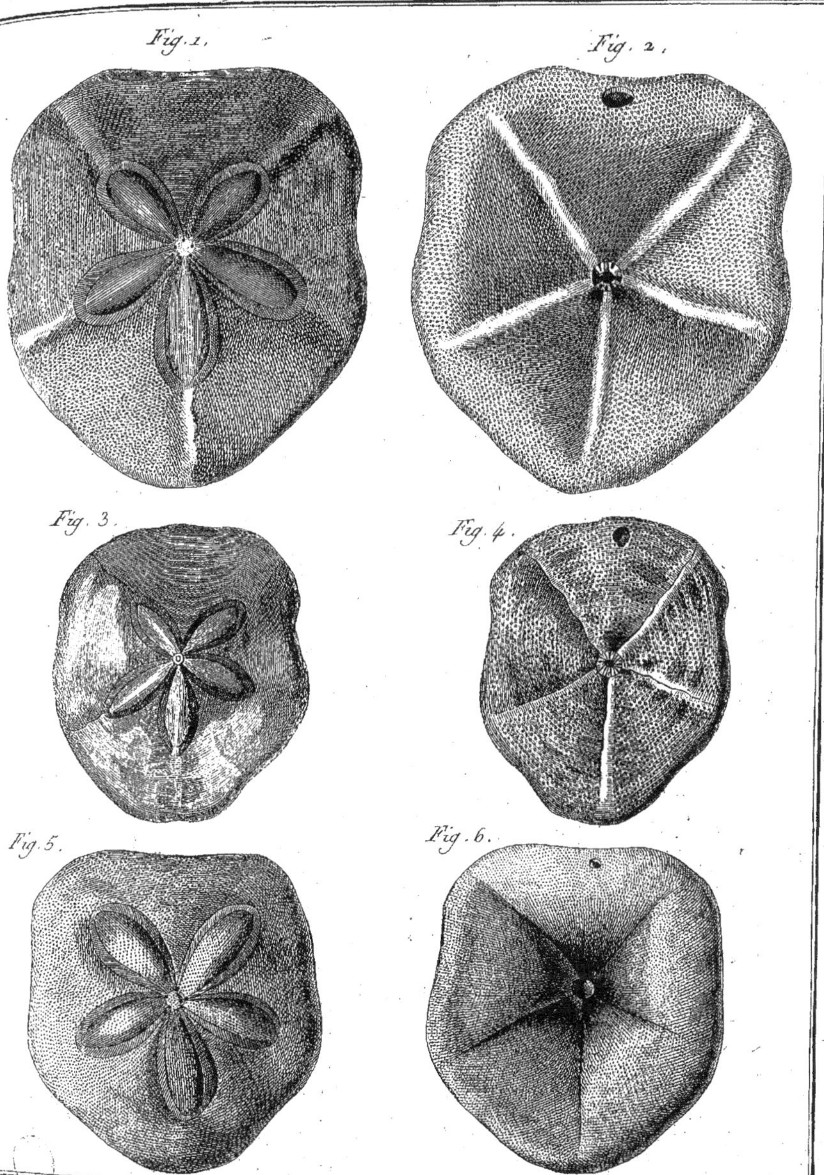

Benard Direxit

Histoire Naturelle, Vers Echinodermes.

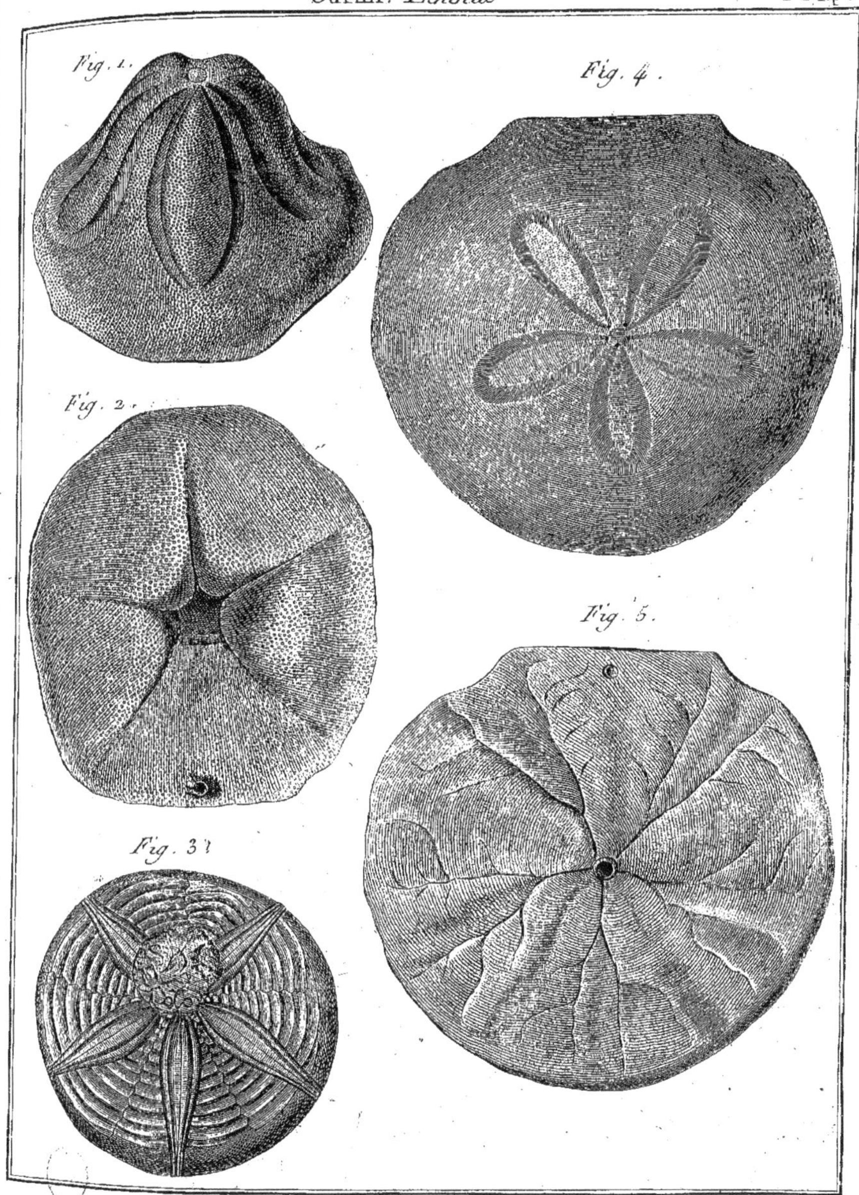

Benard Direxit.

Histoire Naturelle, *Vers Echinodermes.*

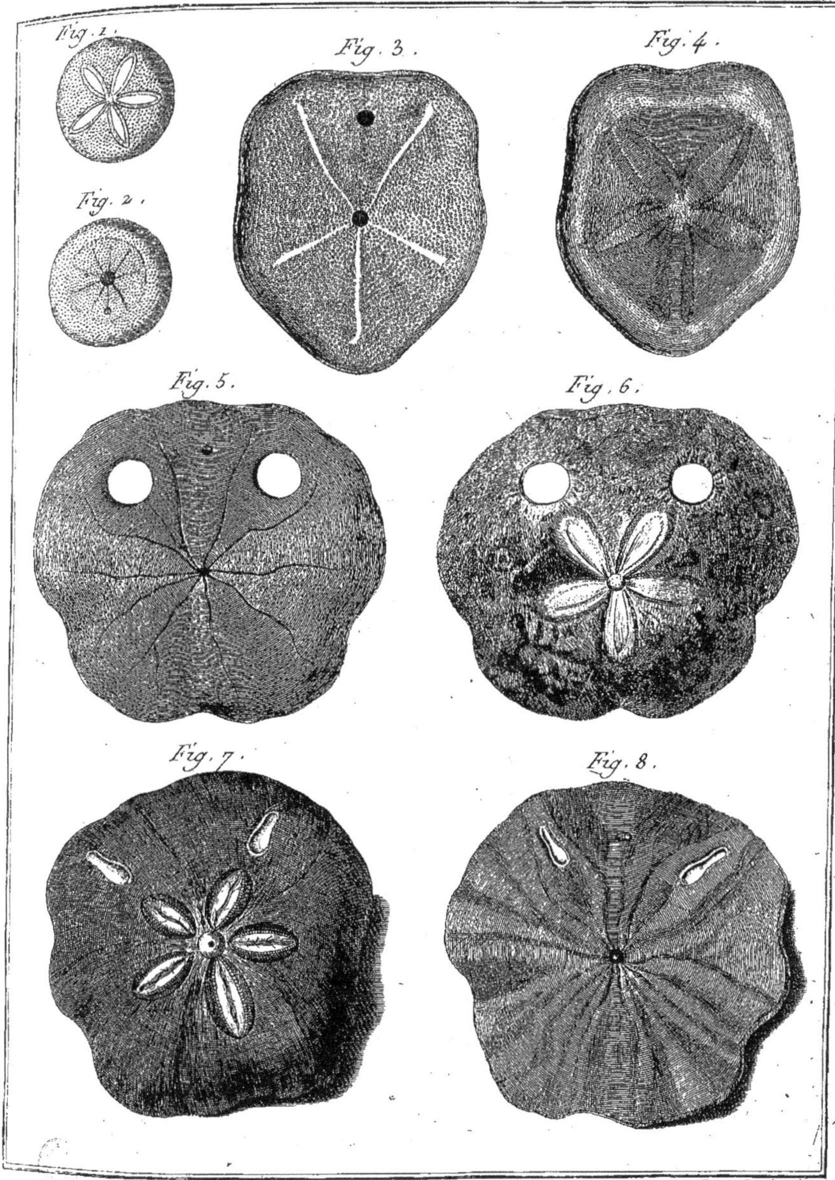

Fig. 1. *Fig. 2.* *Fig. 3.* *Fig. 4.* *Fig. 5.* *Fig. 6.* *Fig. 7.* *Fig. 8.*

Benard Direxit.

Histoire Naturelle Vers Echinodermes.

Fig. 1.

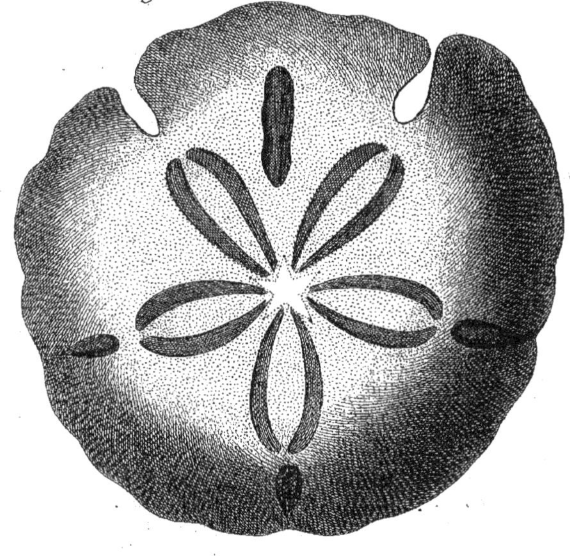

Fig. 2.

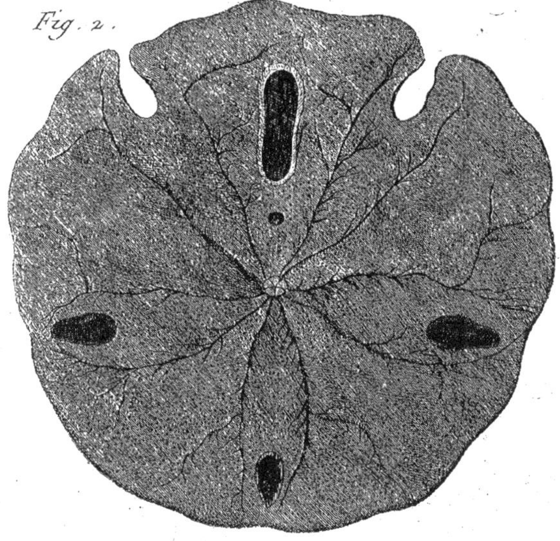

Histoire Naturelle, Vers Echinodermes

Benard Direxit.

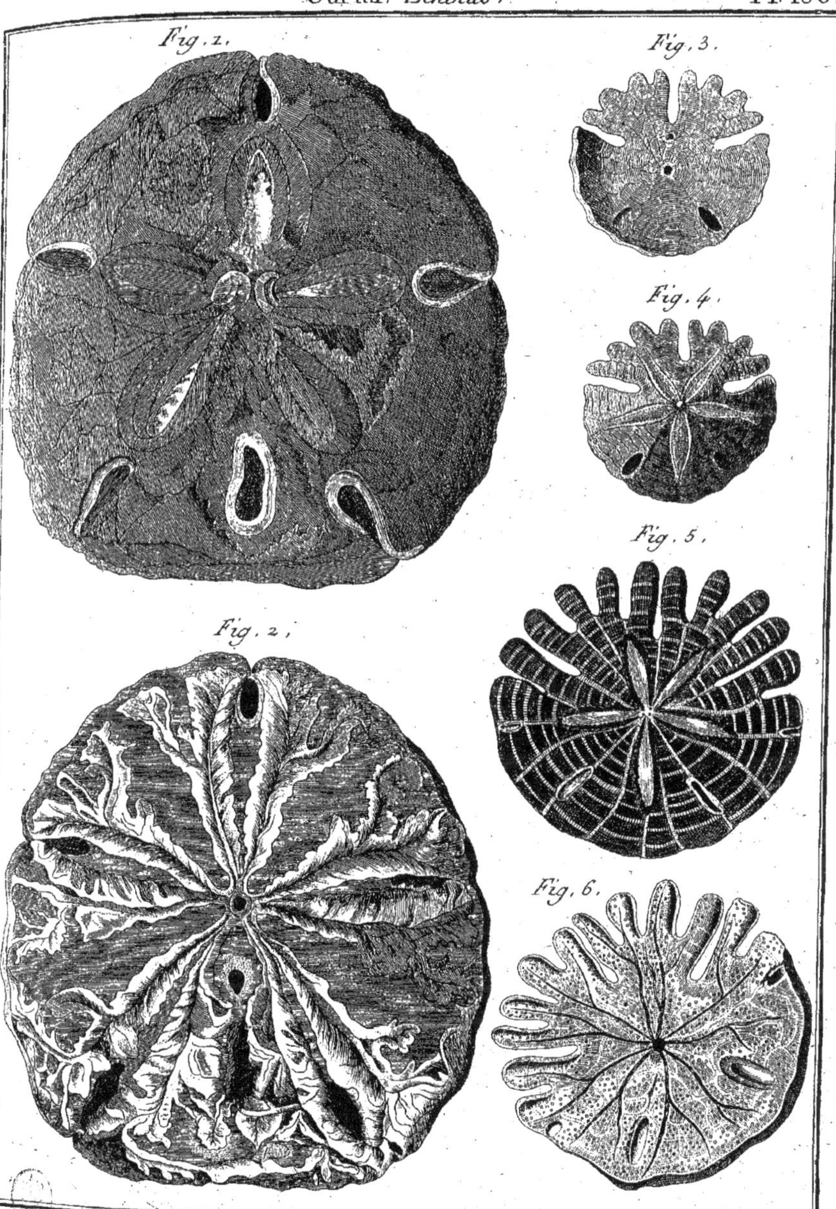

Histoire Naturelle, *Vers Echinodermes*. Benard Direxit.

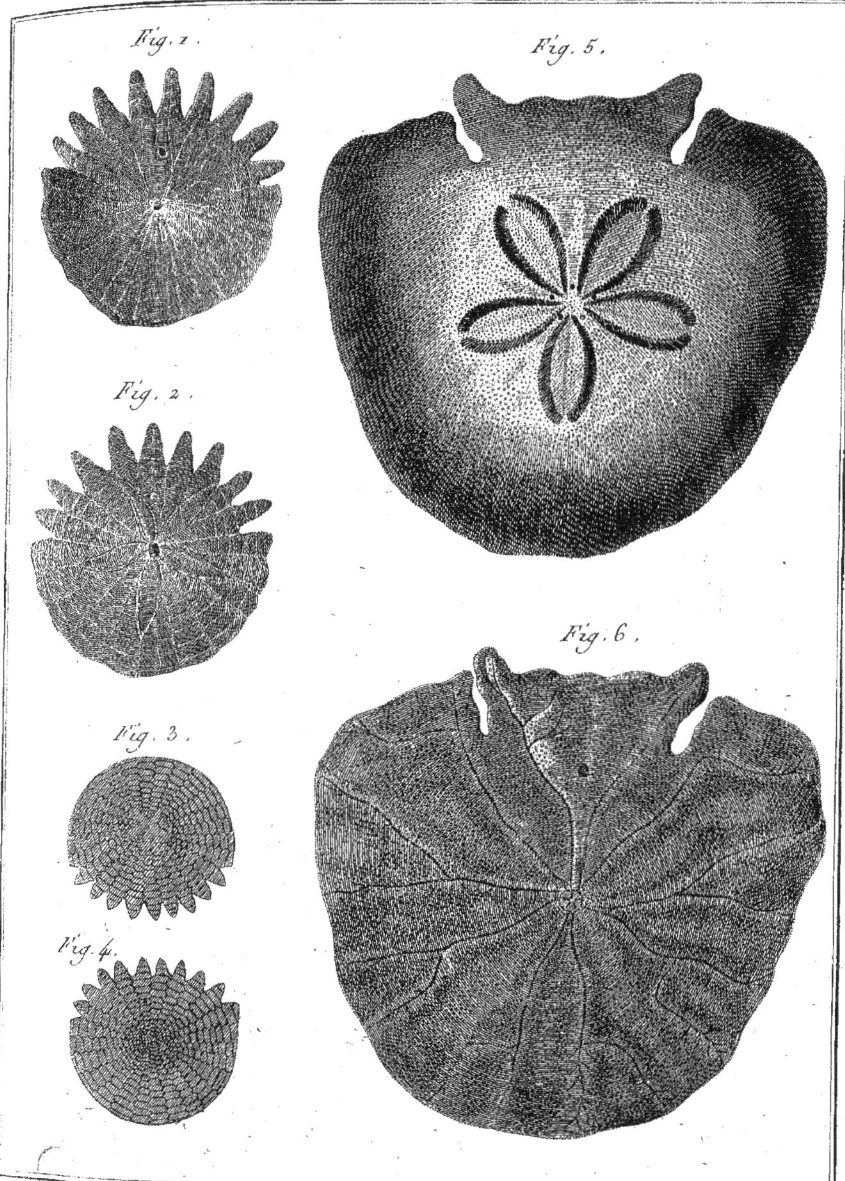

Benard Direxit.

Histoire Naturelle, Vers Echinodermes.

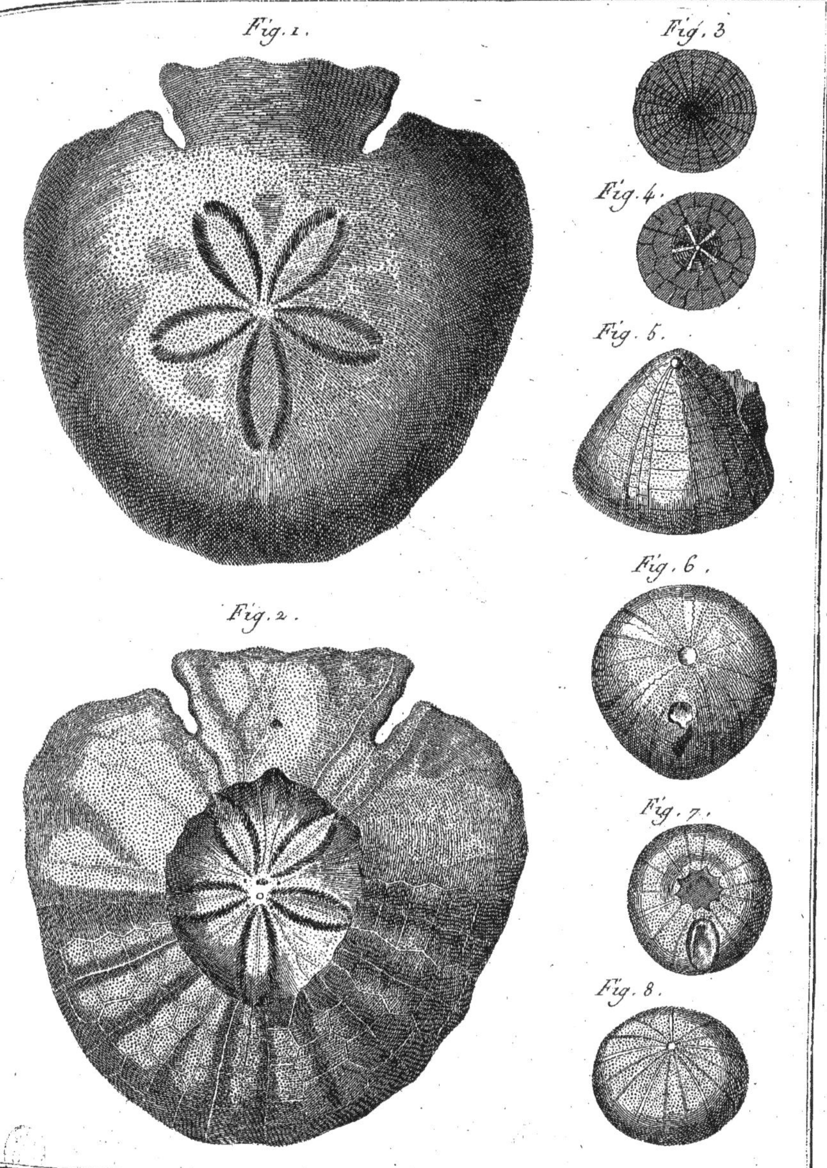

Histoire Naturelle, Vers Echinodermes.

Benard Direxit.

Ourſin. *Echinus.* Pl. 153

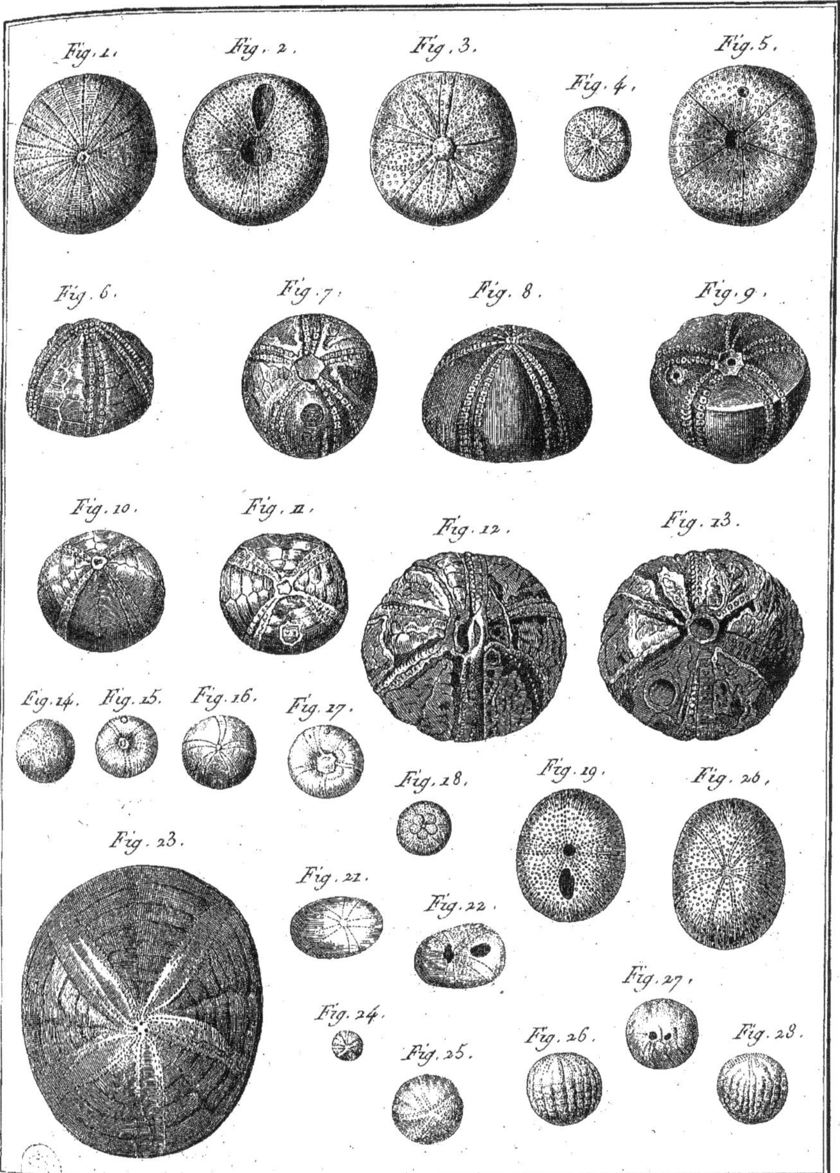

Benard Direxit

Histoire Naturelle, Vers Echinodermes.

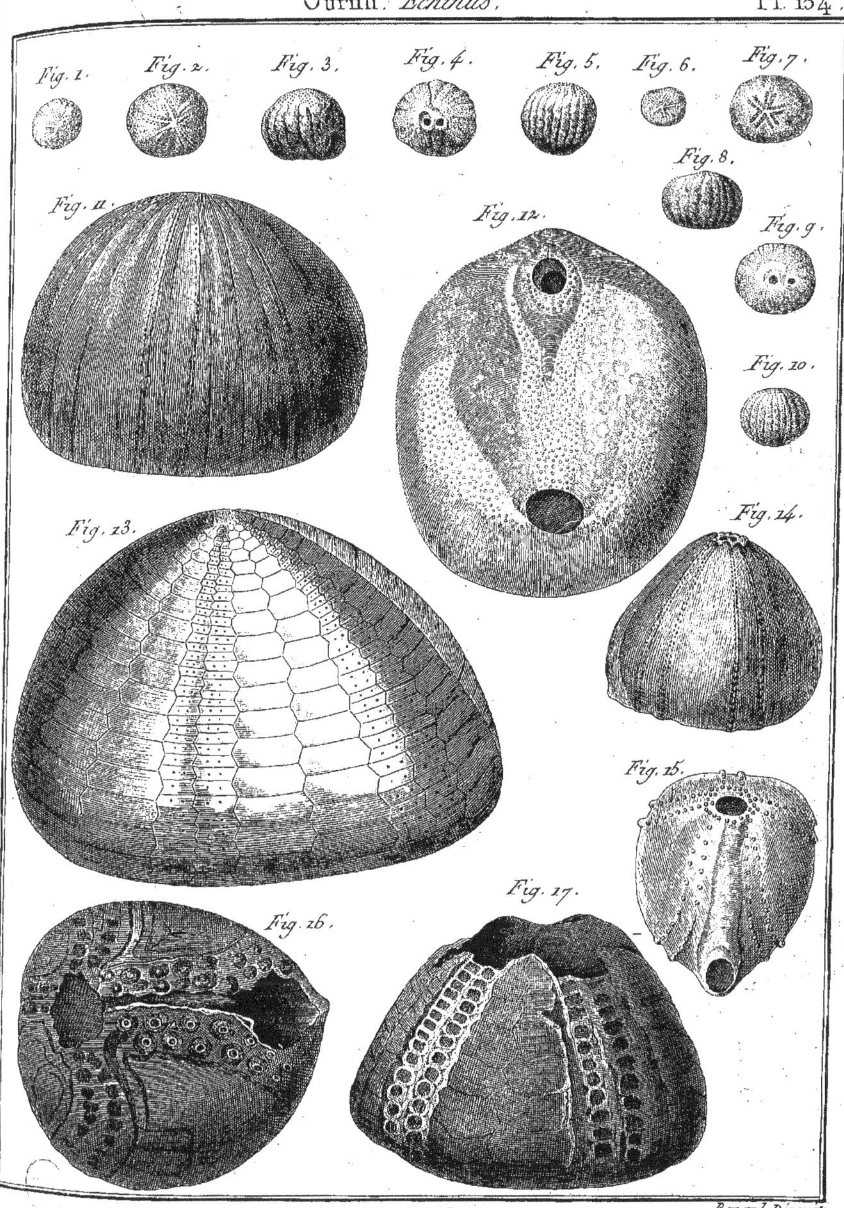

Benard Direxit

Histoire Naturelle, Vers Echinodermes.

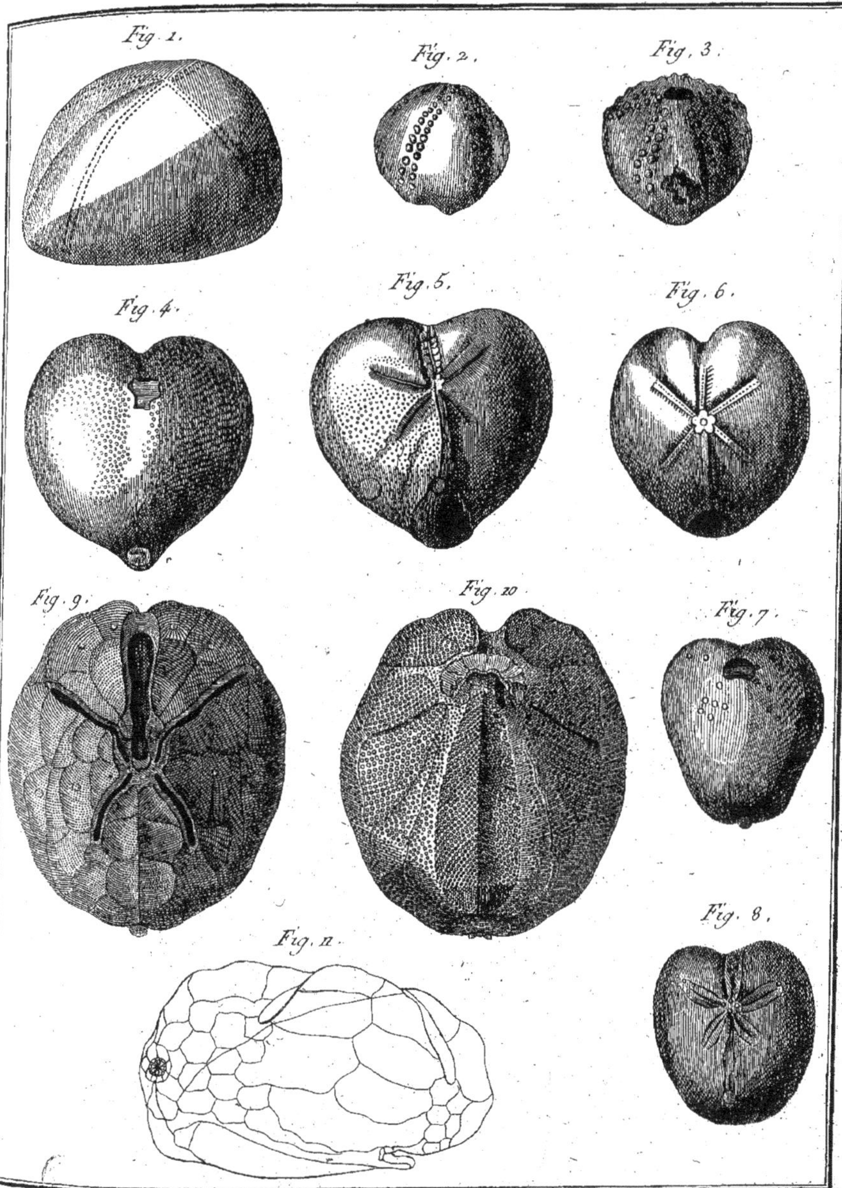

Benard Direxit.

Histoire Naturelle, Vers Echinodermes.

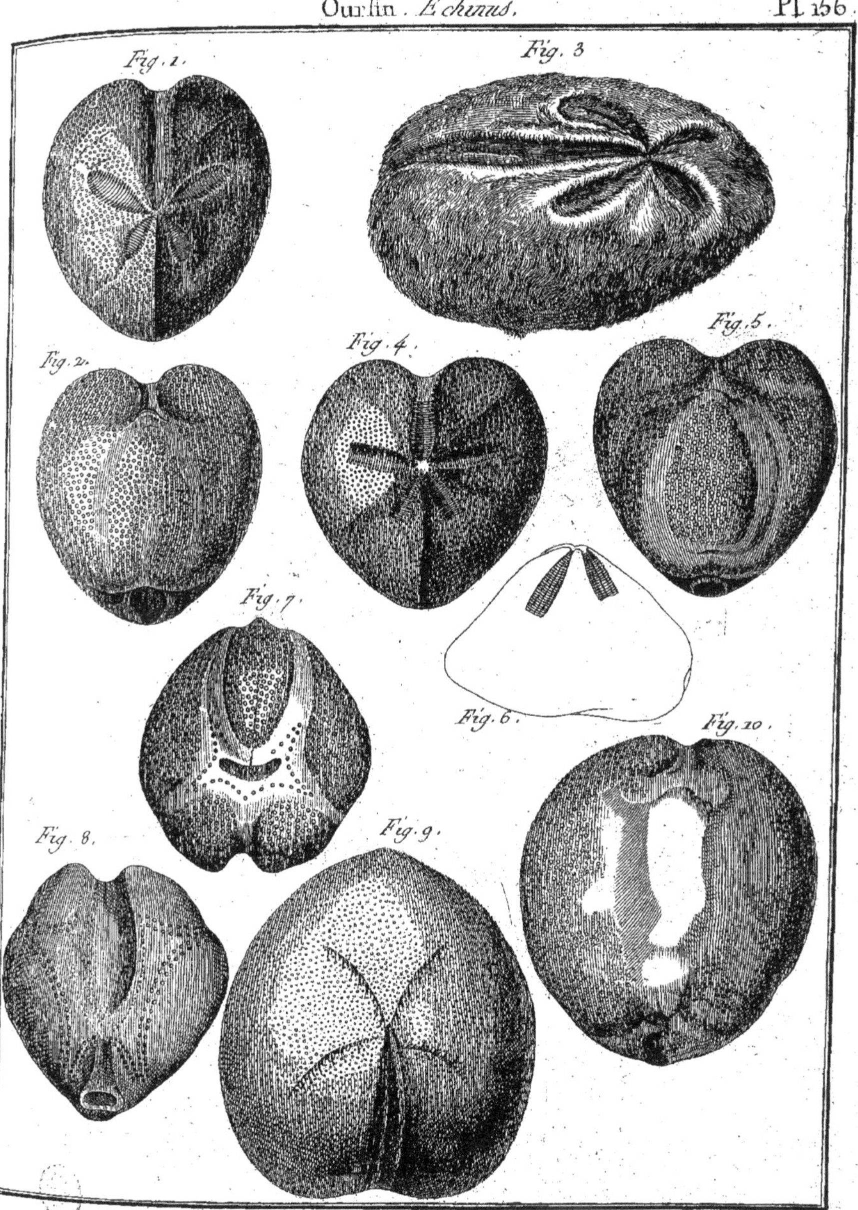

Benard Direxit

Histoire Naturelle, Vers Echinodermes

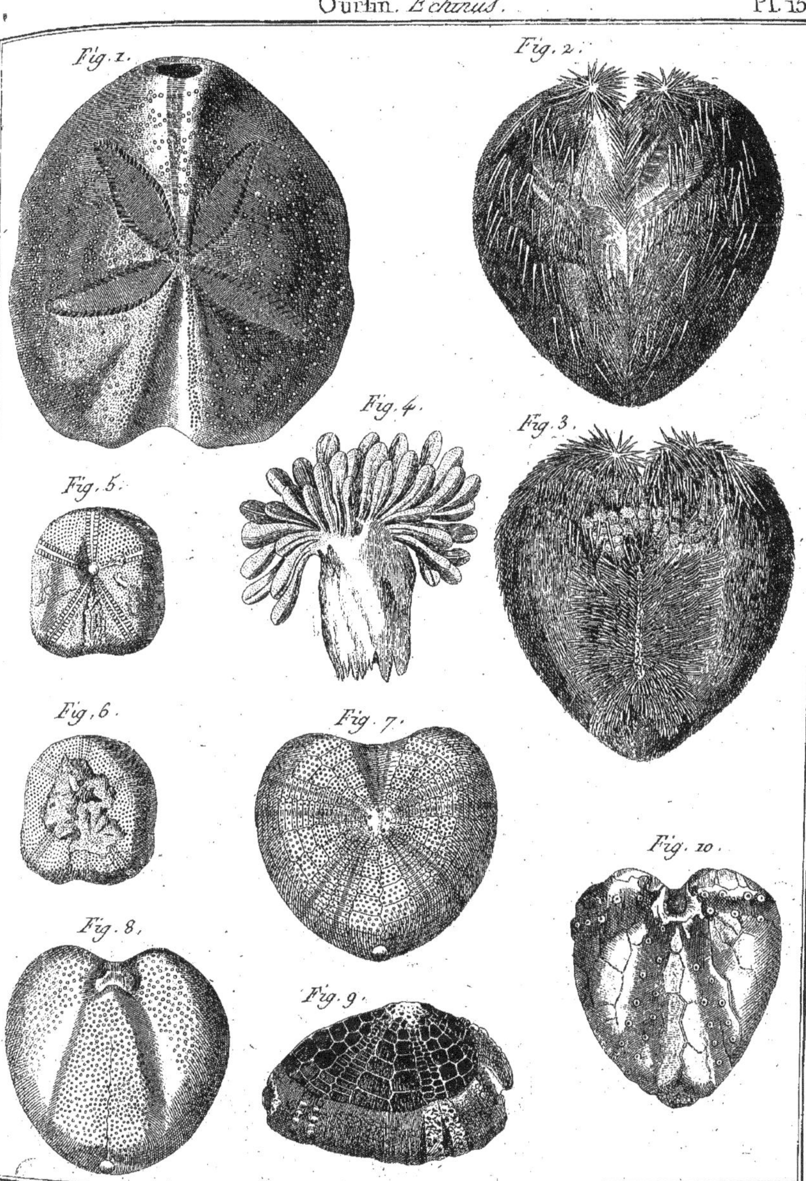

Histoire Naturelle, Vers Echinodermes.

Benard Direxit

Oursin. *Echinus.* Pl. 158.

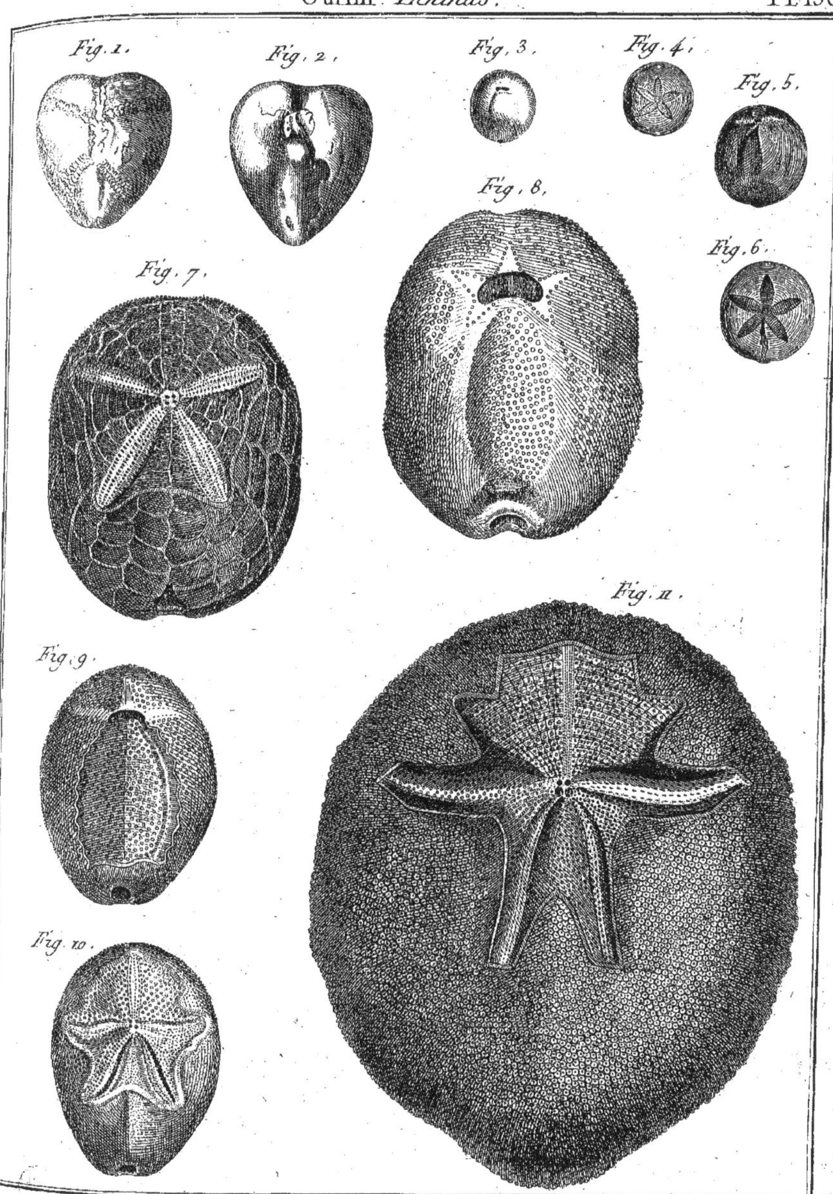

Histoire Naturelle, Vers Echinodermes.

Benard Direxit.

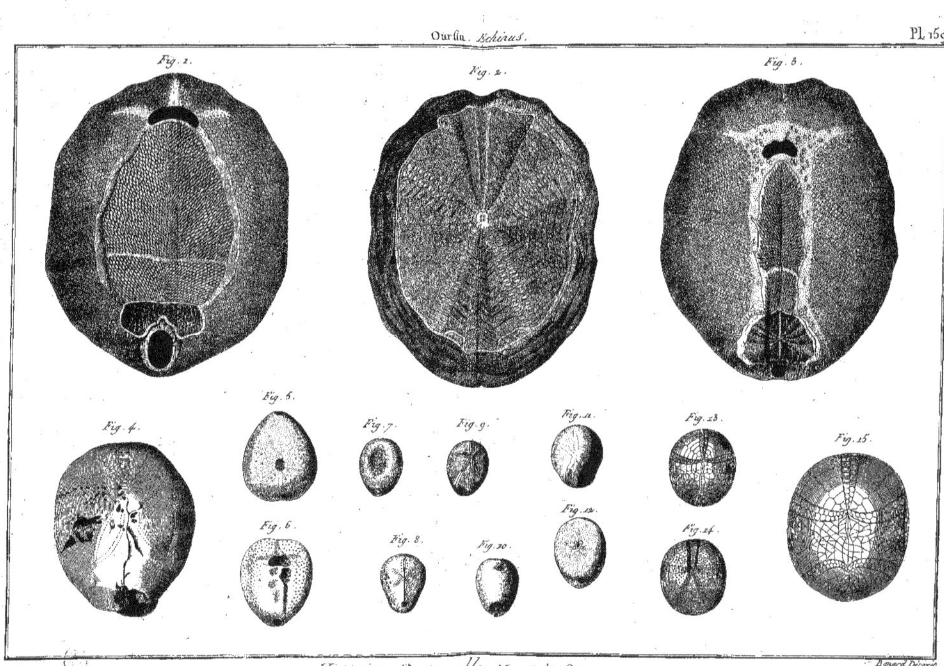
Oursin. Echinus.
Pl. 159.
Fig. 1.
Fig. 2.
Fig. 3.
Fig. 4.
Fig. 5.
Fig. 6.
Fig. 7.
Fig. 8.
Fig. 9.
Fig. 10.
Fig. 11.
Fig. 12.
Fig. 13.
Fig. 14.
Fig. 15.
Histoire Naturelle, Vers Echinodermes.
Benard Direxit
86.

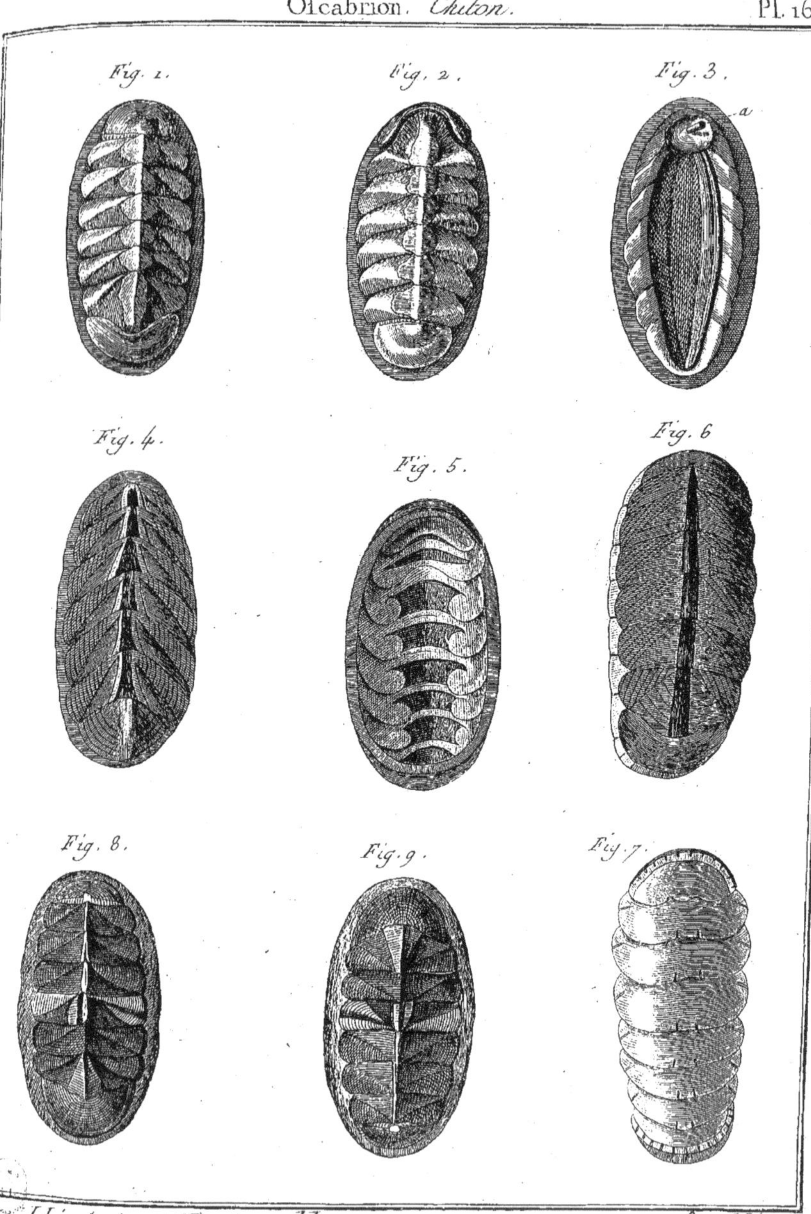

Benard Direxit.

Histoire Naturelle, *Vers Testacés à Coquille Multivalve.*

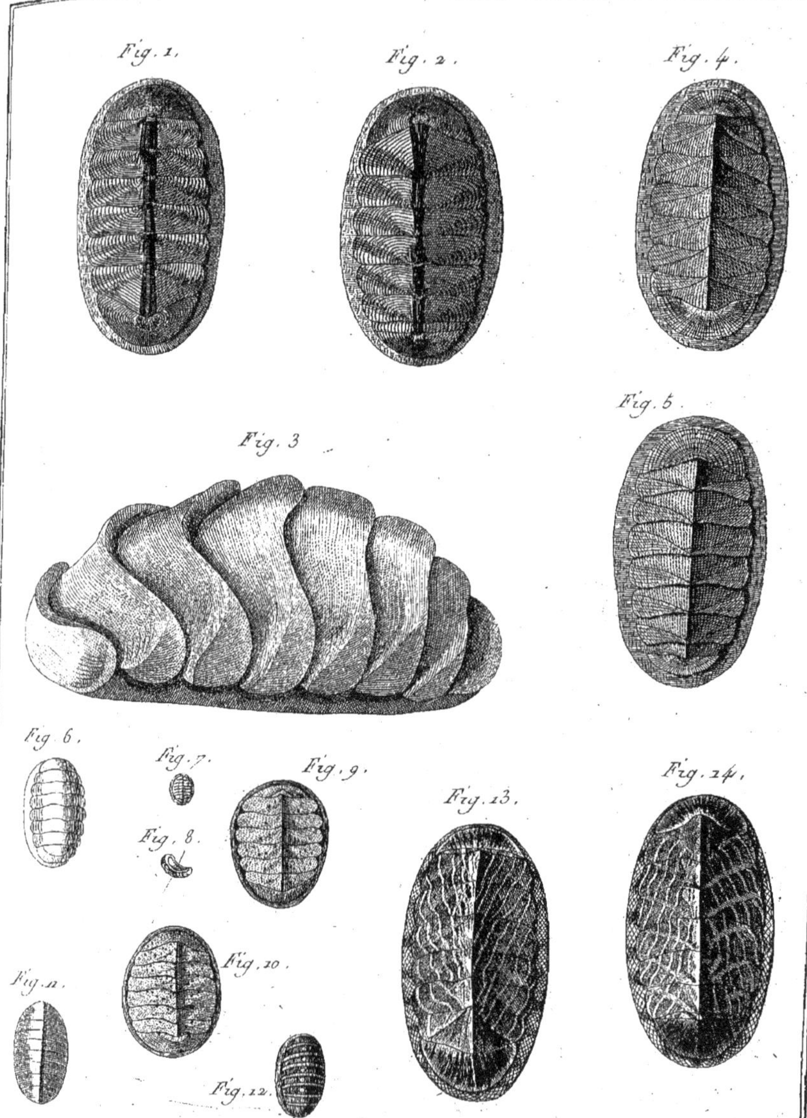

Histoire Naturelle, Vers Testacés à Coquille Multivalve.

Benard Direxit.

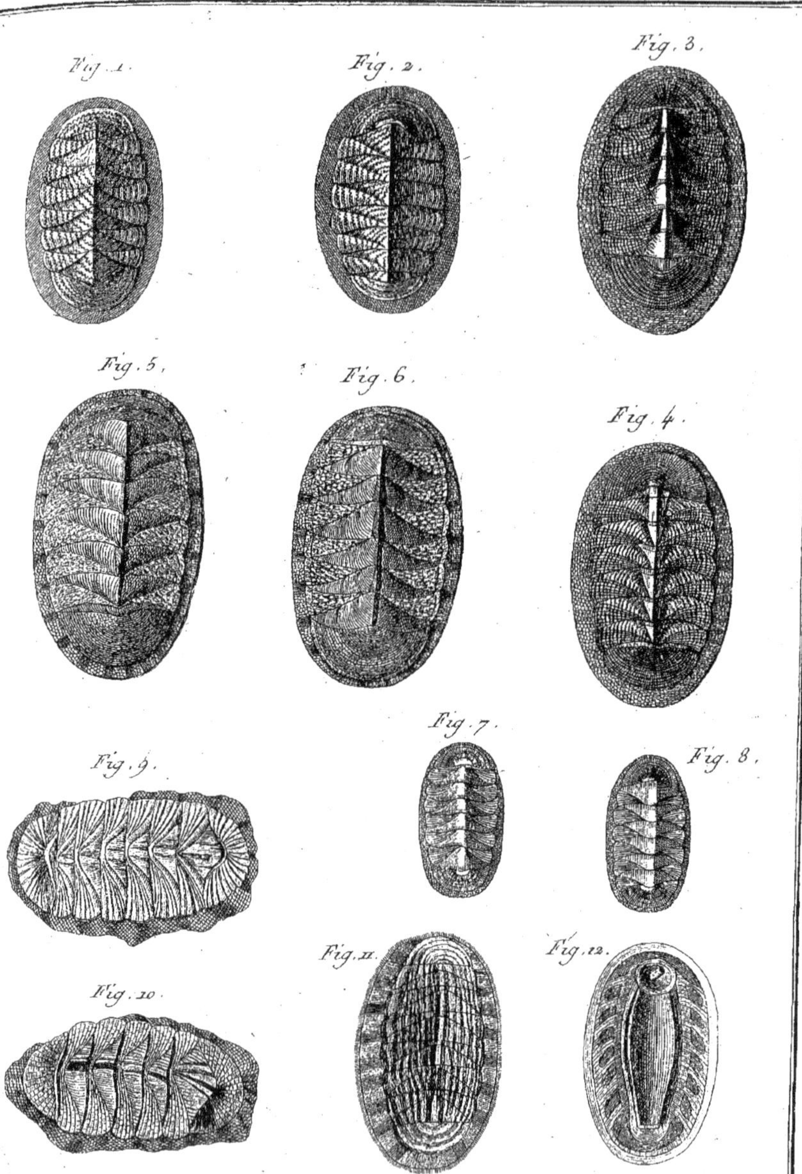

Benard Direxit.

Histoire Naturelle, *Vers Testacés à Coquille Multivalve.*

Oscabrion. *Chiton.* Pl. 163.

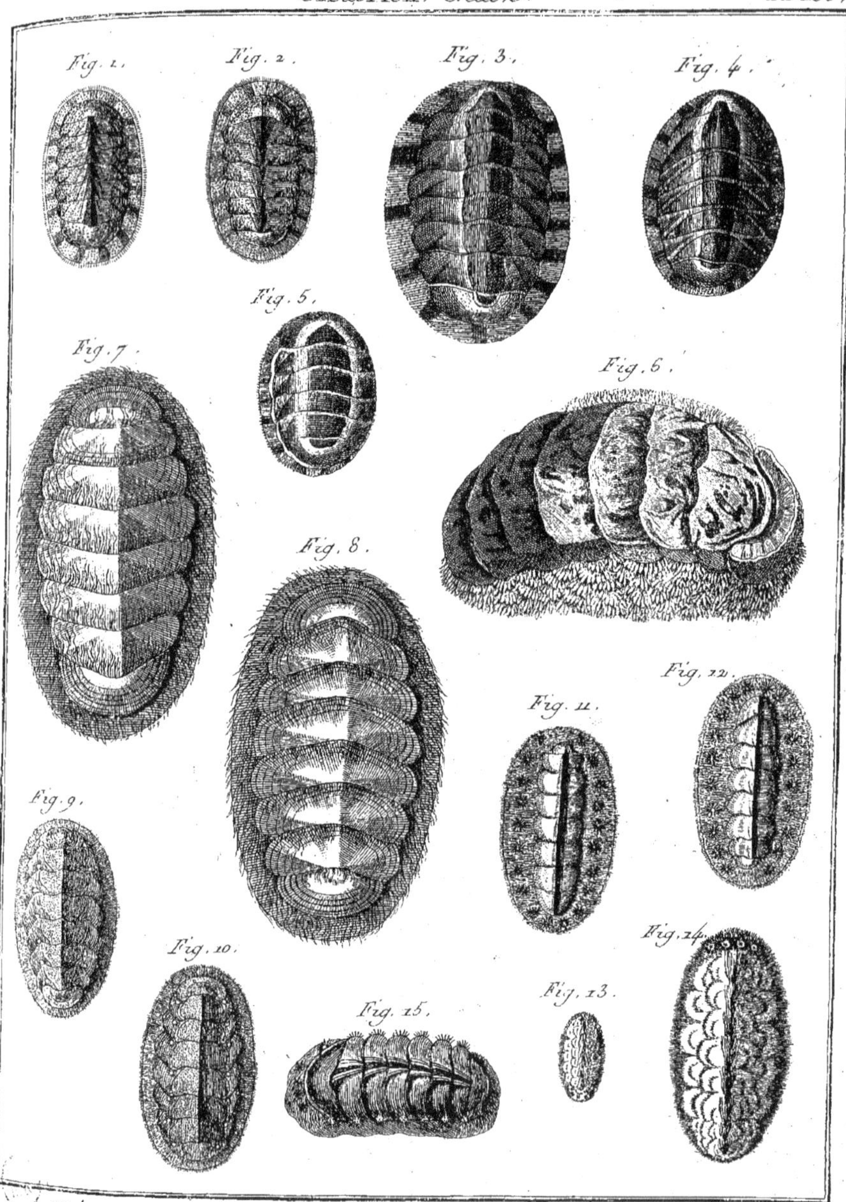

Benard, Direxit

Histoire Naturelle, Vers Testacés à Coquille Multivalve.

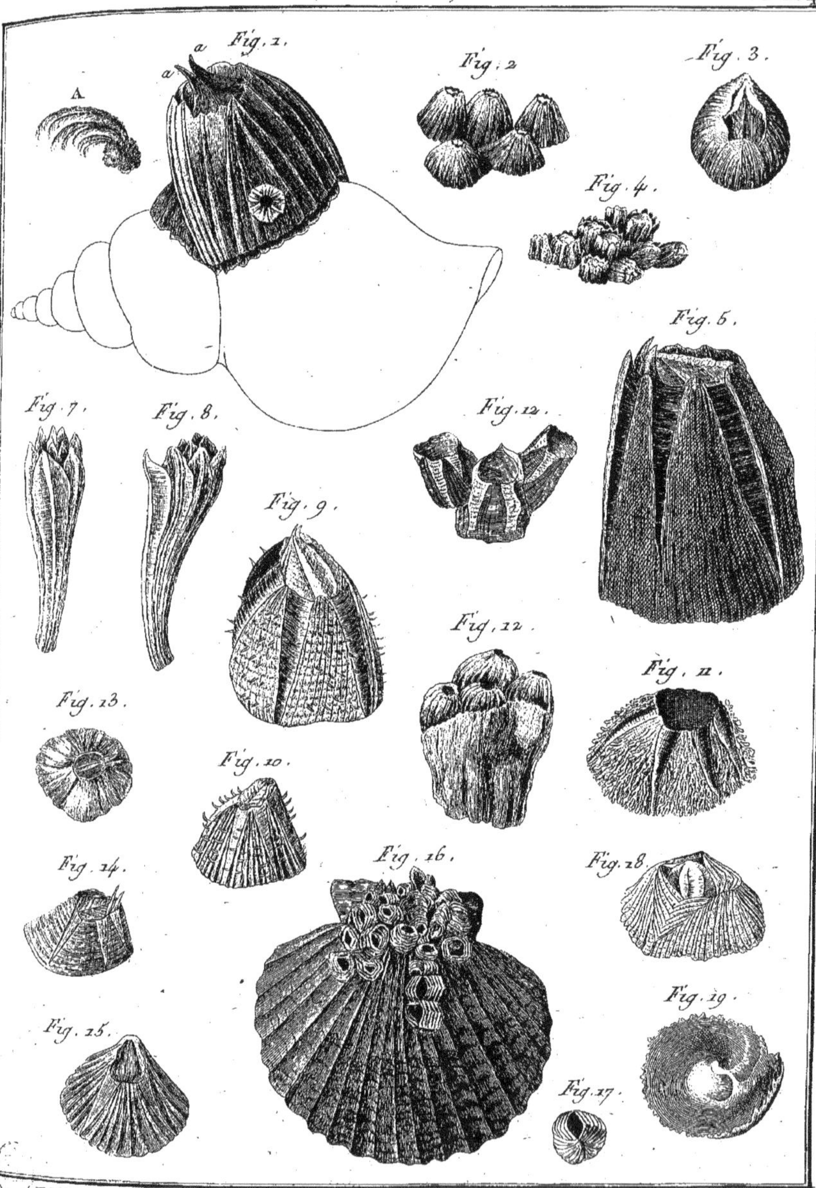

Benard Direxit

Histoire Naturelle, Vers Testacés à Coquille Multivalve.

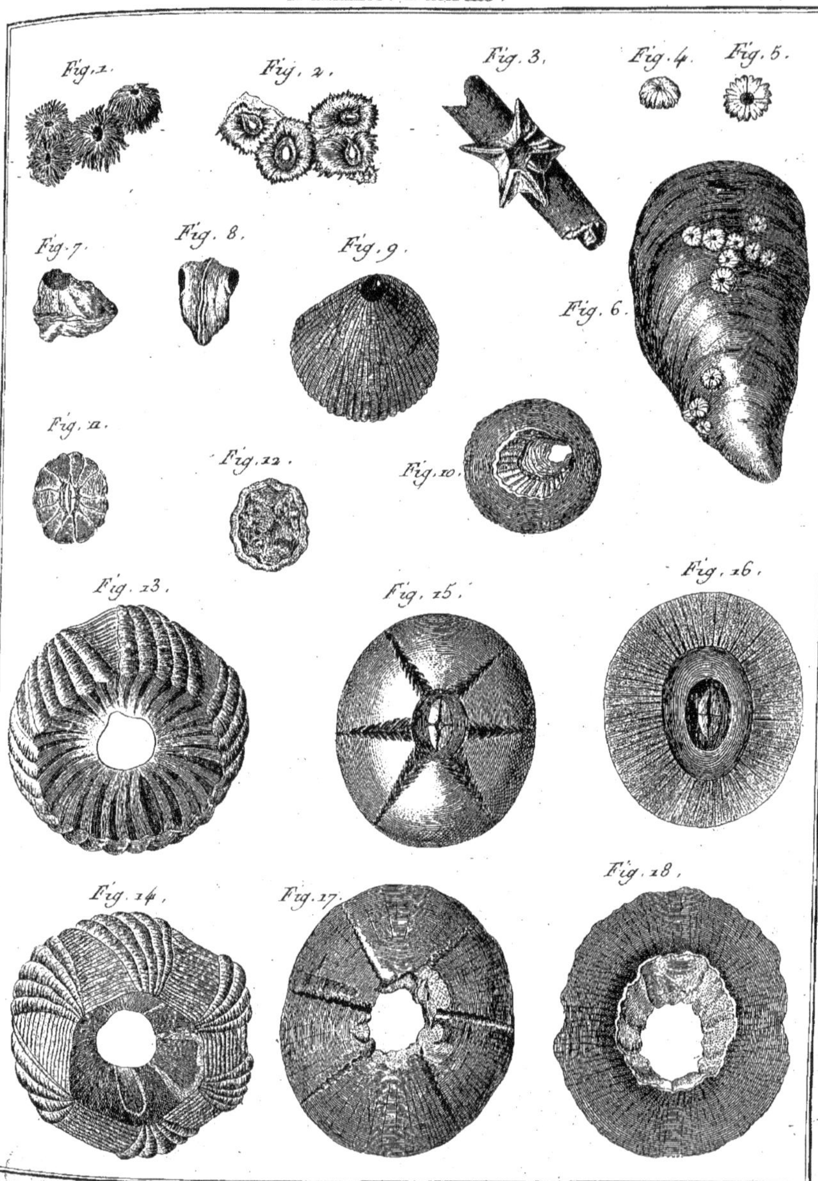

Histoire Naturelle, Vers Testacés à Coquille Multivalve.

Benard Direxit

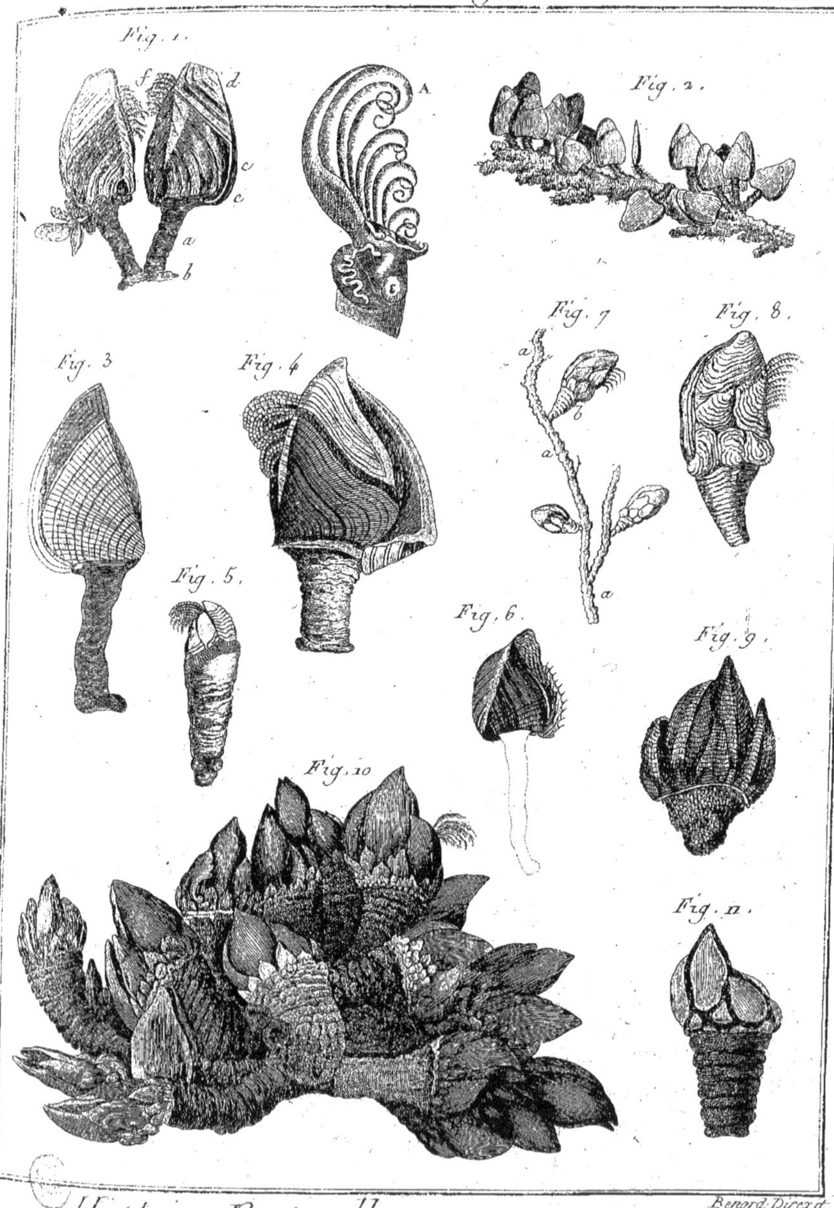

Benard Direxit

Histoire Naturelle, Vers Testacés à Coquille Multivalve.

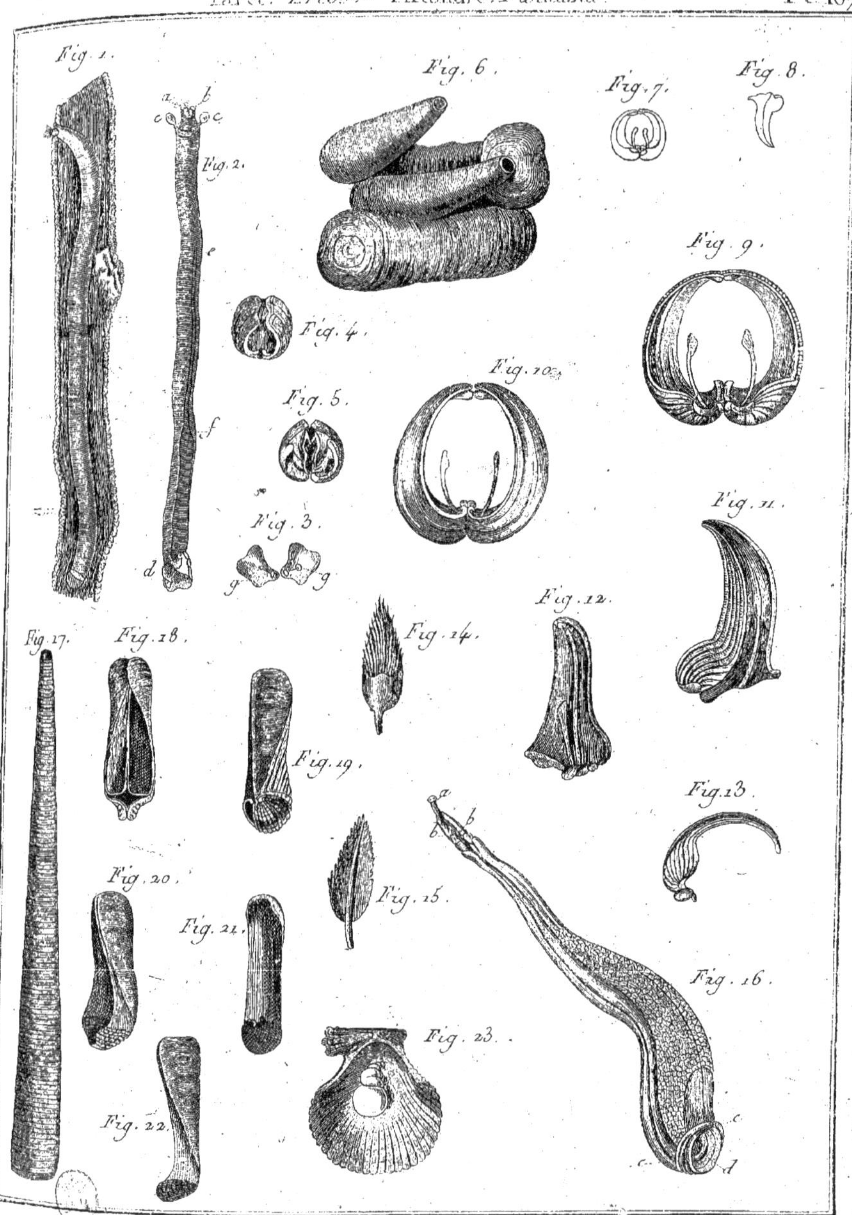

Benard Direxit.

Histoire Naturelle, Vers Testacés à Coquille Multivalve

Pholade. *Pholas.* Pl. 168.

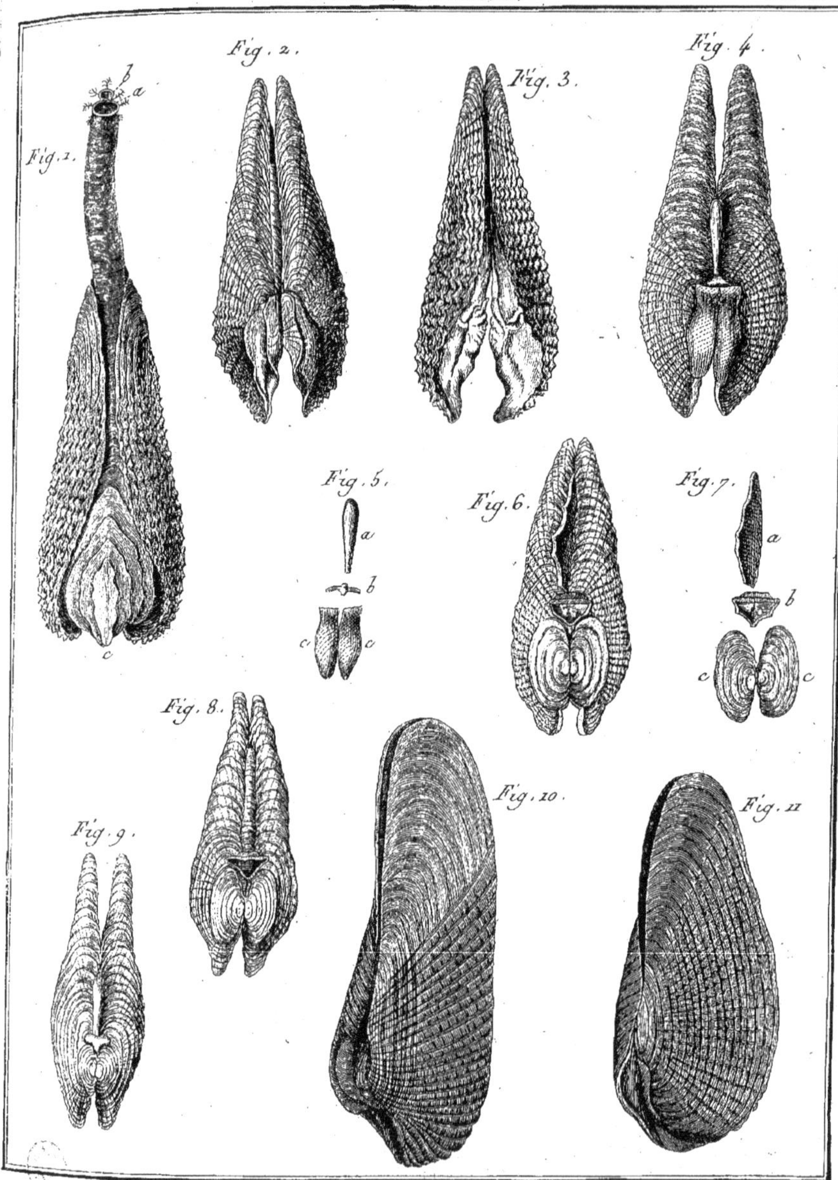

Benard Direxit.

Histoire Naturelle, Vers Testacés à Coquille Multivalve.

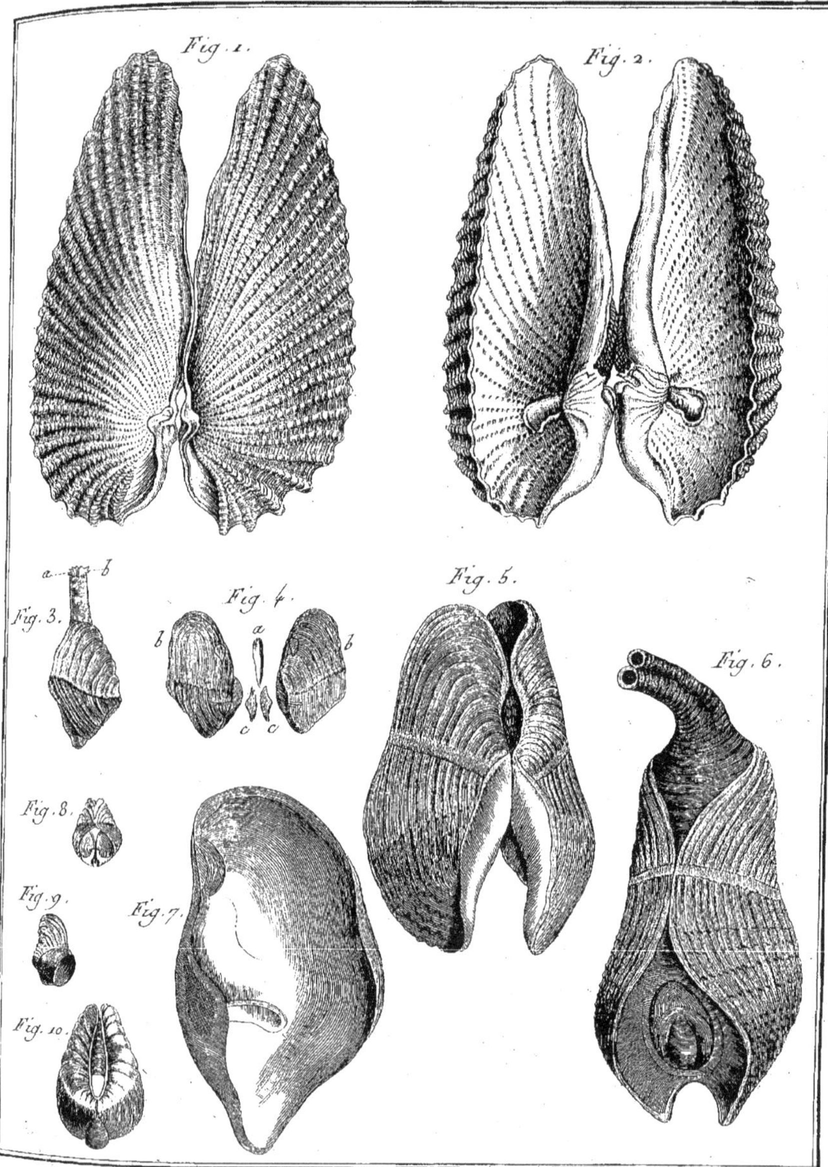

Benard Direx.

Histoire Naturelle, *Vers Testacés à Coquille Multivalve.*

Pholade. *Pholas.* Pl. 170.

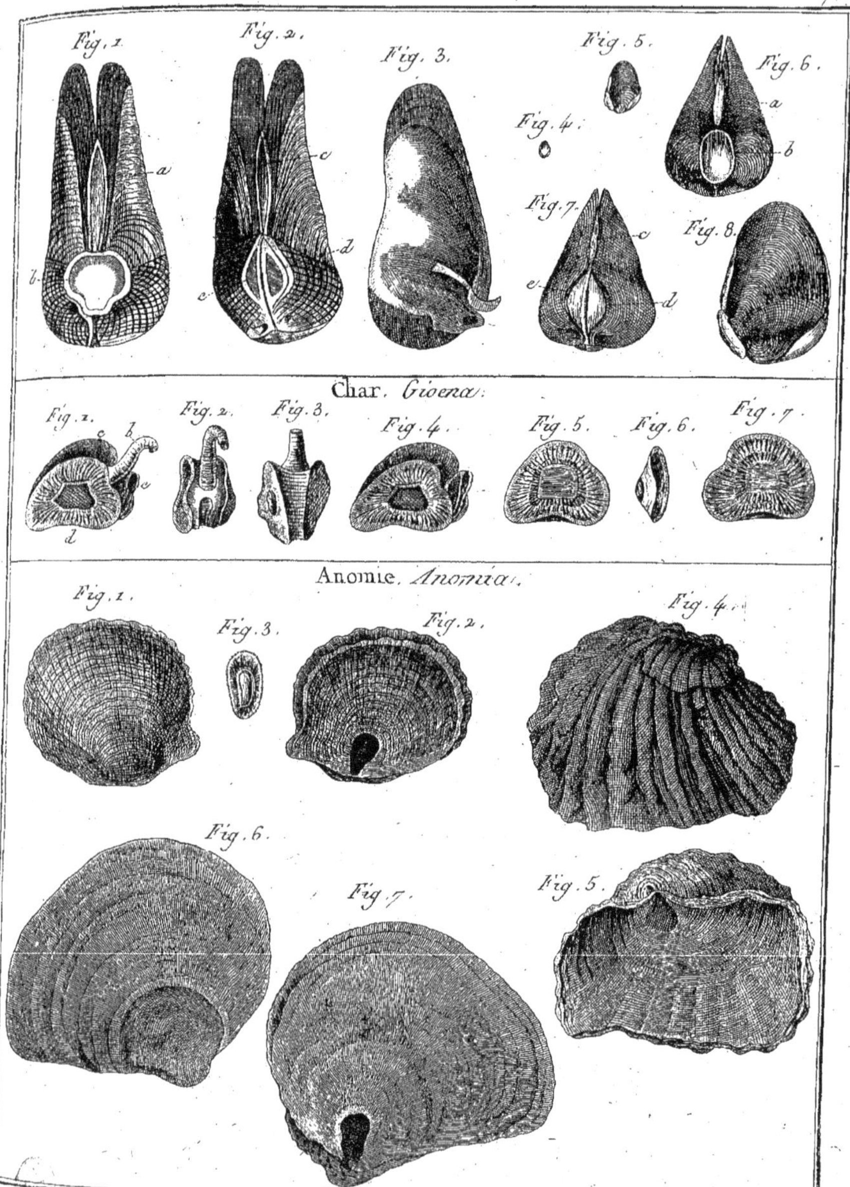

Benard Direxit.

Histoire Naturelle, Vers Testacés à Coquille Multivalve.

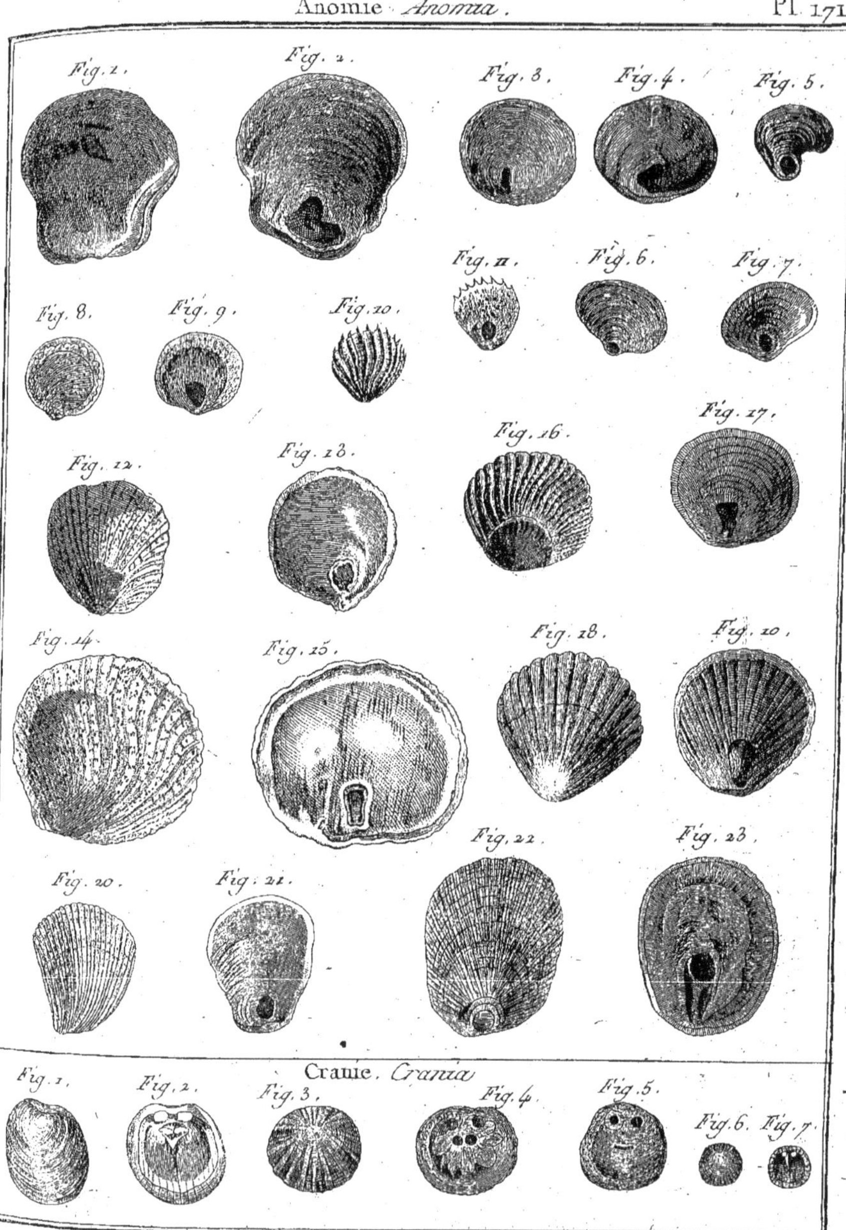

Benard Direx.

Histoire Naturelle, *Vers Testacés à Coquille Multivalve*.

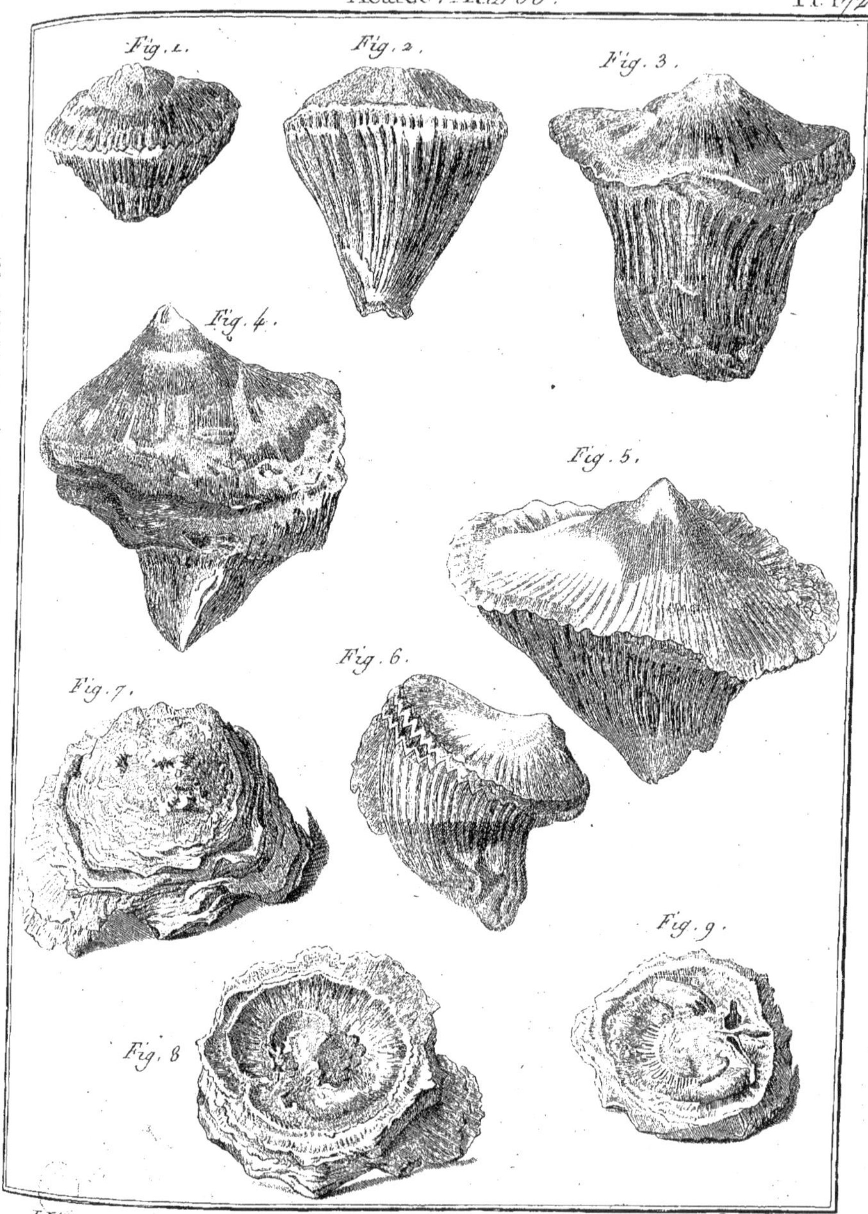

Benard Direxit.

Histoire Naturelle, Vers Testacés à Coquille Bivalve irrégulière.

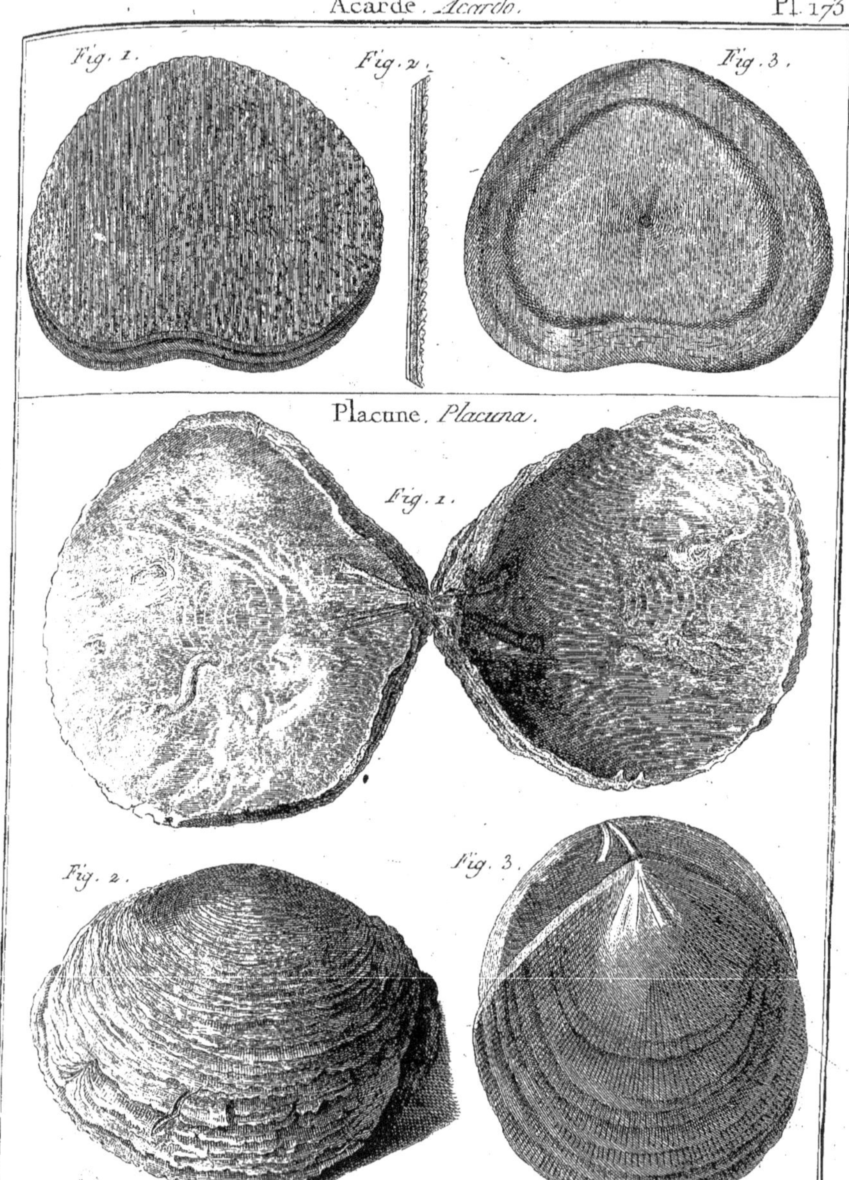

Benard Dir. ex.

Histoire Naturelle, Vers Testacés à Coquille Bivalve irréguliére, 93

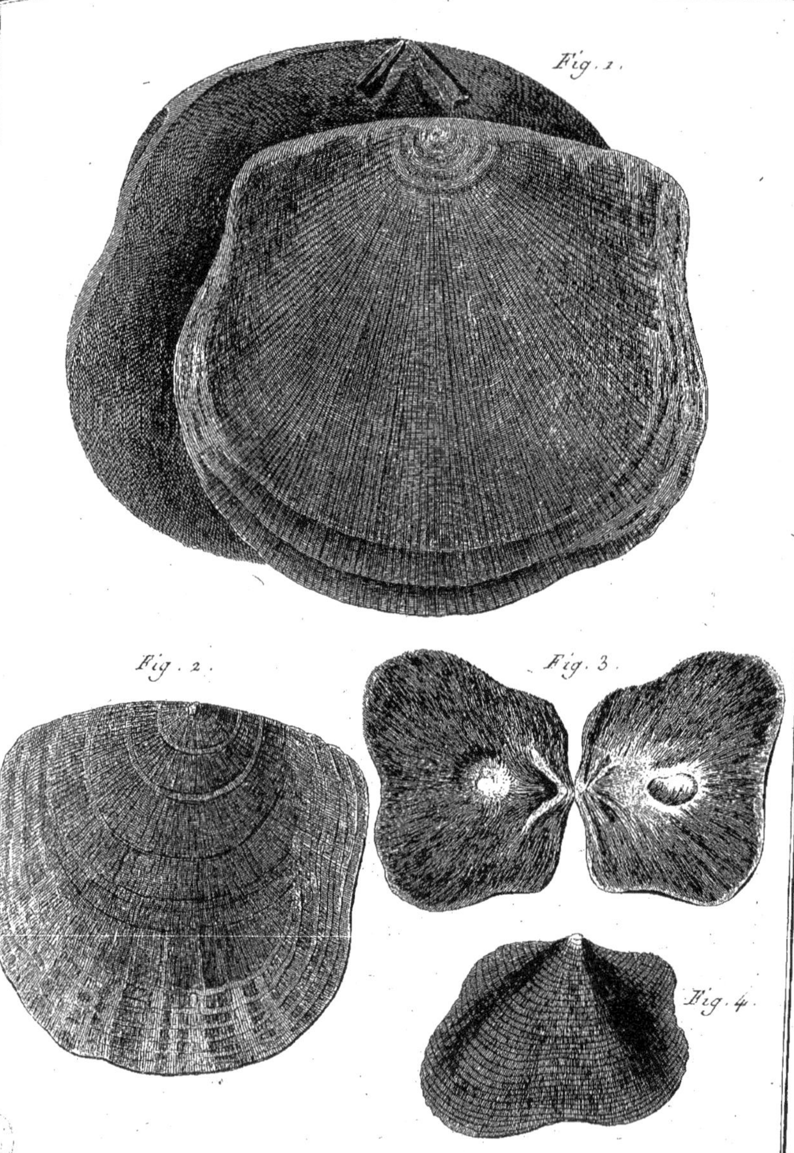

Benard Direx.

Histoire Naturelle, Vers Testacés à Coquille Bivalve irrégulière.

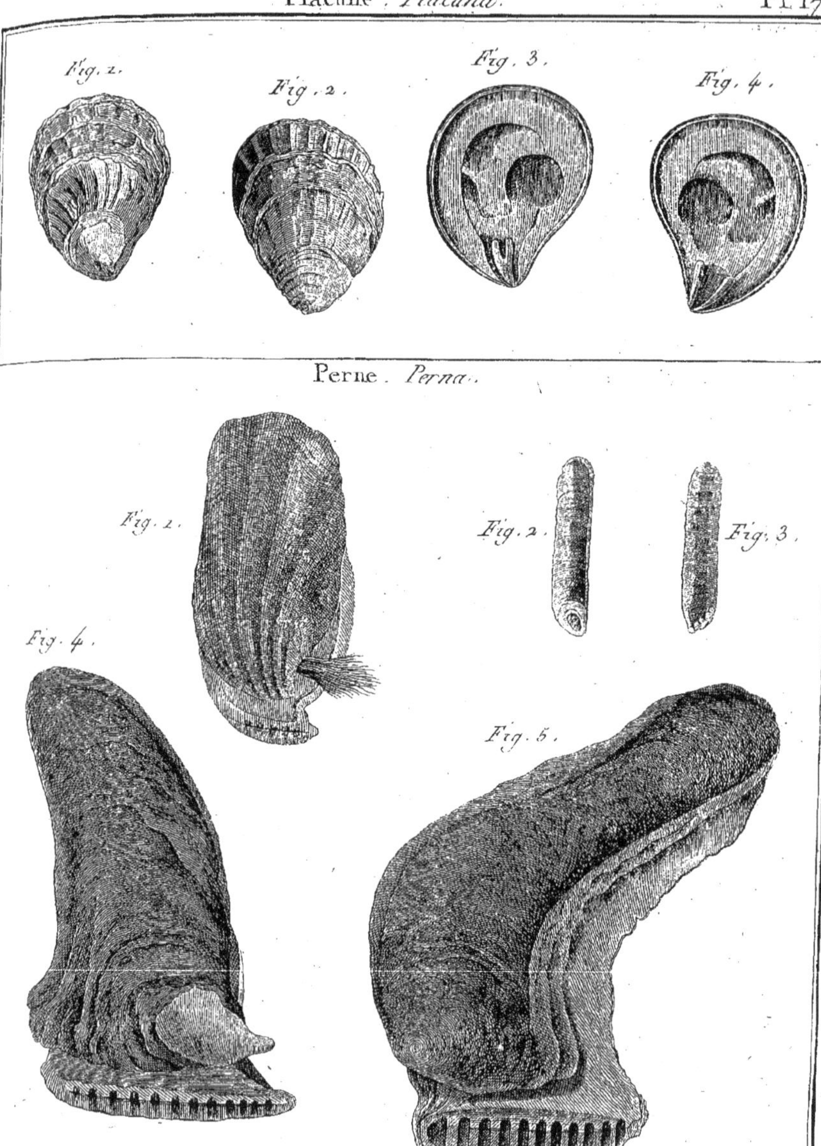

Benard Direxit.

Histoire Naturelle, *Vers Testacés à Coquille Bivalve irréguliere.*

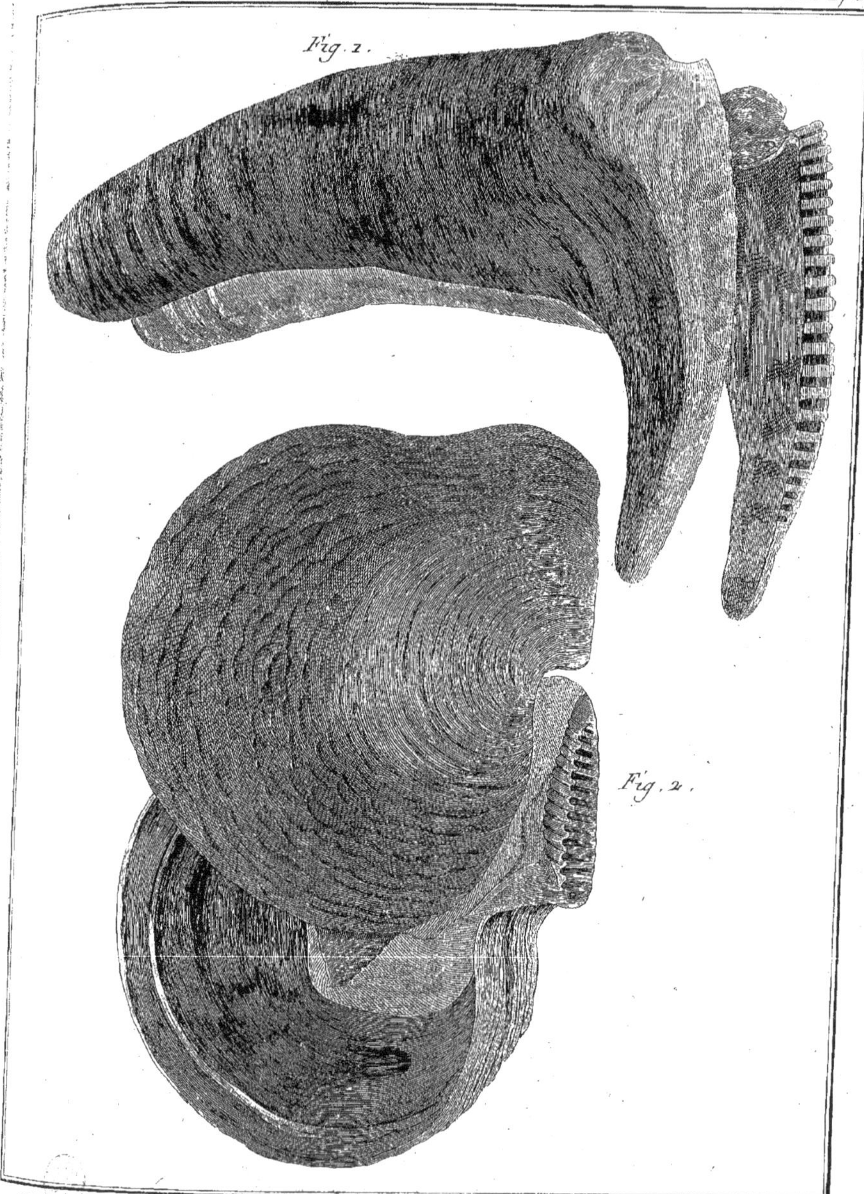

Benard Direxit

Histoire Naturelle, Vers Testacés à Coquille Bivalve irrégulière.

Hironde. *Avicula.* Pl. 177.

Histoire Naturelle, *Vers Testacés à Coquille Bivalve irrégulière.*

Benard Direxit

96

Houlette. *Pedum.* Pl. 178.

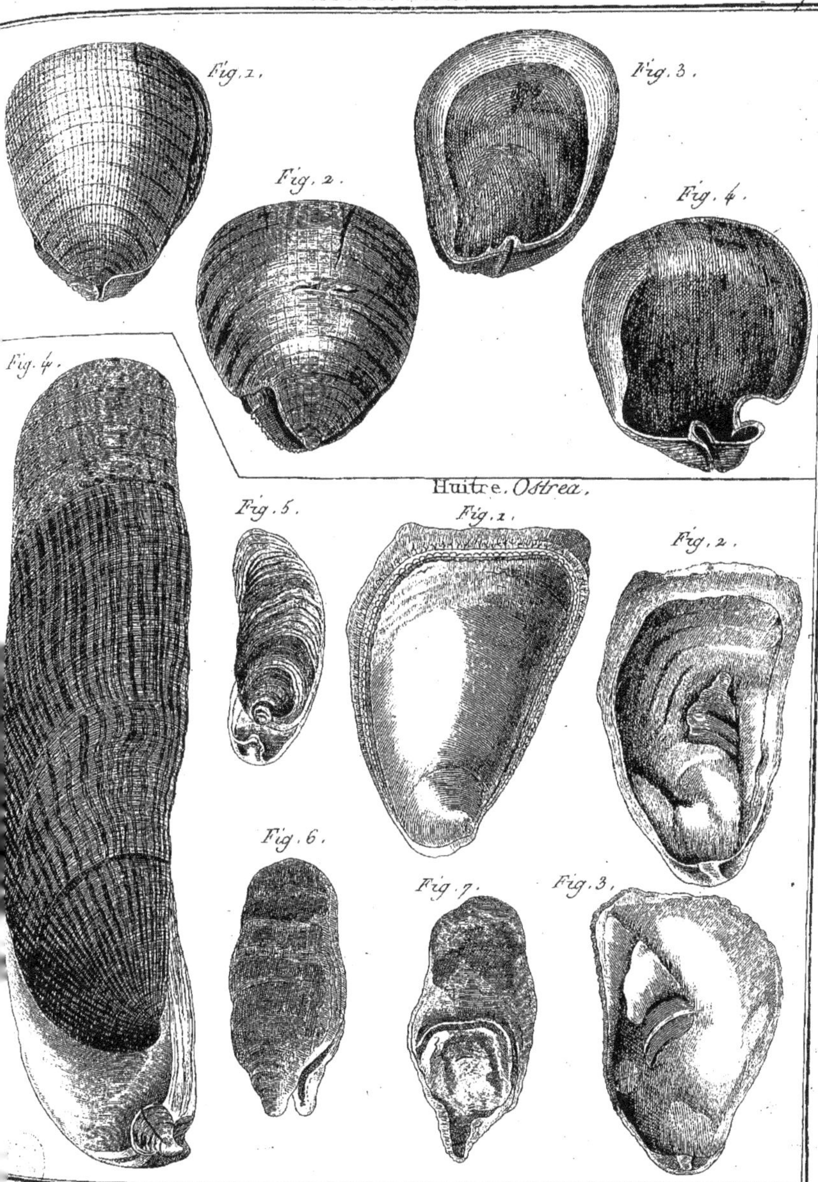

Benard Direxit

Histoire Naturelle, Vers Testacés à Coquille Bivalve irrégulière.

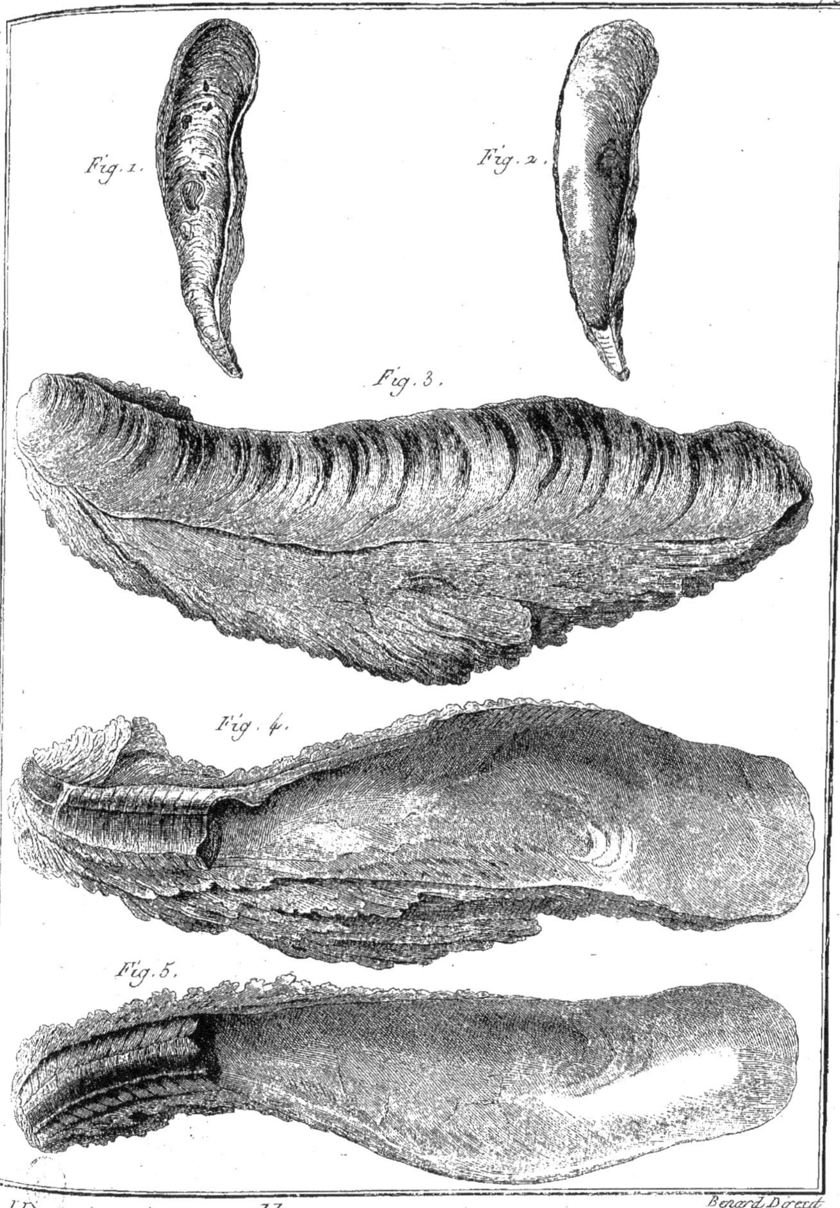

Benard Direxit

Histoire Naturelle, Vers Testacés à Coquille Bivalve irrégulière.

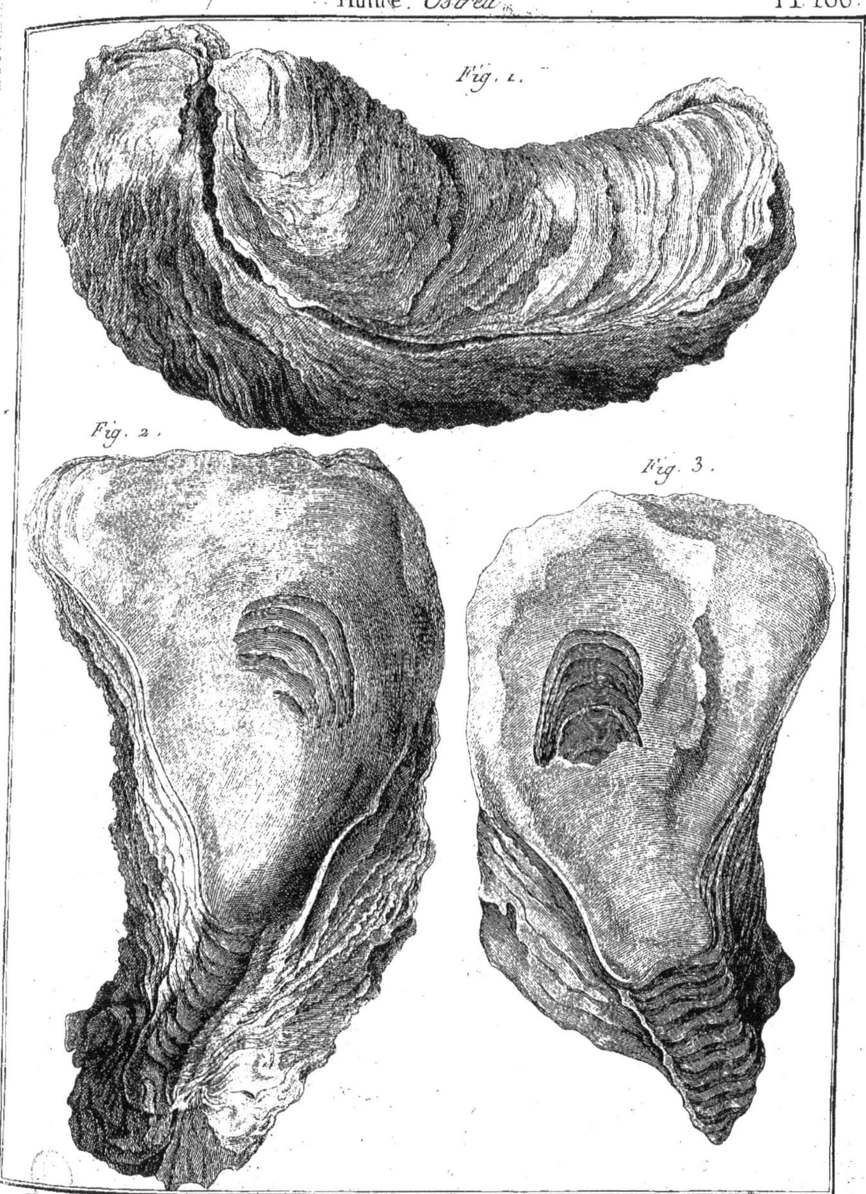

Benard Direxit

Histoire Naturelle, Vers Testacés à Coquille Bivalve irrégulière.

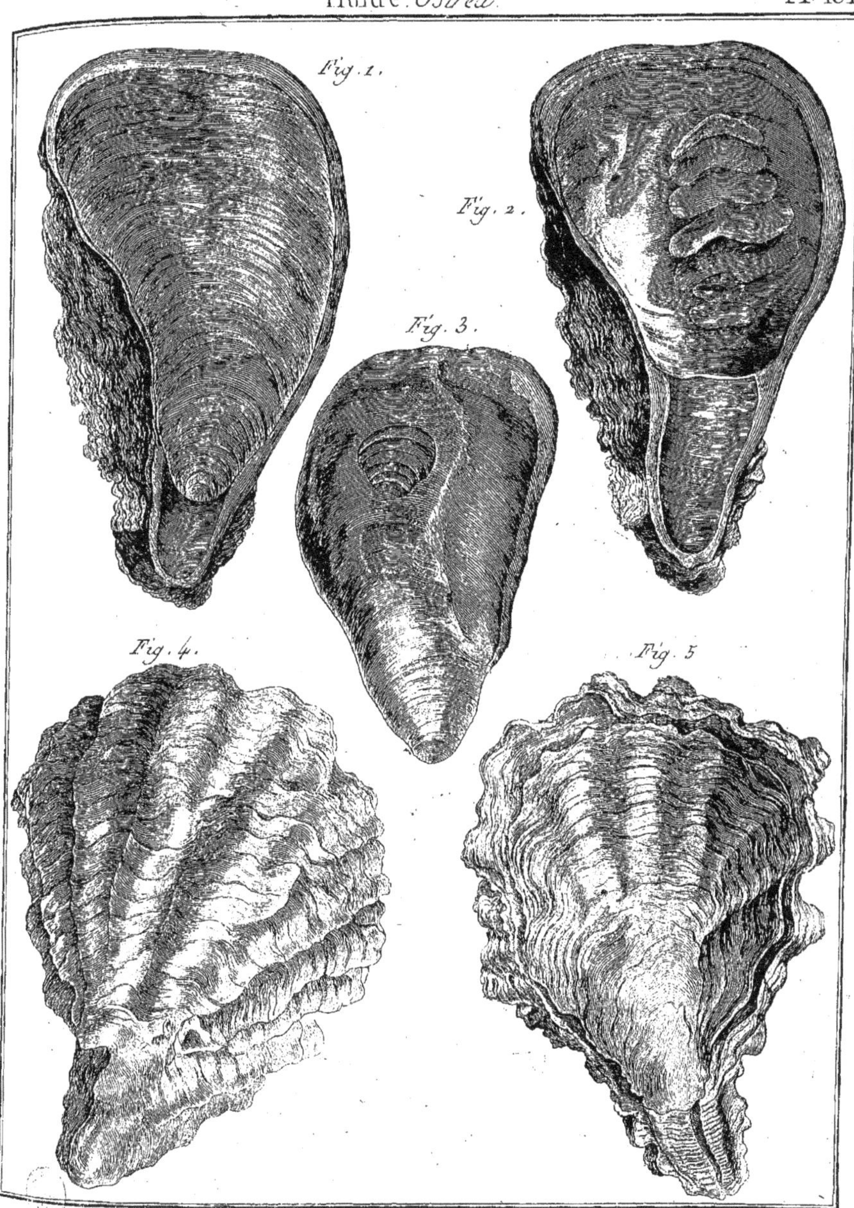

Benard Direxit.

Histoire Naturelle, Vers Testacés à Coquille Bivalve irréguliere.

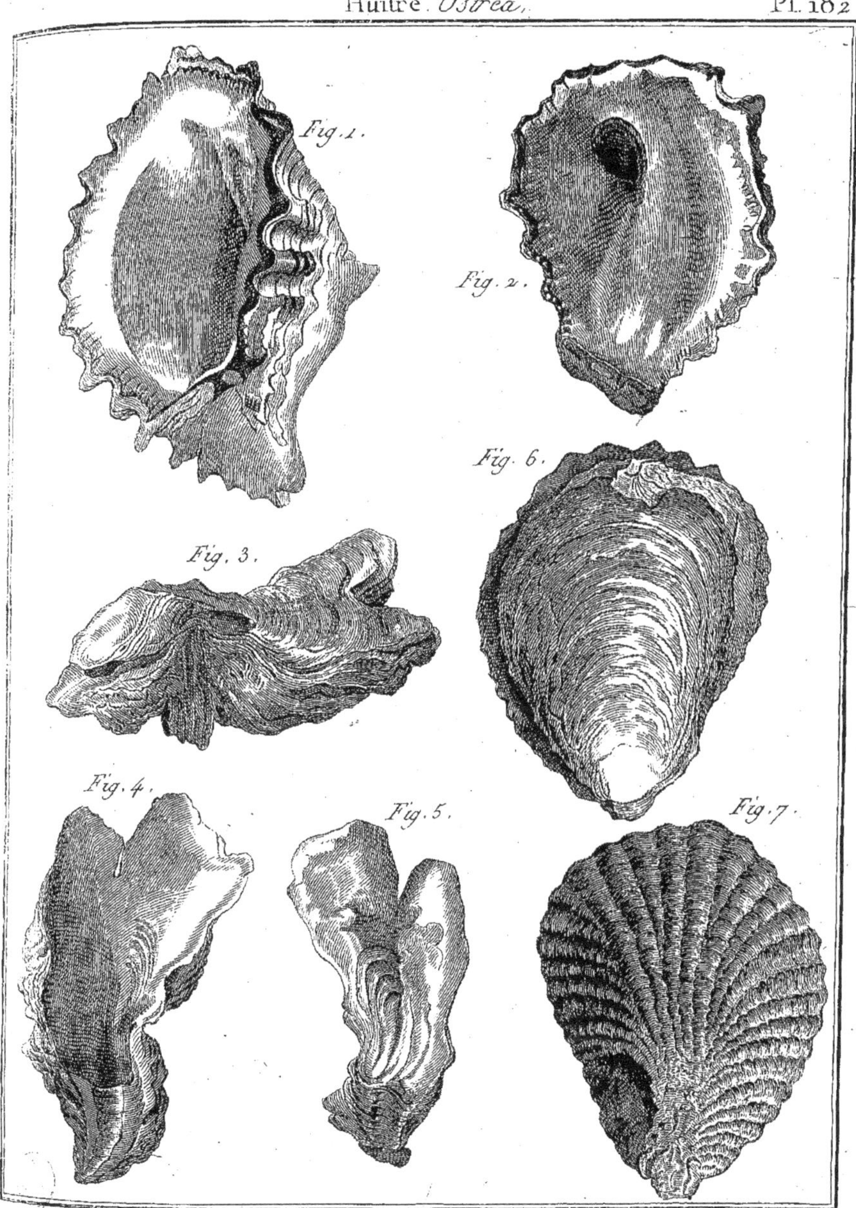

Histoire Naturelle, Vers Testacés à Coquille Bivalve irrégulière.

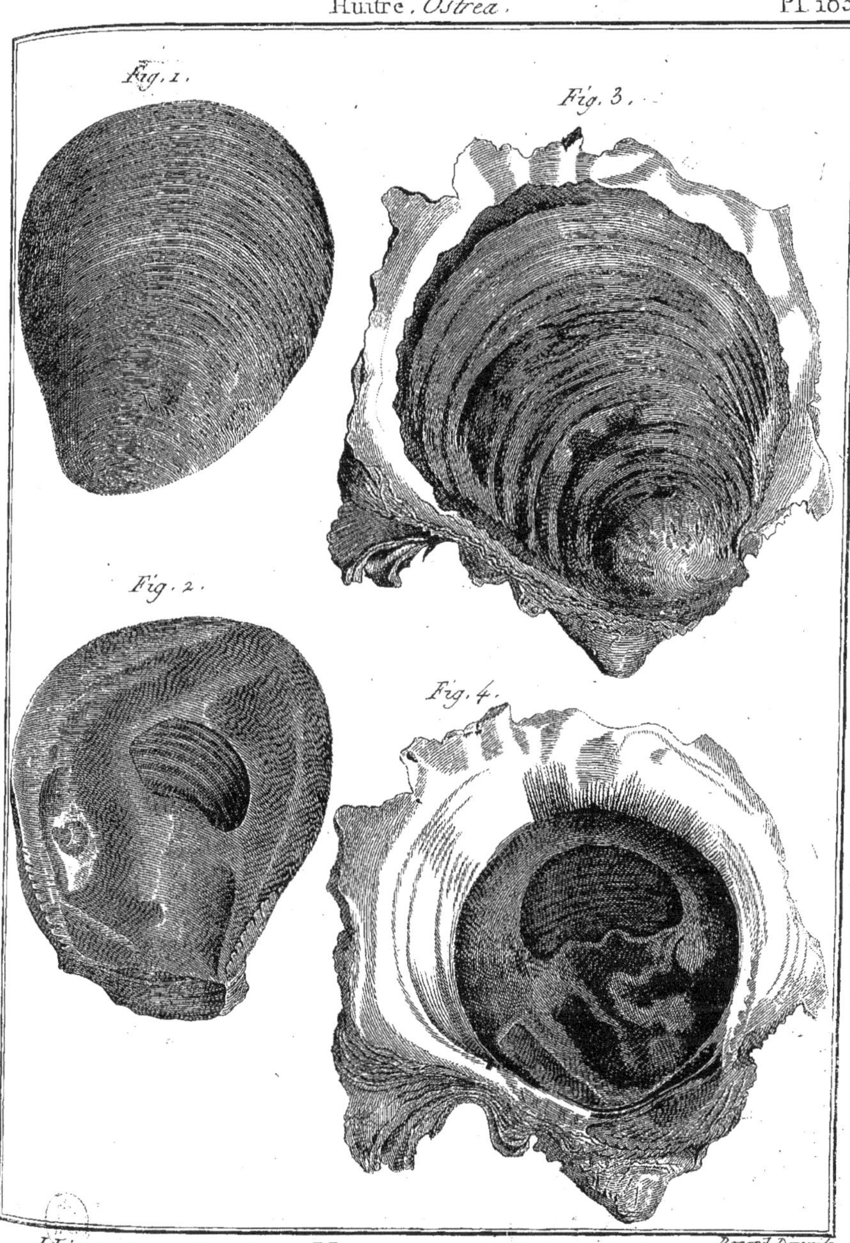

Histoire Naturelle, *Vers Testacés à Coquille Bivalve irrégulière.*

Huitre. *Ostrea*. Pl. 184.

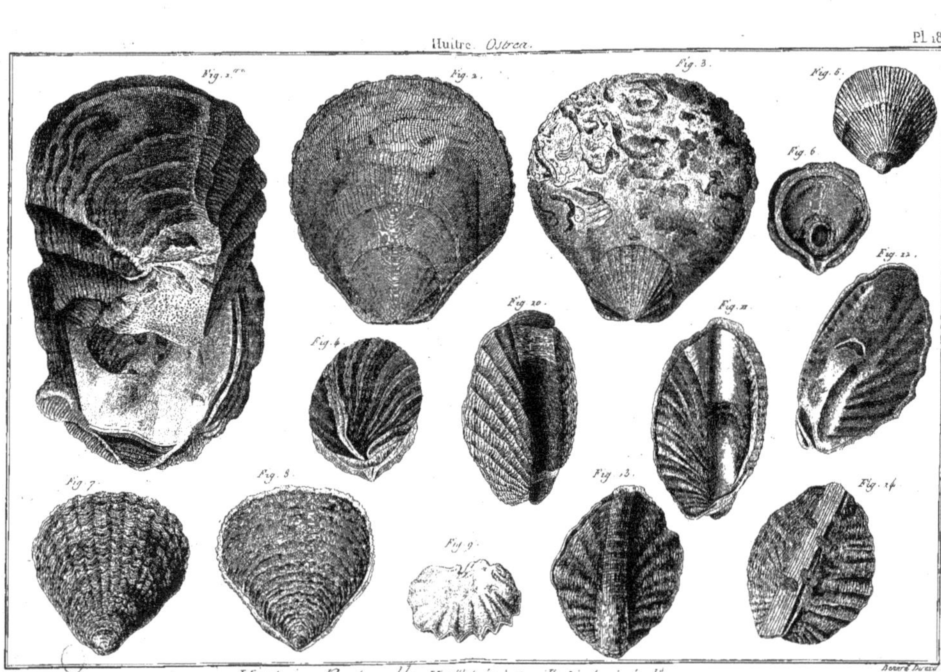

Histoire Naturelle, Vers testacés à Coquille Bivalve irrégulière.

Benard Direx.

100.

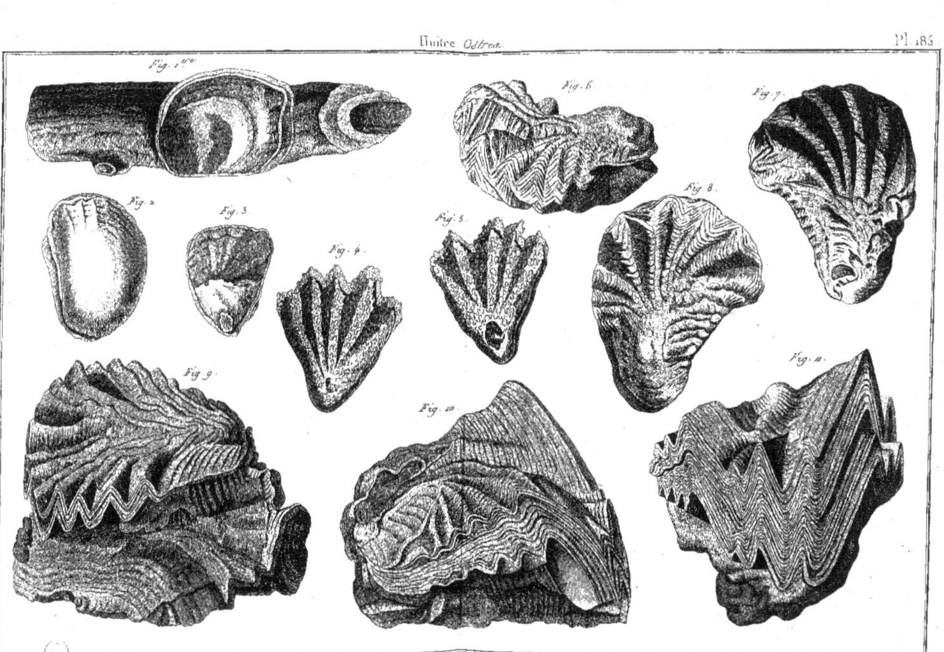

Histoire Naturelle, Vers Testacés à Coquille Bivalve irrégulière.

Bénard Direxit.

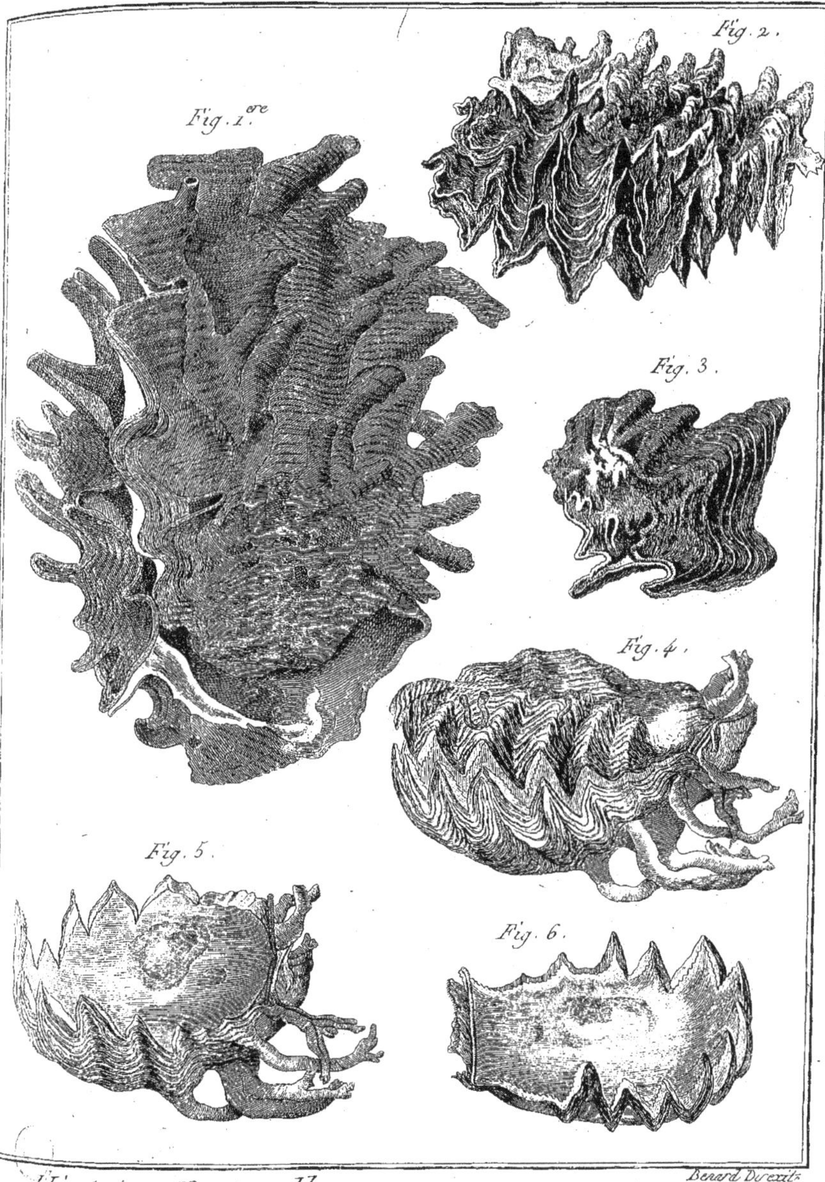

Benard Direxit.

Histoire Naturelle, Vers Testacés à Coquille Bivalve irreguliere.

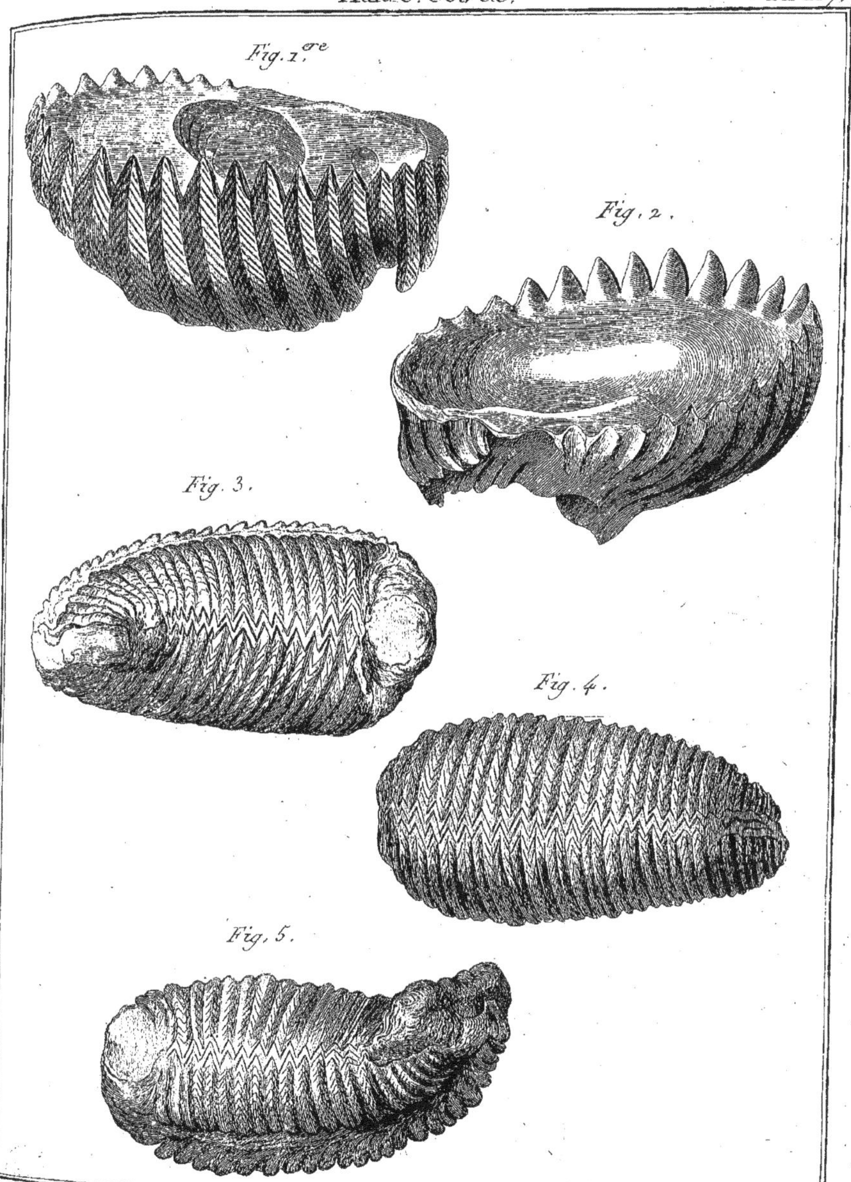

Benard Direxit.

Histoire Naturelle, Vers Testacés à Coquille Bivalve irrégulière.

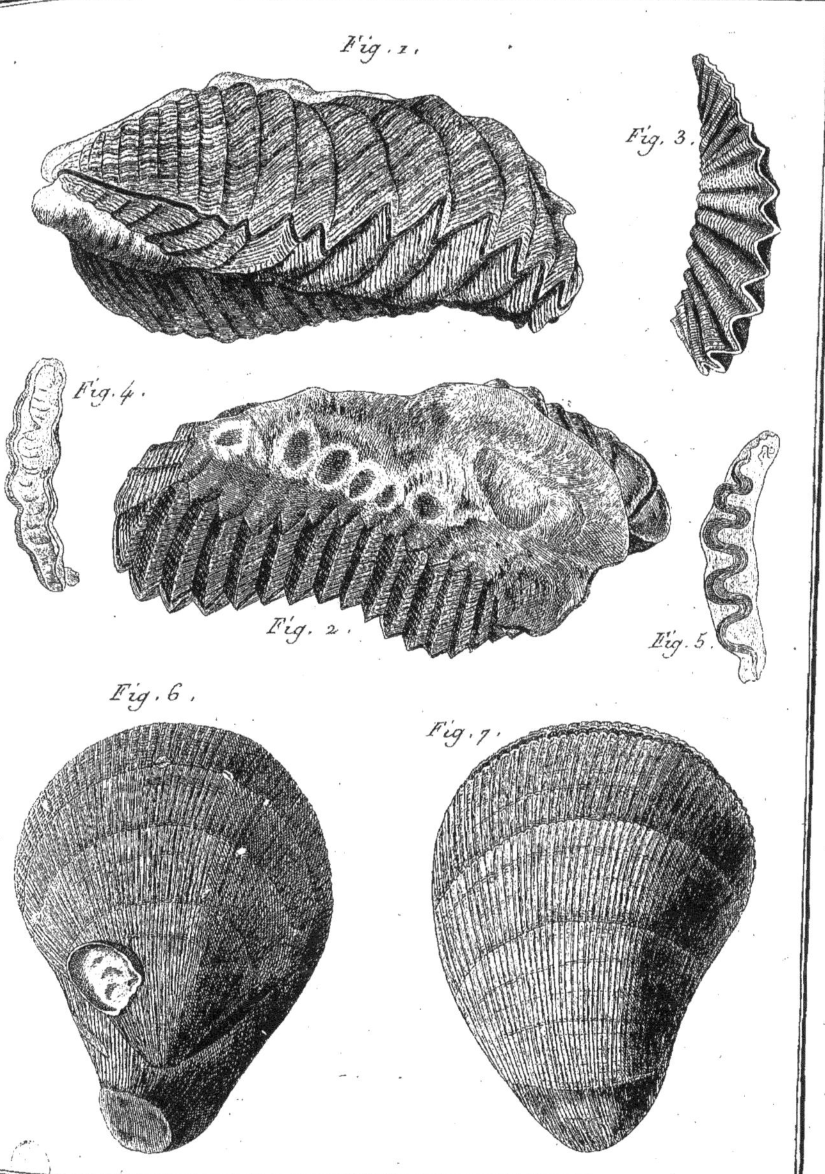

Benard Direxit.

Histoire Naturelle, Vers Testacés à Coquille Bivalve irrégulière.

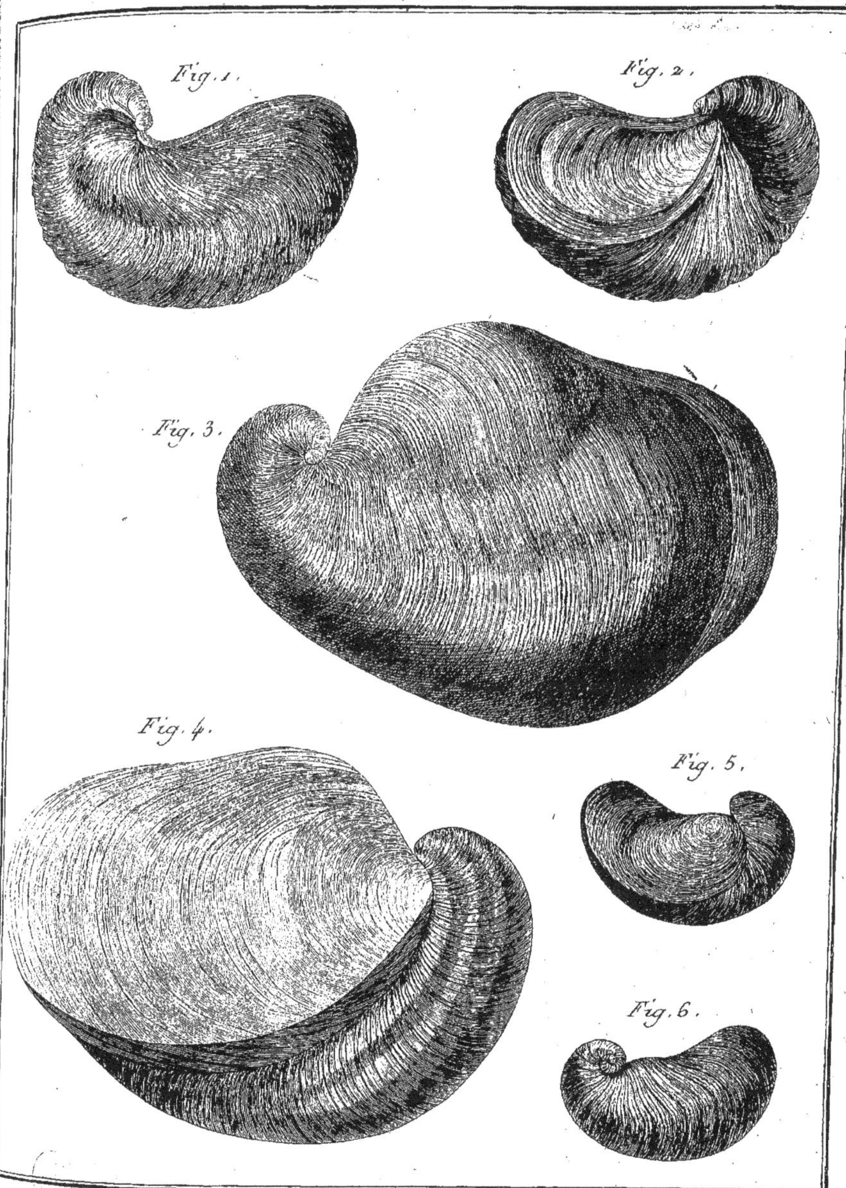

Benard Direxit.

Histoire Naturelle, Vers Testacés à Coquille Bivalve irrégulière.

Spondyle Spondylus Pl. 190

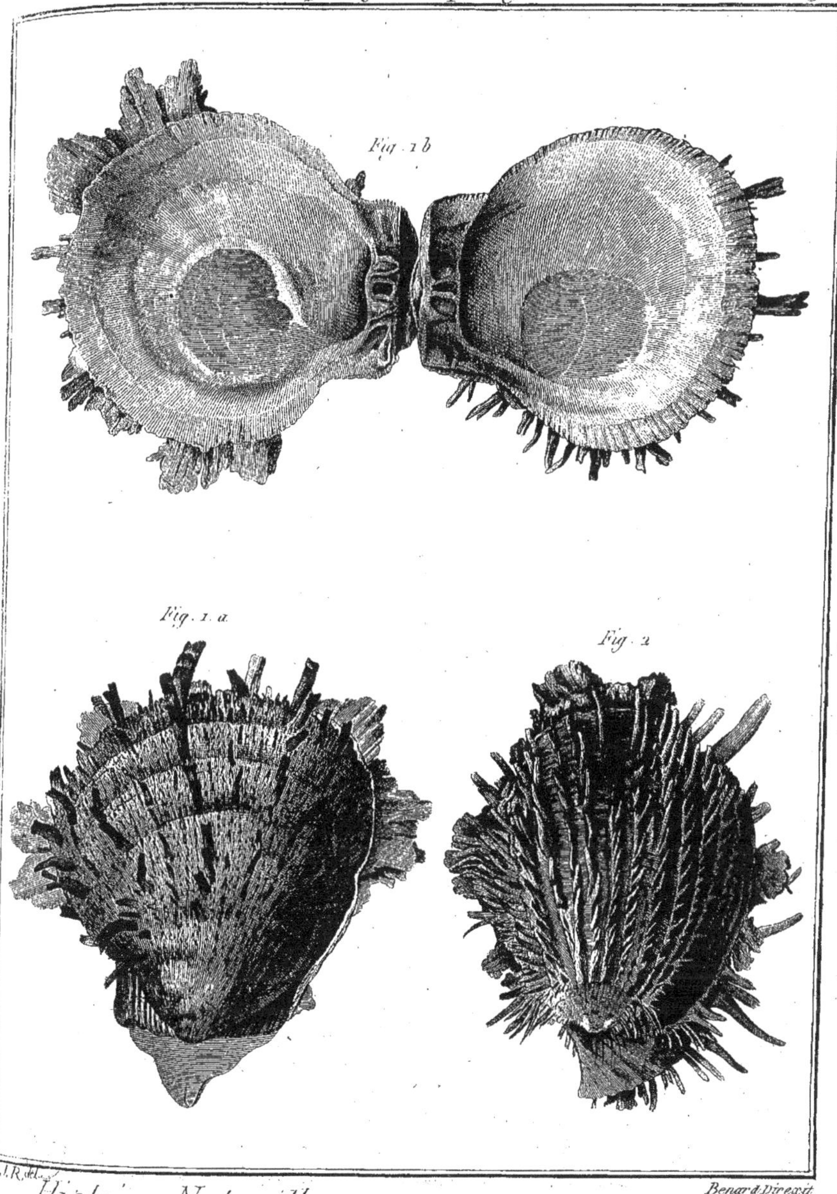

P. J. R. del. Benard Direxit

Histoire Naturelle Vers Testacés à Coquille Bivalve Irrégulière

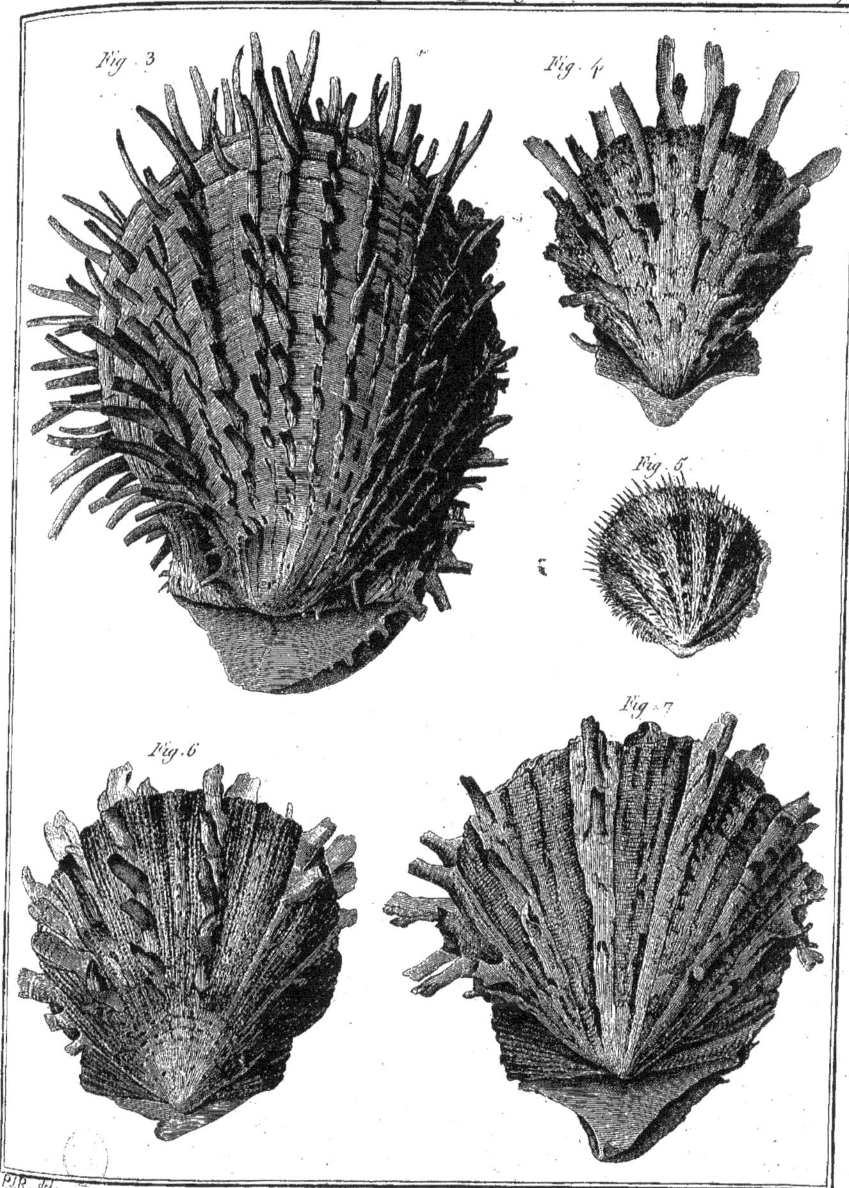

P.J.R. del. Benard Direxit

Histoire Naturelle, Vers Testacés à Coquille Bivalve Irréguliere

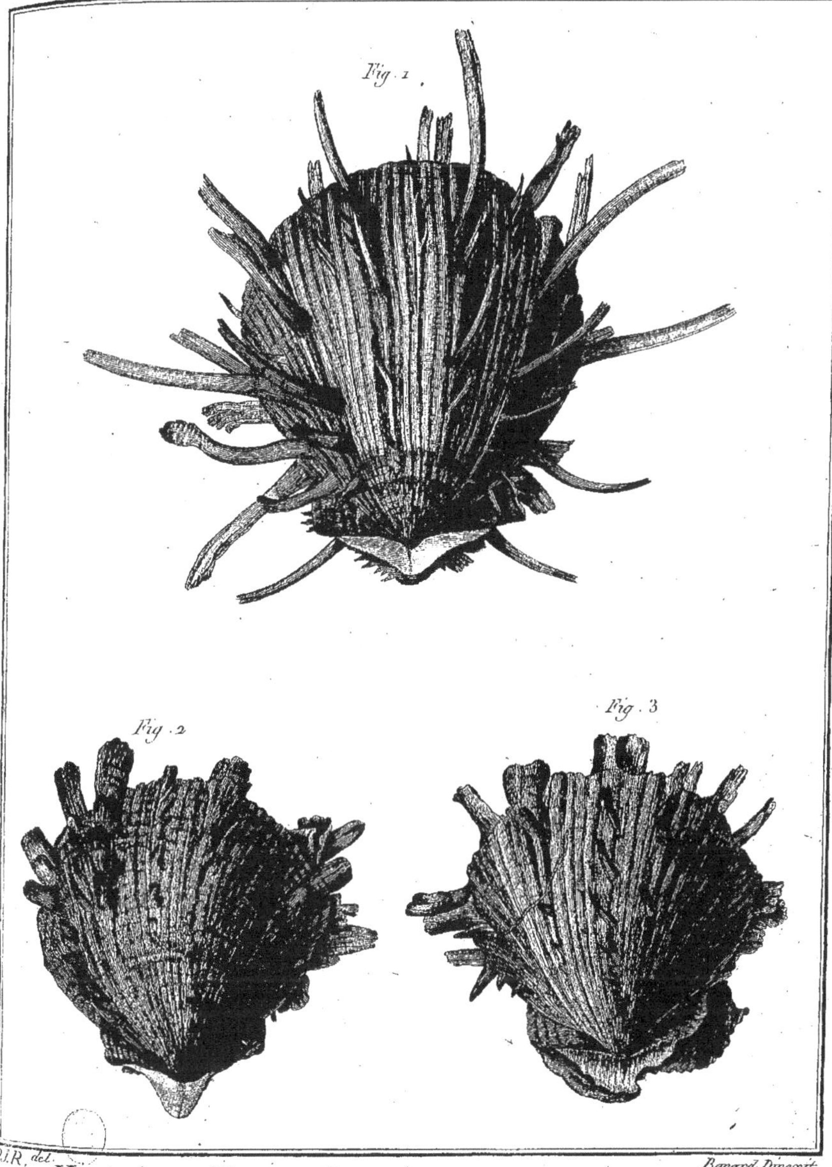

P.J.R. del. Benard Direxit

Histoire Naturelle, Vers Testacés à Coquille Bivalve Irrégulière

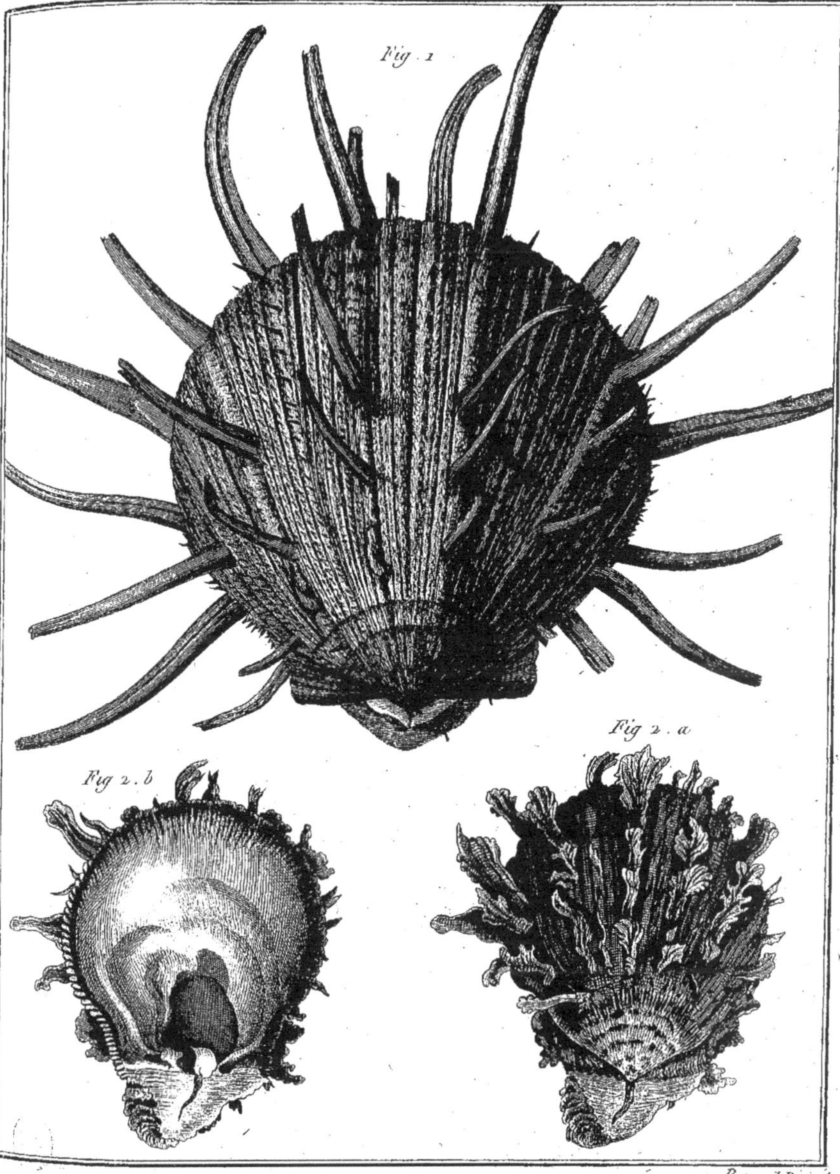

Benard Direxit

Histoire Naturelle, Vers Testacés à Coquille Bivalve Irréguliere

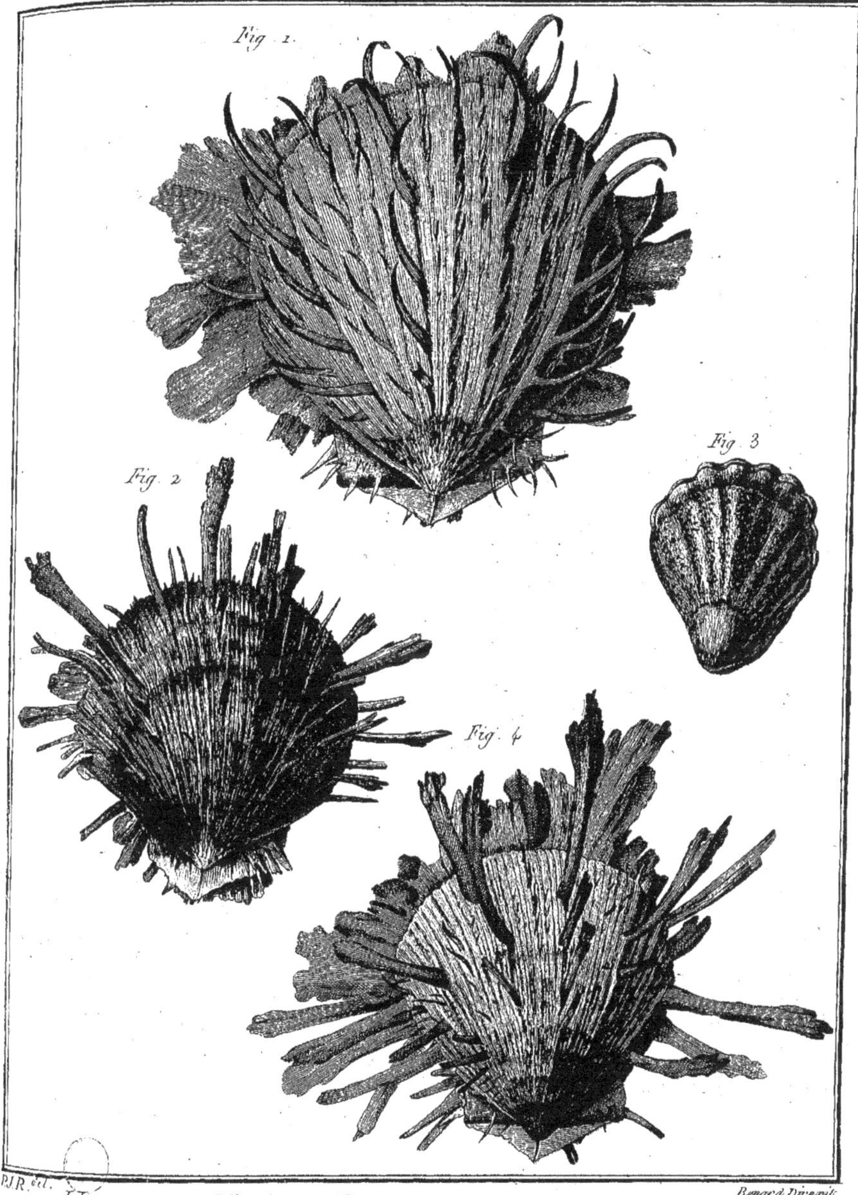

P.J.R. del. Benard Direxit

Histoire Naturelle, Vers Testacés à Coquille Bivalve Irréguliere

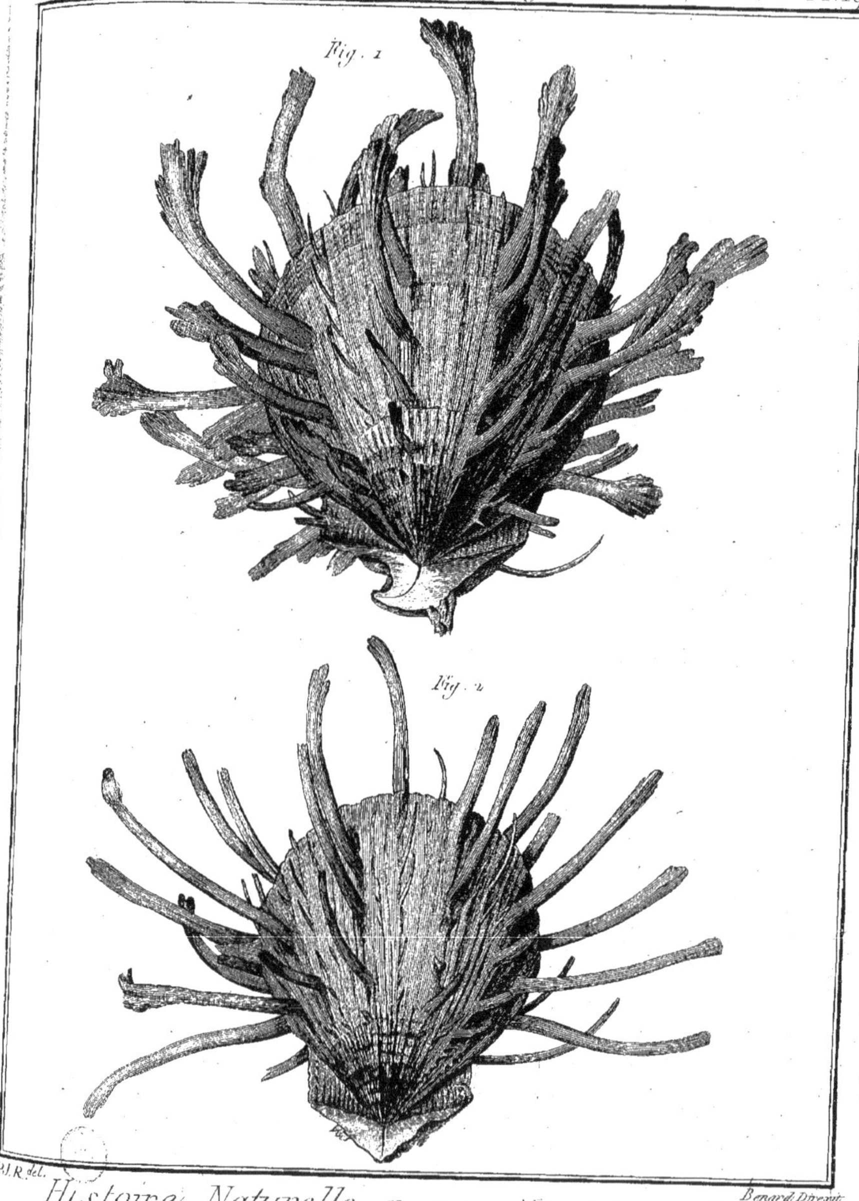

P.I.R. del. Benard Direxit

Histoire Naturelle, Vers Testacés à Coquille Bivalve Irrégulière

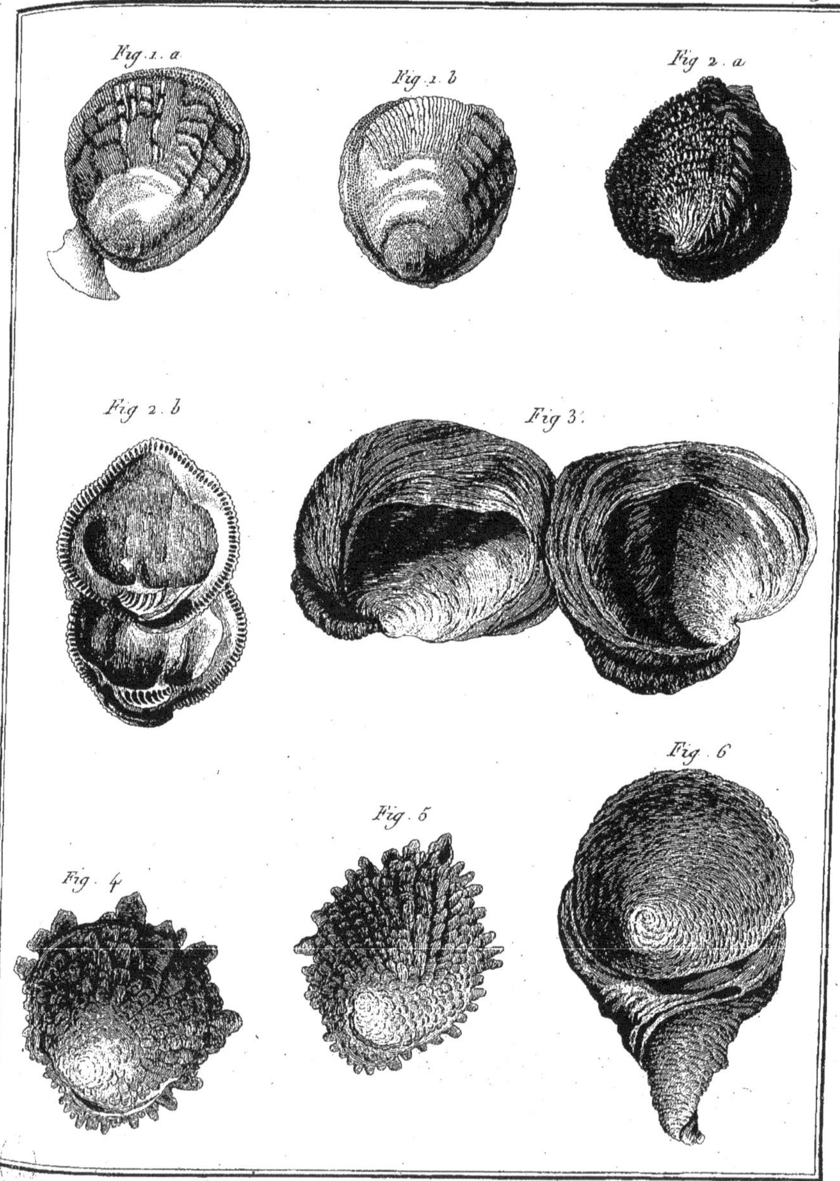

Benard Direxit.

Histoire Naturelle, Vers Testacés à Coquille Bivalve irréguliere.

Came Chama Pl.197

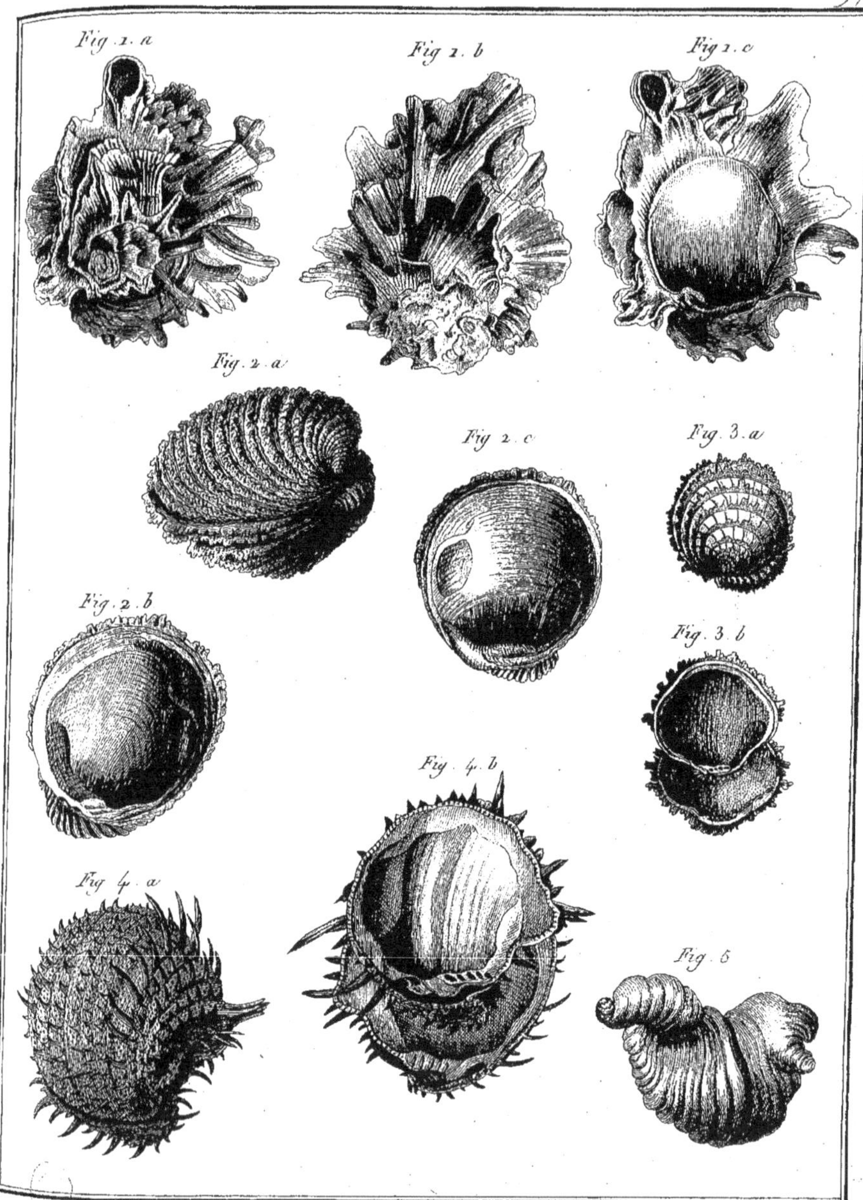

Benard Direxit

Histoire Naturelle, Vers Testacés à Coquille Bivalve irrégulière

Suplement des Pl. 177. et. 142. Pl. 198

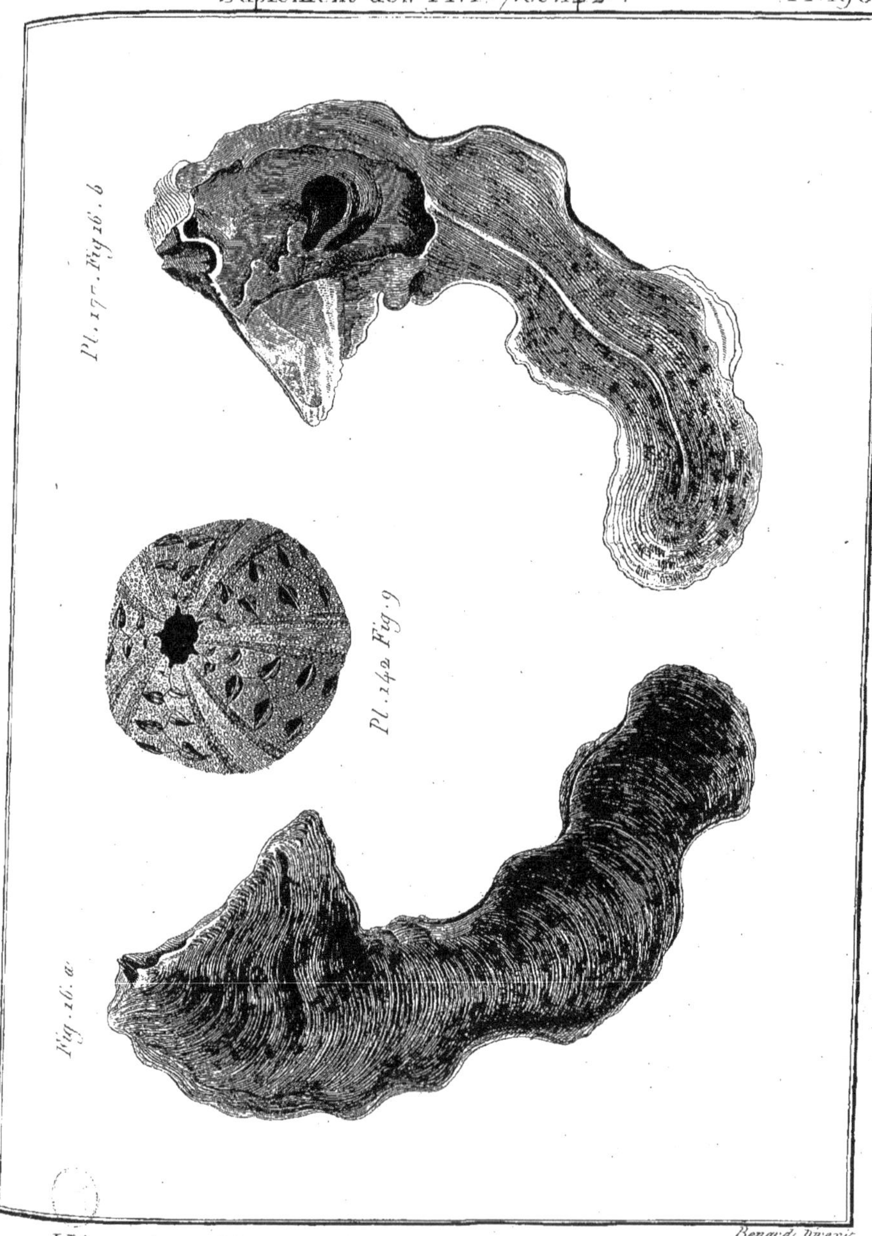

Benard Direxit

Histoire Naturelle, Vers Testacés à Coquille Bivalve Irréguliere

108

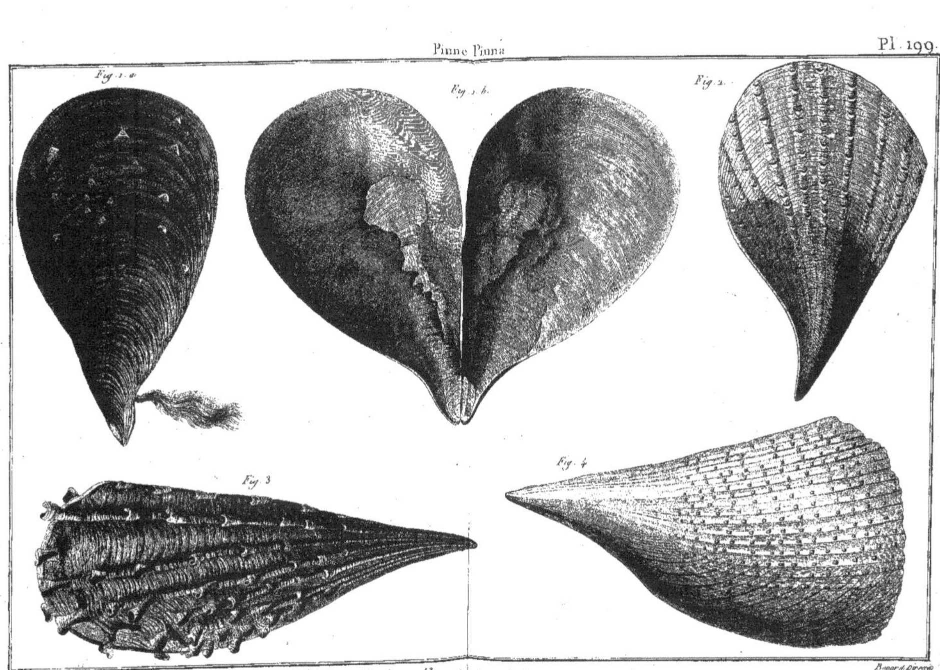

J. E. Deseve Del. — Benard Direxit

Histoire Naturelle, Vers Testacés à Coquille Bivalve régulière.

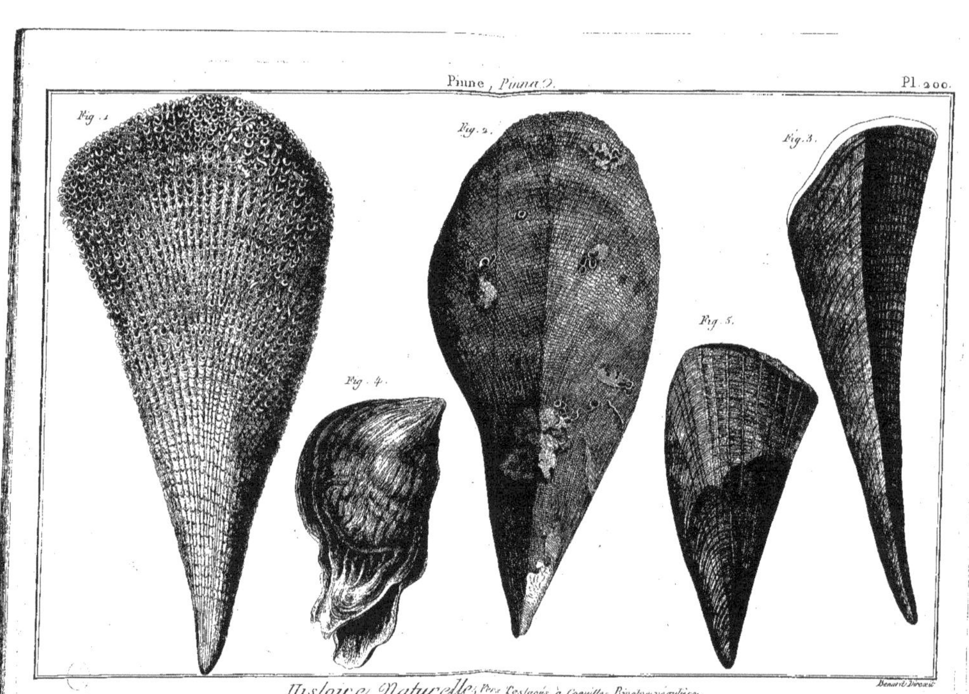

Histoire Naturelle, Vers Testacés à Coquilles Bivalves régulières.

Benard Direxit

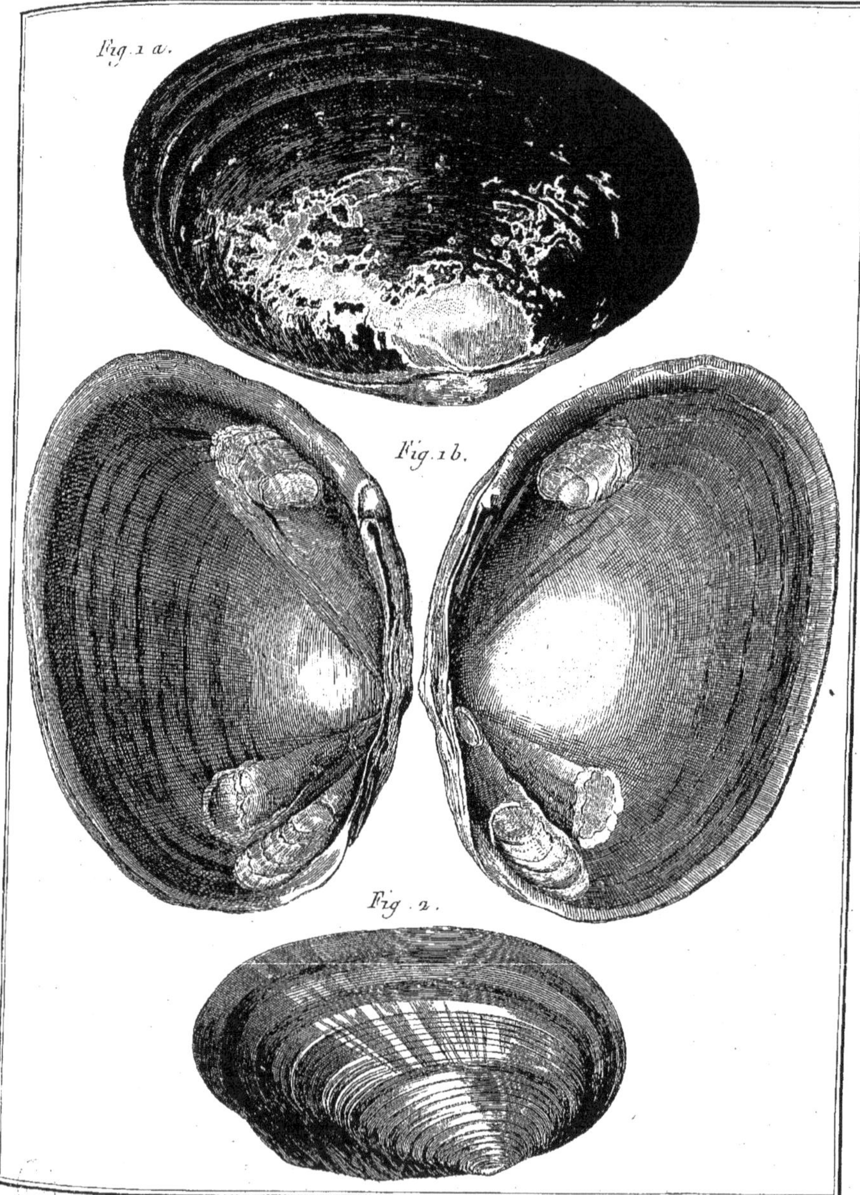

Benard Direxit.

Histoire Naturelle, Vers Testacés à Coquille Bivalve régulière.

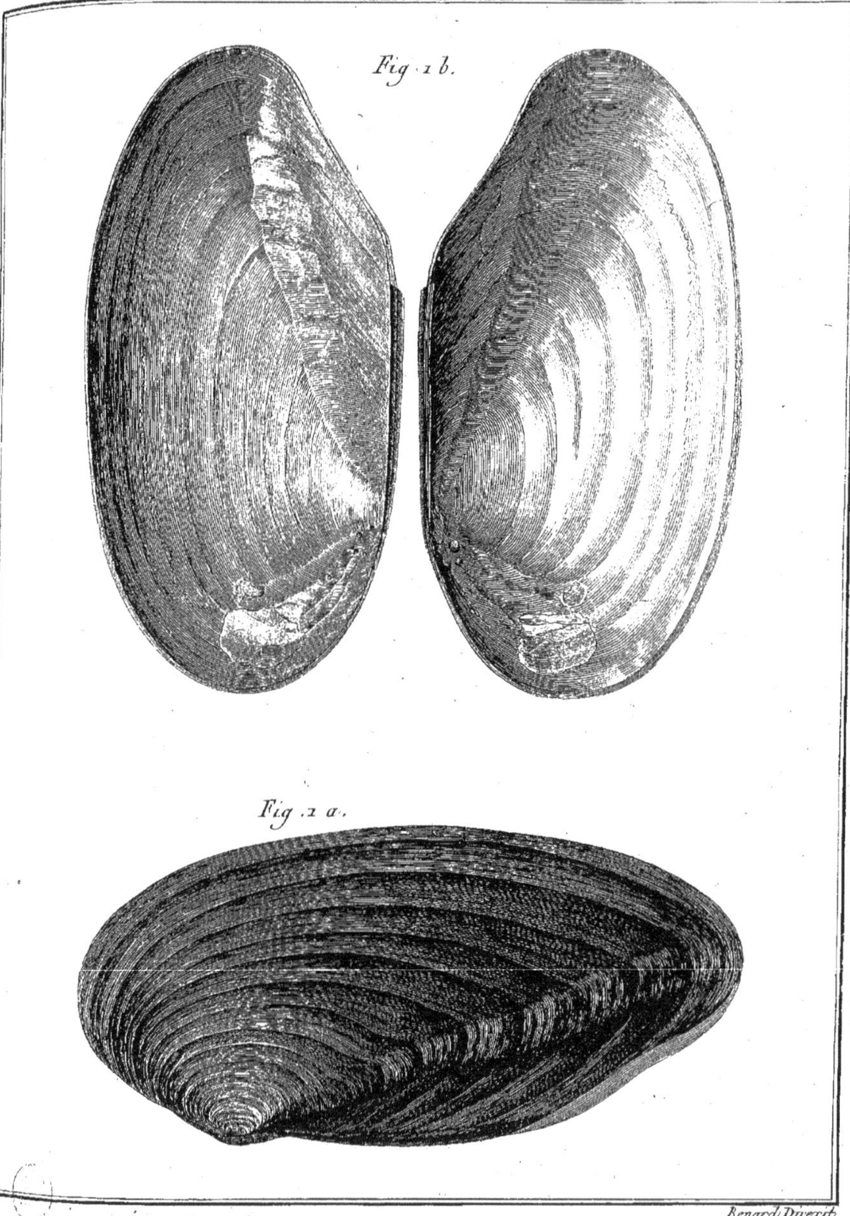

Benard Direxit

Histoire Naturelle, *Vers Testacés à Coquille Bivalve régulière.*

Anodontite, *Anodontites.* Pl. 204.

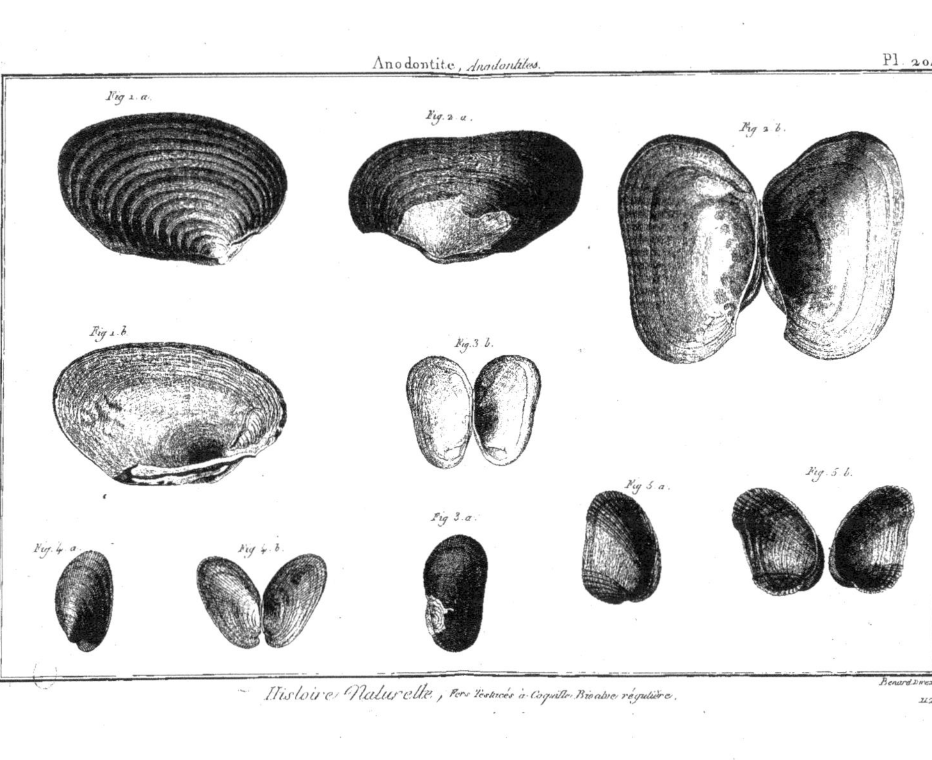

Histoire Naturelle, *Vers Testacés à Coquille Bivalve régulière.*

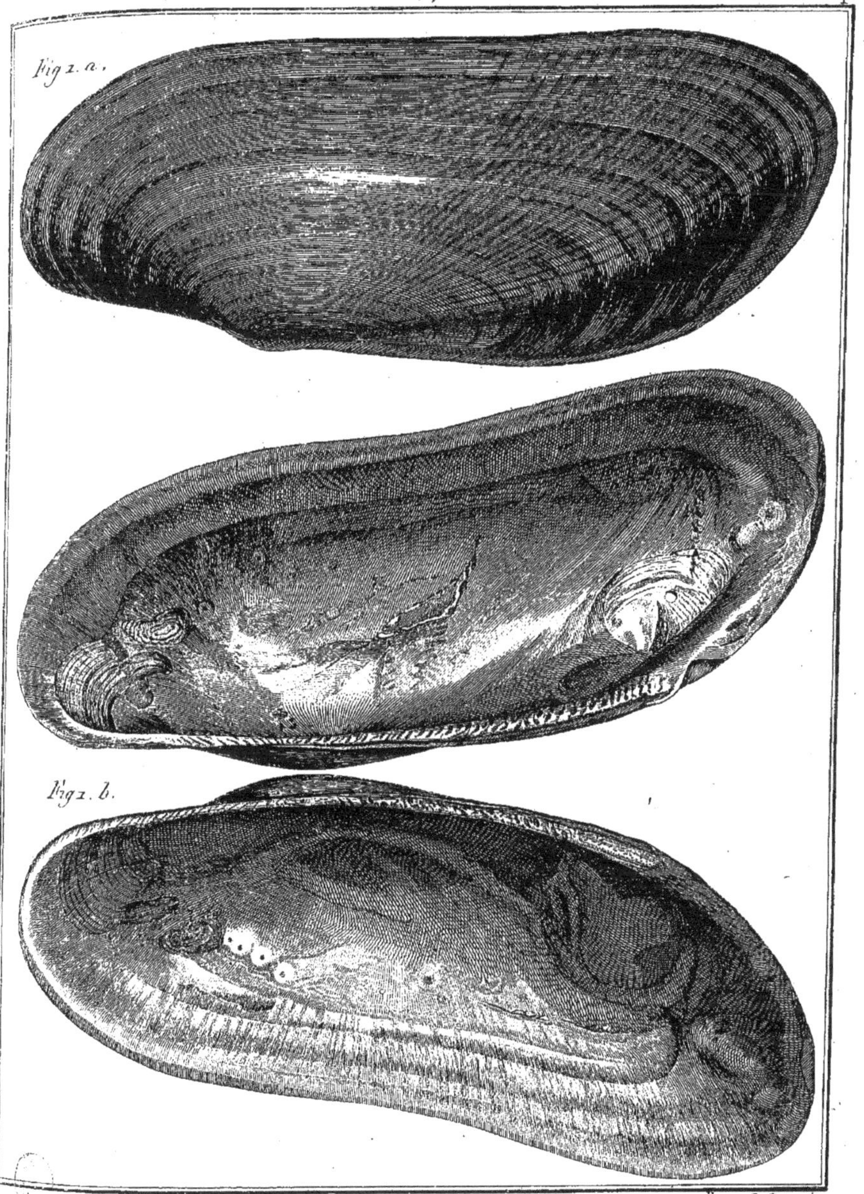

Benard Direxit

Histoire Naturelle, Vers Testacés à Coquilles Bivalve régulière.

Benard Direxit.

Histoire Naturelle, *Vers Testacés à Coquilles Bivalve régulière*

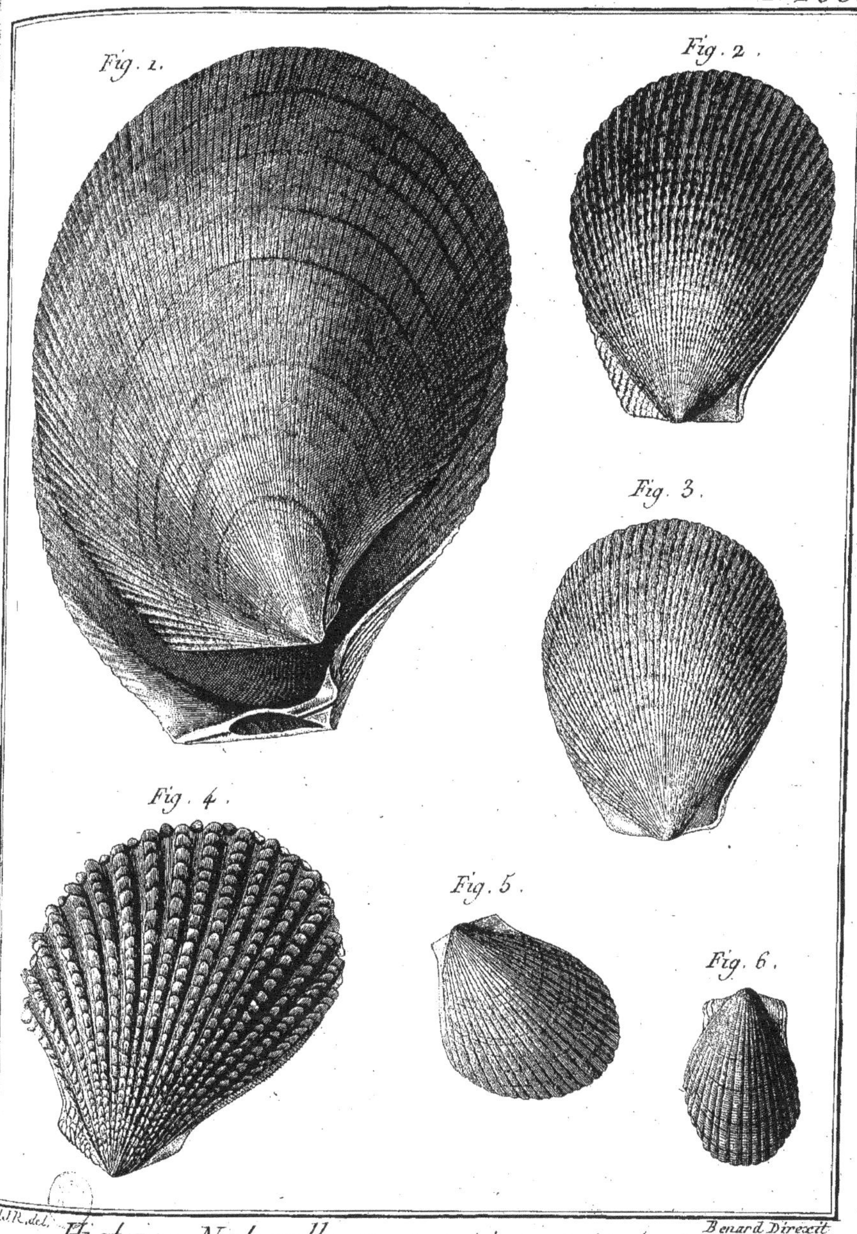

H.J.R. del. Benard Direxit

Histoire Naturelle, *Vers Testacés à Coquille Bivalve régulière.*

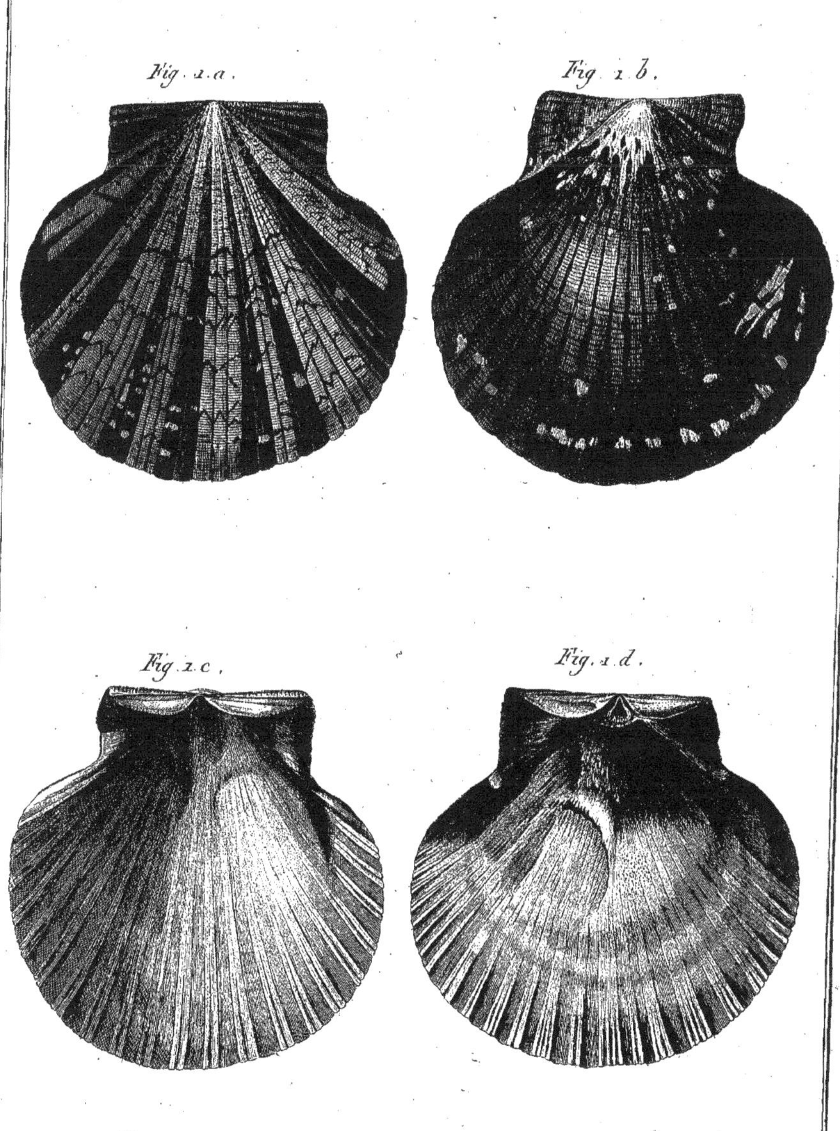

H. Jo Redouté Del. Benard Direxit.

Histoire Naturelle, Vers Testacés à Coquille Bivalve régulière.

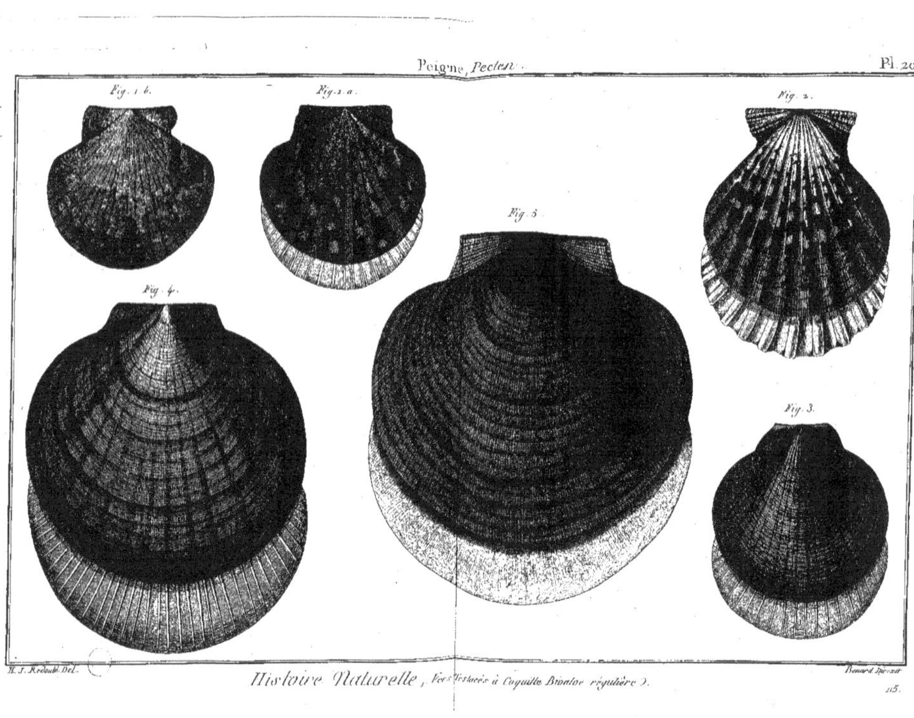
Peigne, Pecten.
Pl. 208.
Fig. 1. b.
Fig. 2. a.
Fig. 2.
Fig. 5.
Fig. 4.
Fig. 3.
Histoire Naturelle, Vers Testacés à Coquille Bivalve régulière.
115.

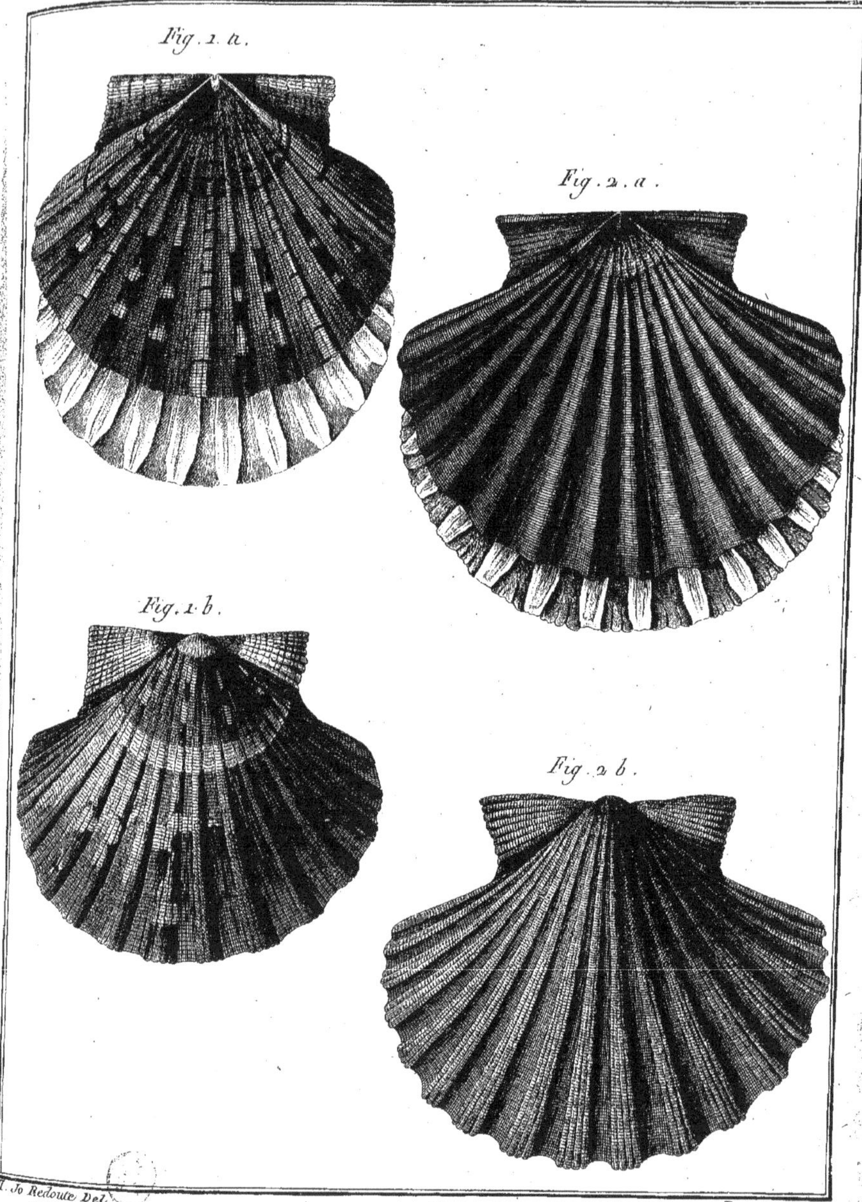

H. Jo Redouté Del. Benard Direxit

Histoire Naturelle, Vers Testacés à Coquille Bivalve régulière. 116.

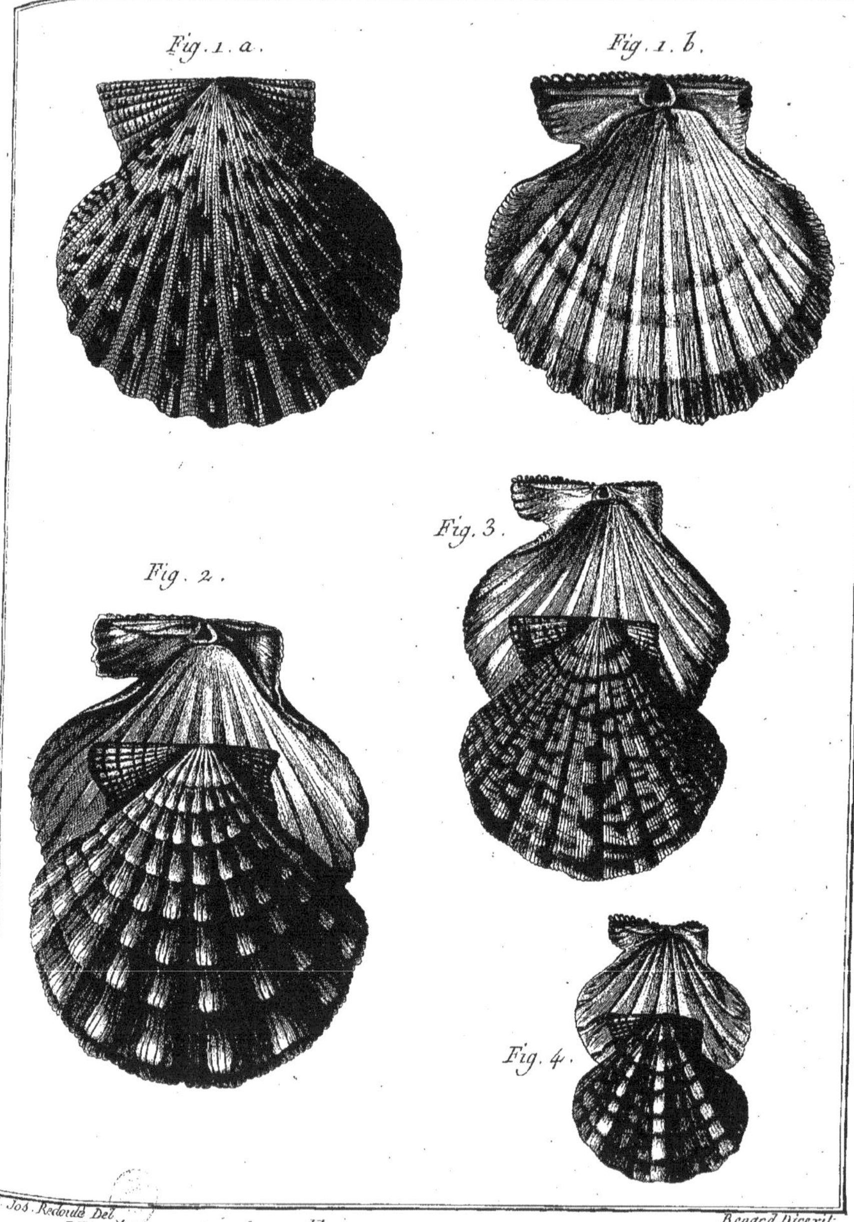

H. Jos. Redouté Del. Benard Direxit.

Histoire Naturelle, Vers Testacés à Coquille Bivalve régulière.

Peigne. *Pecten*. Pl. 211.

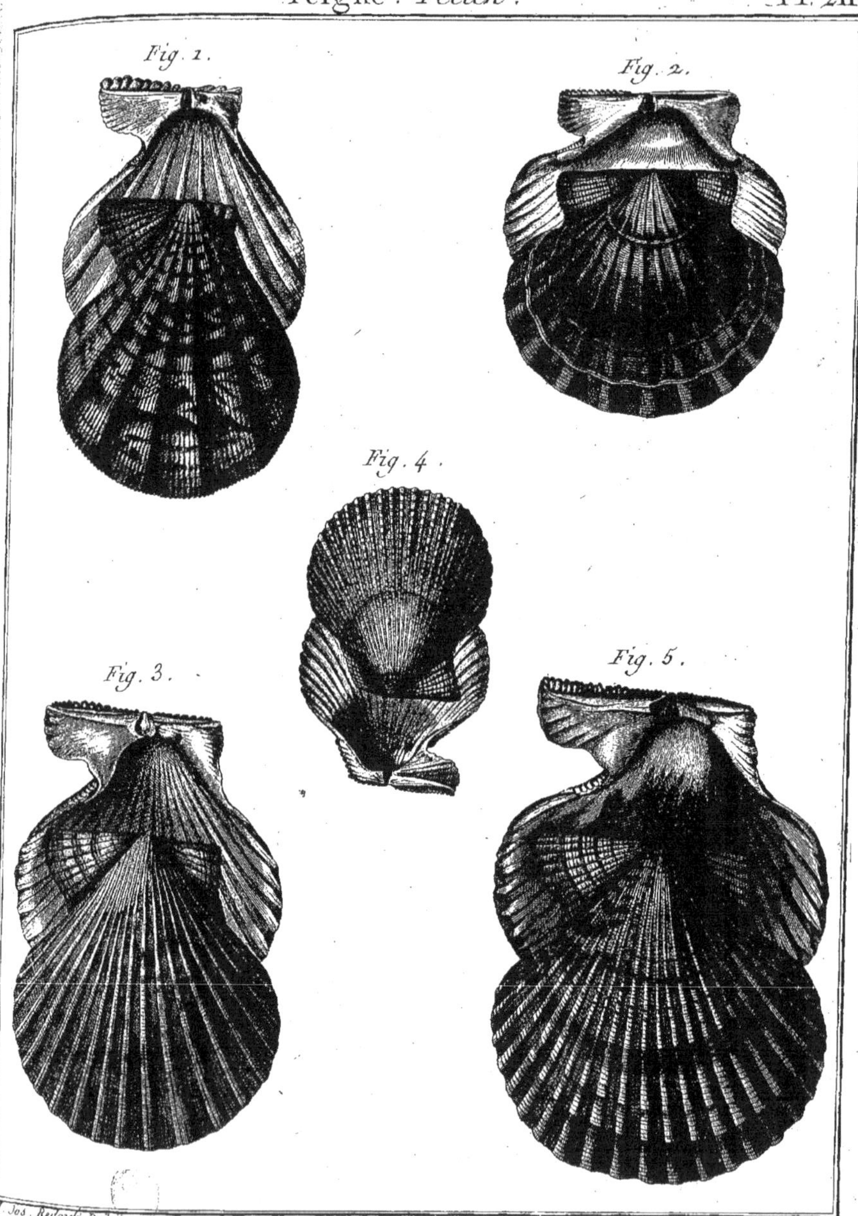

H. Jos. Redouté Del. Benard Direxit.

Histoire Naturelle, Vers Testacés à Coquille Bivalve régulière.

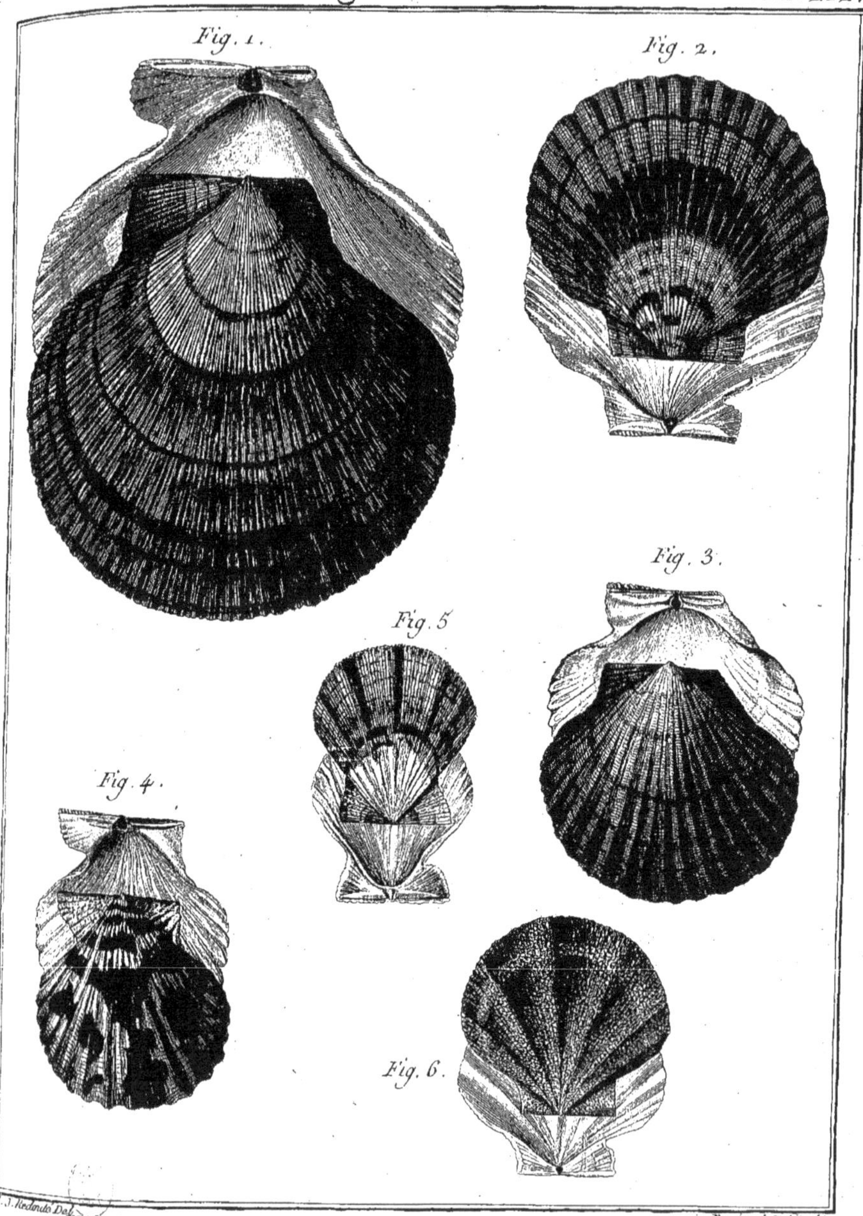

H. J. Redouté Del. Benard Direxit.

Histoire Naturelle, Vers Testacés à Coquille Bivalve régulière.

Peigne, *Pecten*. Pl. 213.

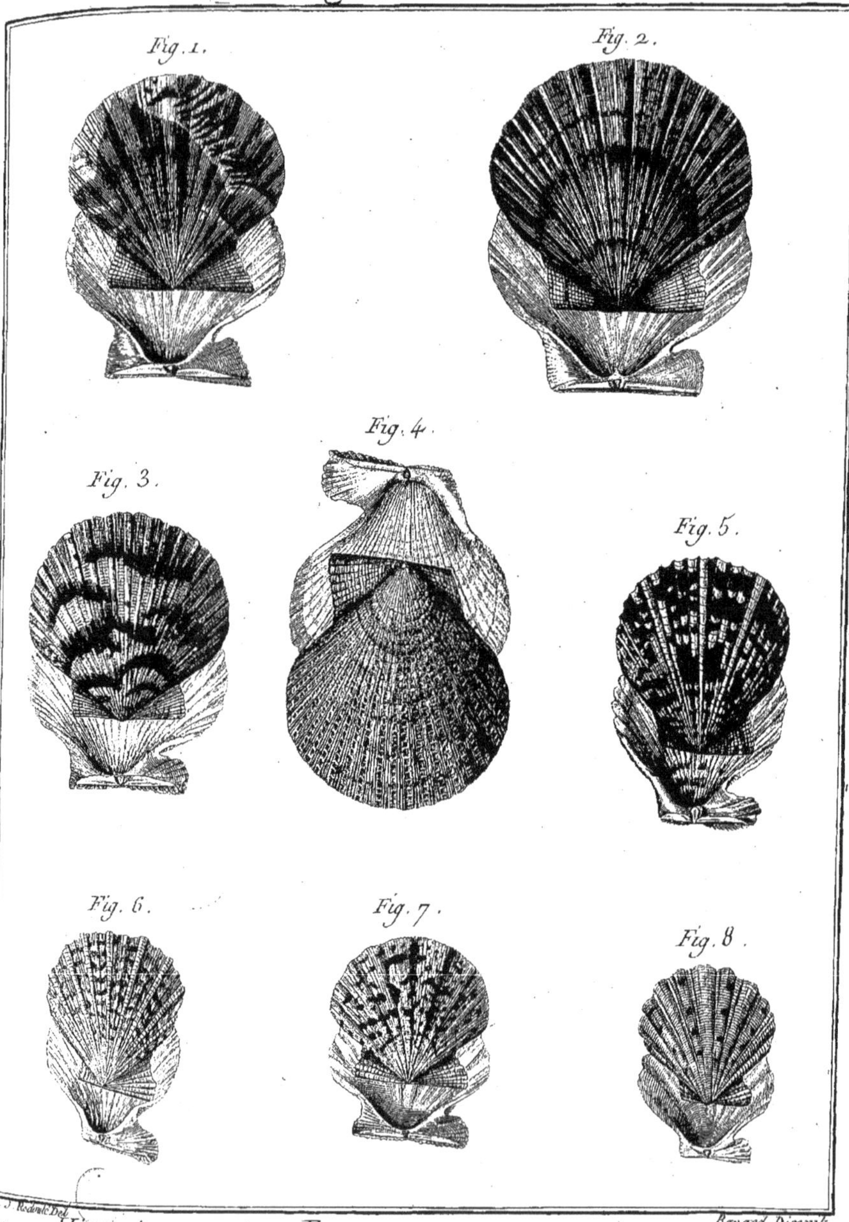

H. J. Redinck Del. Benard Direxit.

Histoire Naturelle, Vers Téstacés à Coquille Bivalve, régulière.

Peigne . *Pecten*. Pl. 214.

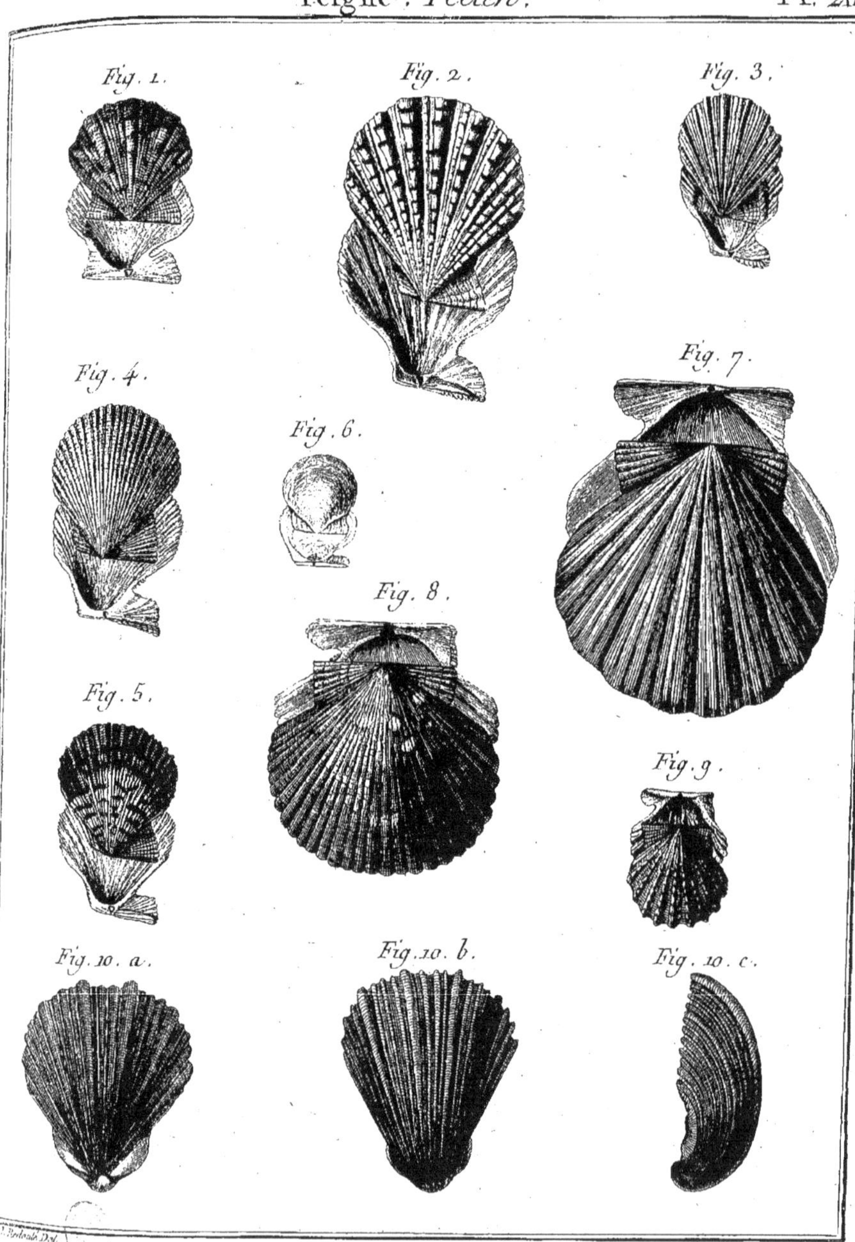

Benard Direxit.

Histoire Naturelle, *Vers Testacés à Coquille Bivalve régulière.*

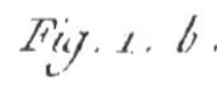

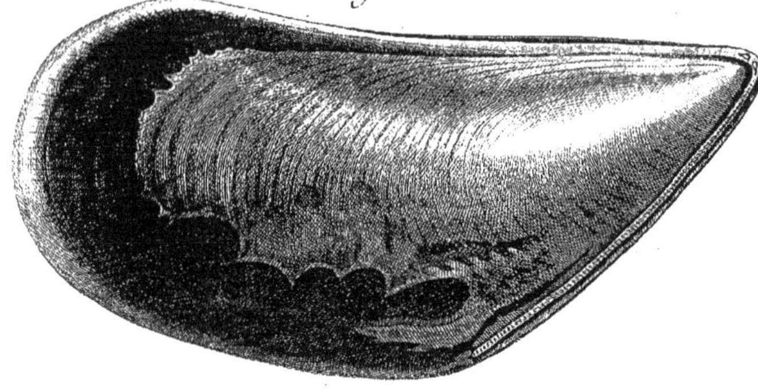

Fig. 1. c.

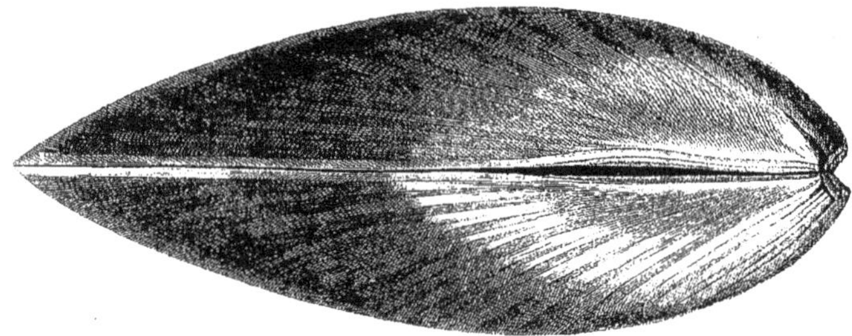

Fig. 1. a.

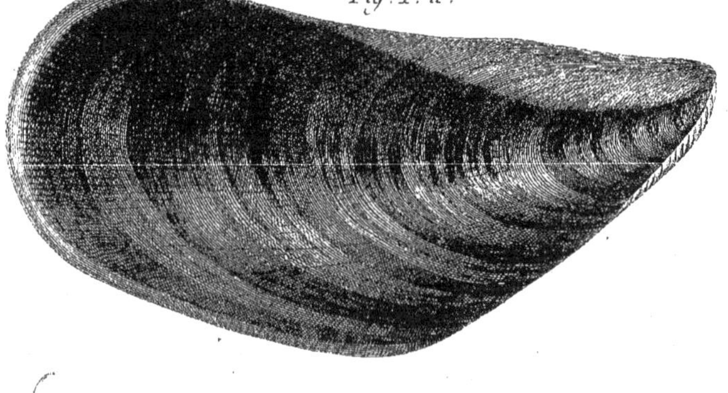

H. Jos. Redouté Del. Benard Direxit.

Histoire Naturelle, *Vers Testacés à Coquille Bivalve régulière.*

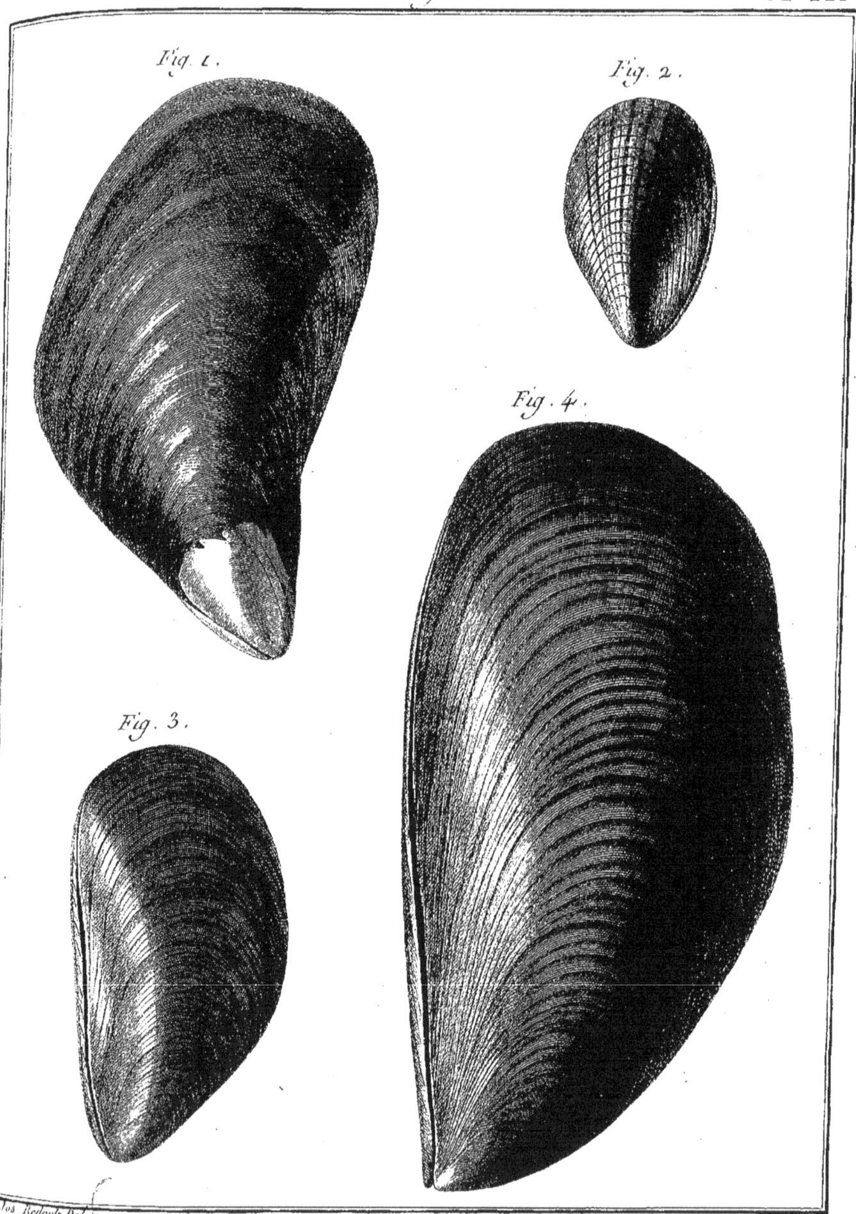

H. Jos. Redouté Del. Benard Direxit.

Histoire Naturelle, Vers Testacés à Coquille Bivalve régulière.

Fig. 1.

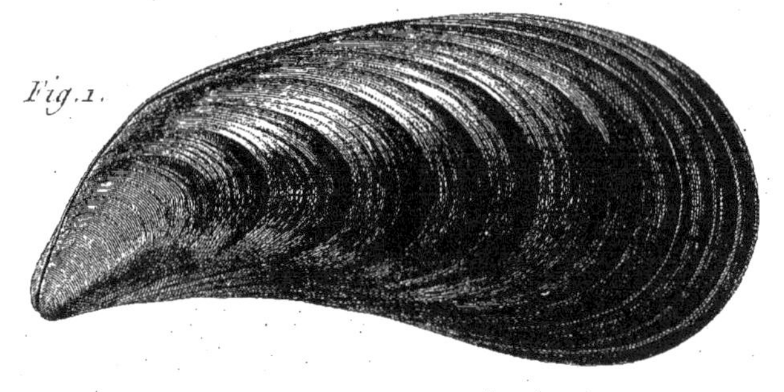

Fig. 2.

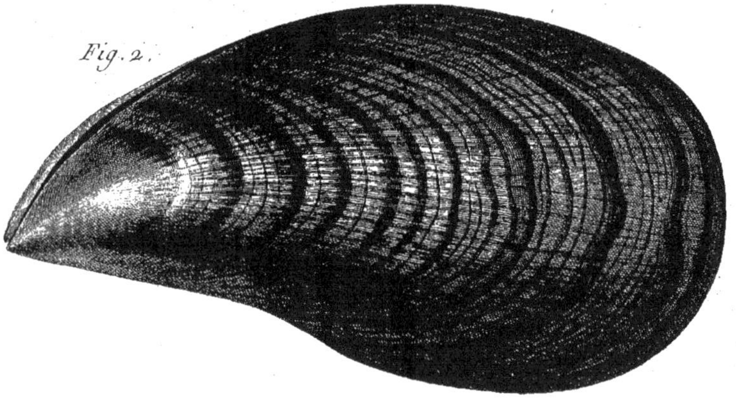

Fig. 3.

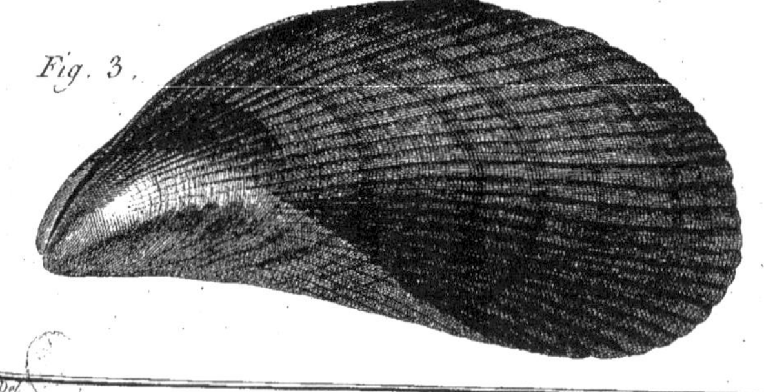

H. Jos. Redouté Del. Benard Direxit.

Histoire Naturelle, *Vers Téstacés à Coquille Bivalve régulière*.

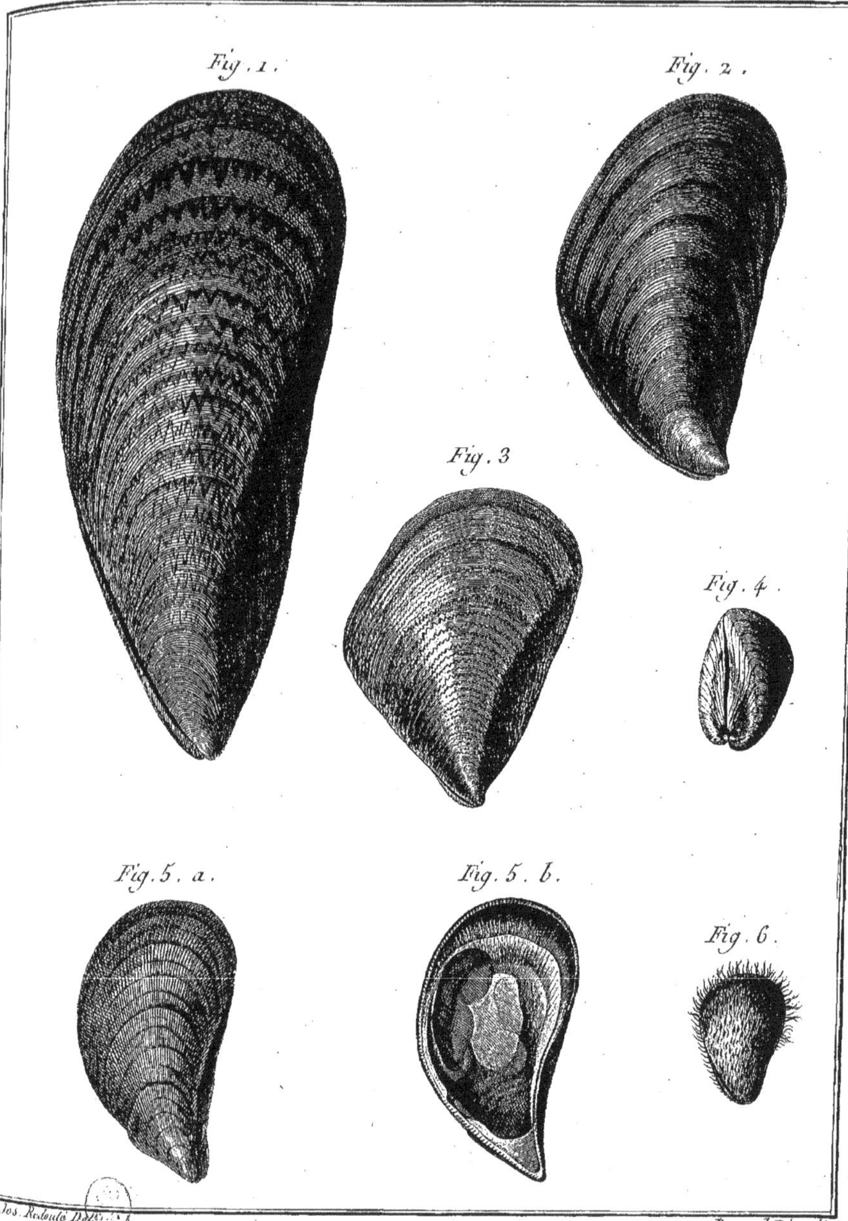

H. Jos. Redouté Del. Benard Direxit.

Histoire Naturelle, Vers Testacés à Coquille Bivalve régulière.

Fig. 2.

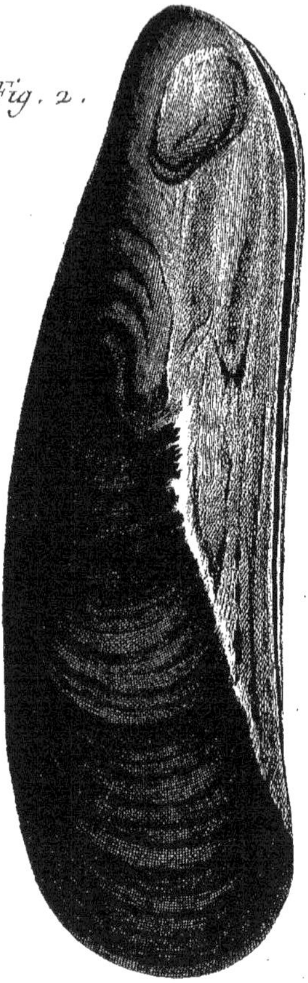

Fig. 1.

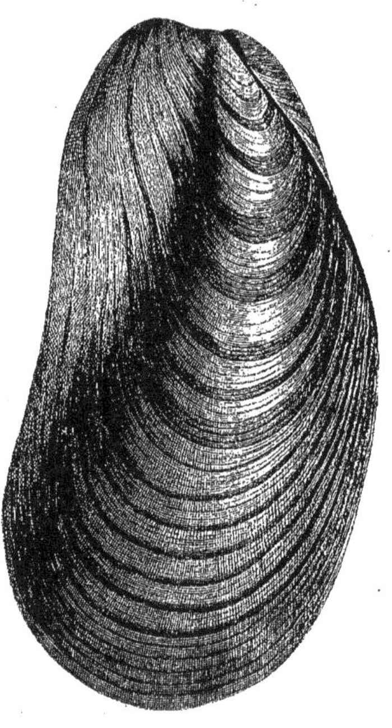

Fig. 3. b.

Fig. 3. a.

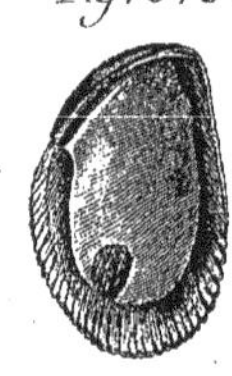

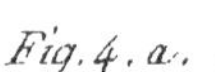

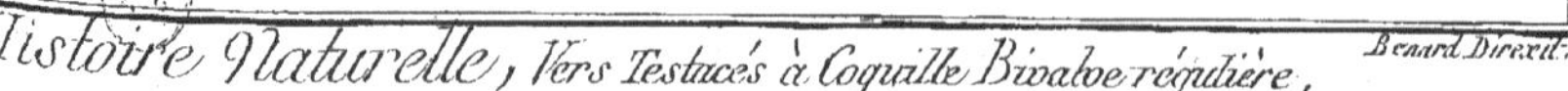

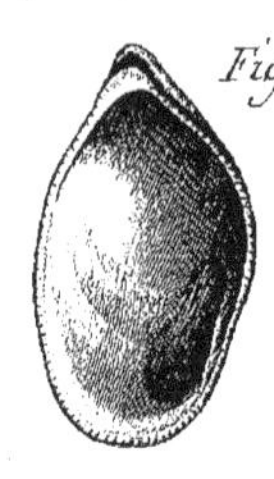
Fig. 1. b.

Fig. 1. a.

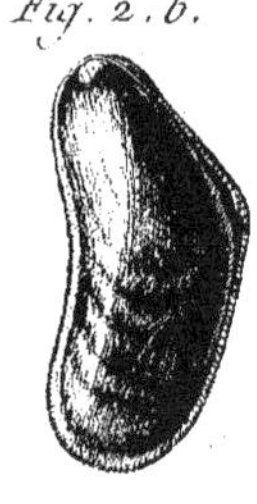
Fig. 2. b.

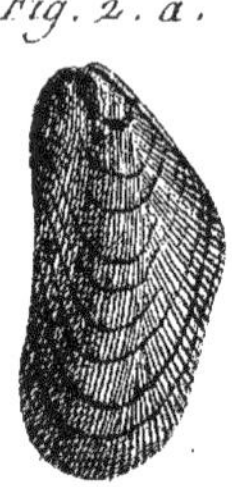
Fig. 2. a.

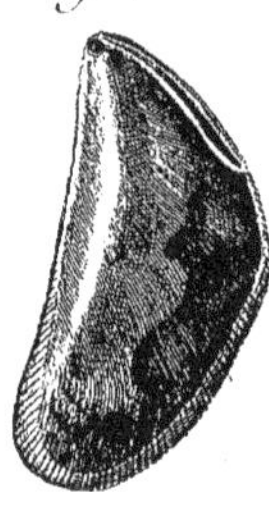
Fig. 4. b.

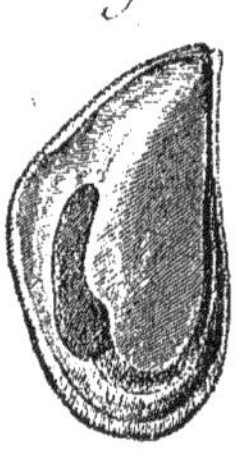
Fig. 3. b.

Fig. 3. a.

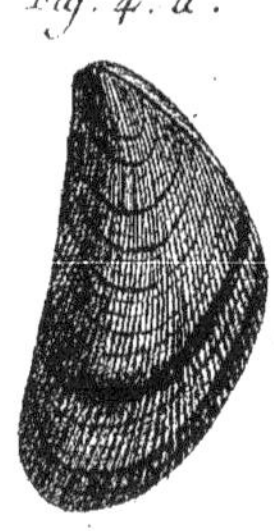
Fig. 4. a.

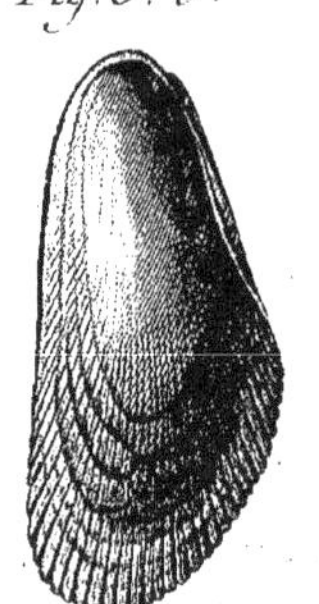
Fig. 5. b.

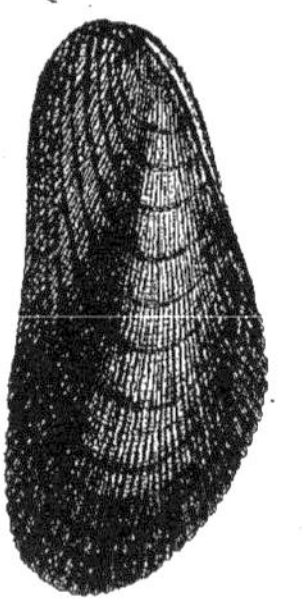
Fig. 5. a.

Redouté Del. Benard Direxit.

Histoire Naturelle, Vers Testacés à Coquille Bivalve régulière.

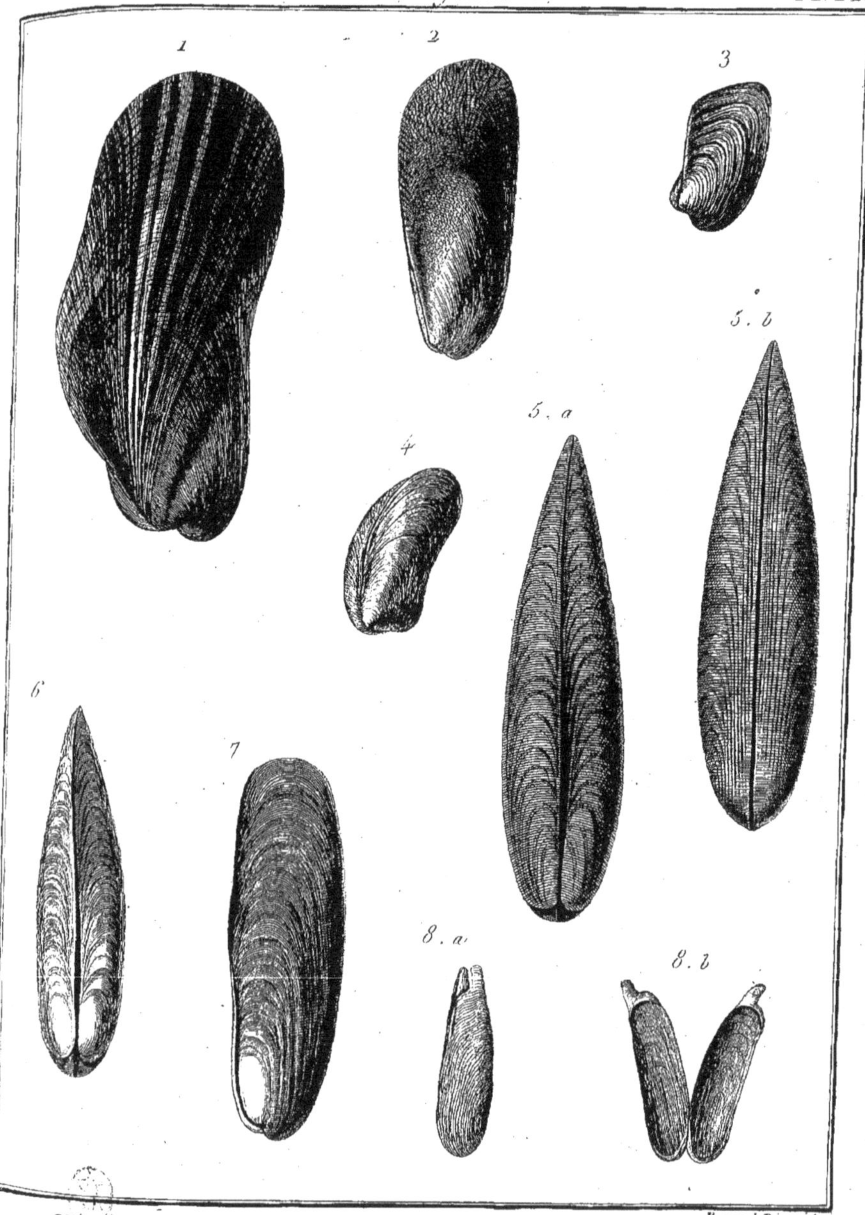

Benard Direxit

Histoire Naturelle, Vers Testacés à Coquille Bivalve Irrégulière

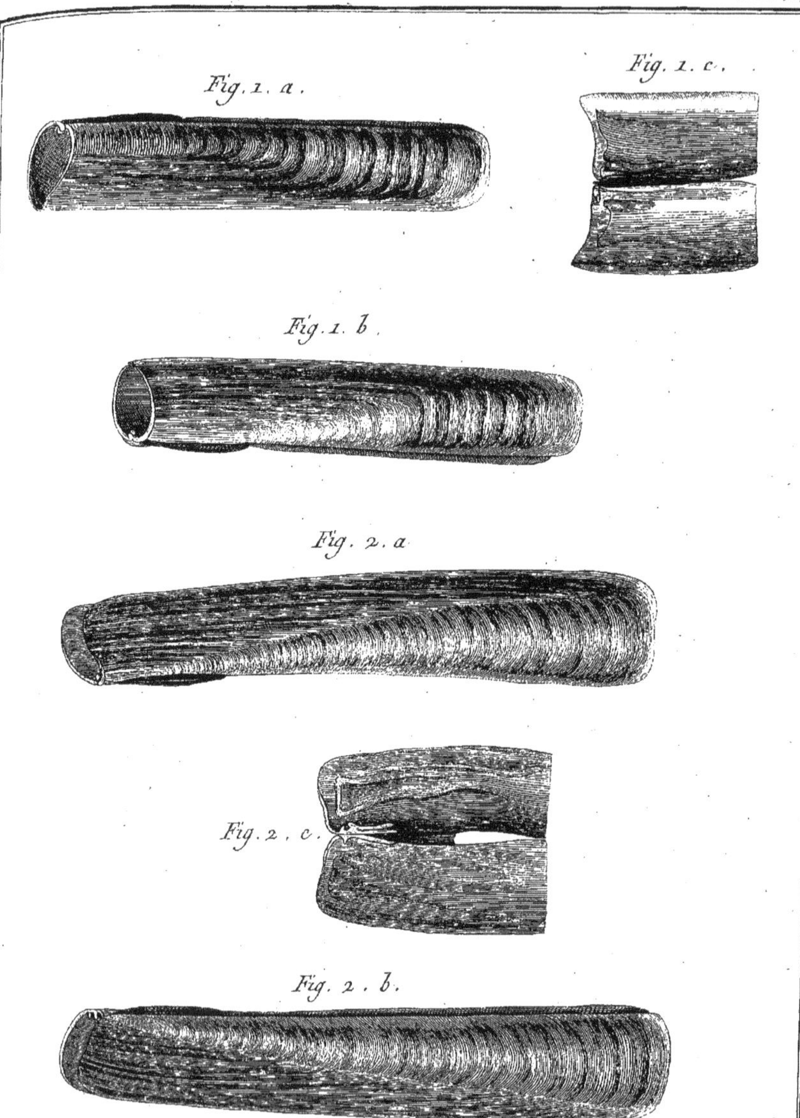

Benard Direxit.

Histoire Naturelle, Vers Testacés à Coquille Bivalve régulière.

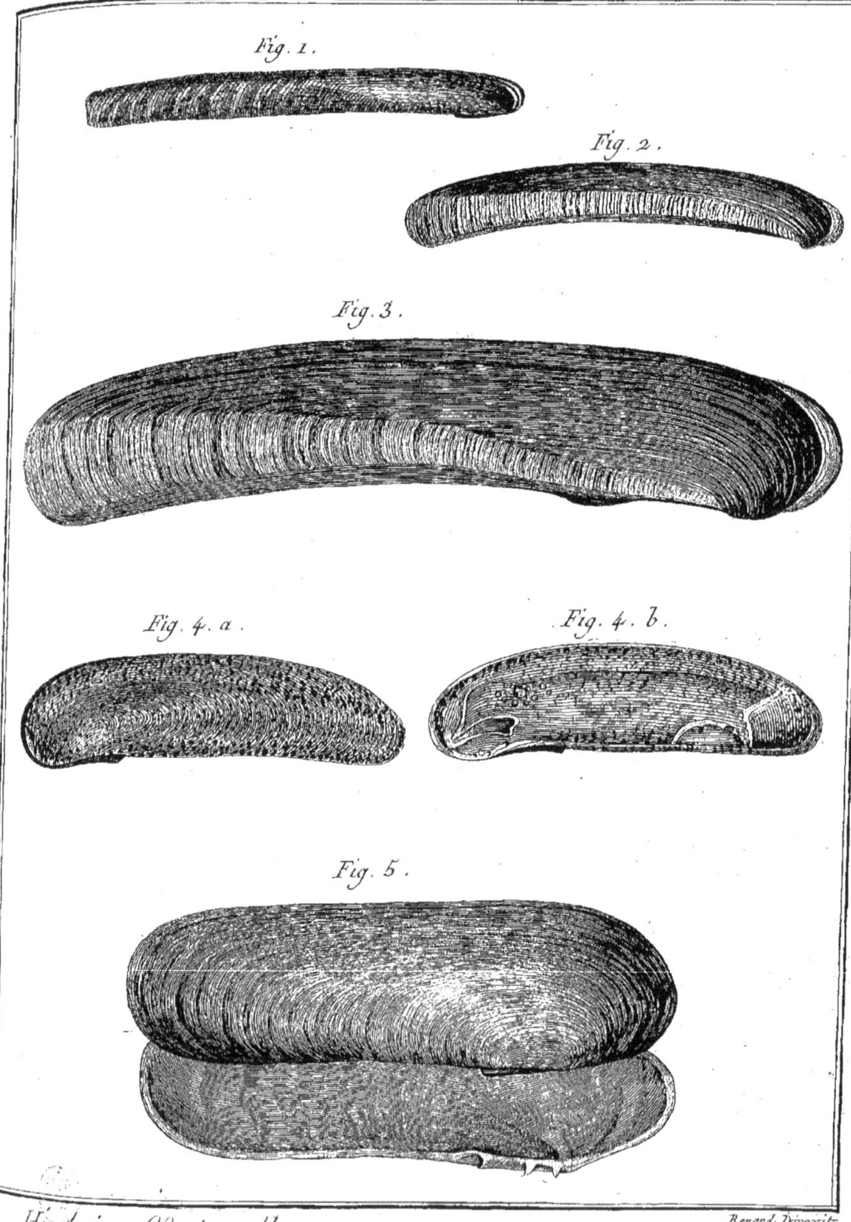

Benard Direxit.

Histoire Naturelle, *Vers Testacés à Coquille Bivalve régulière.*

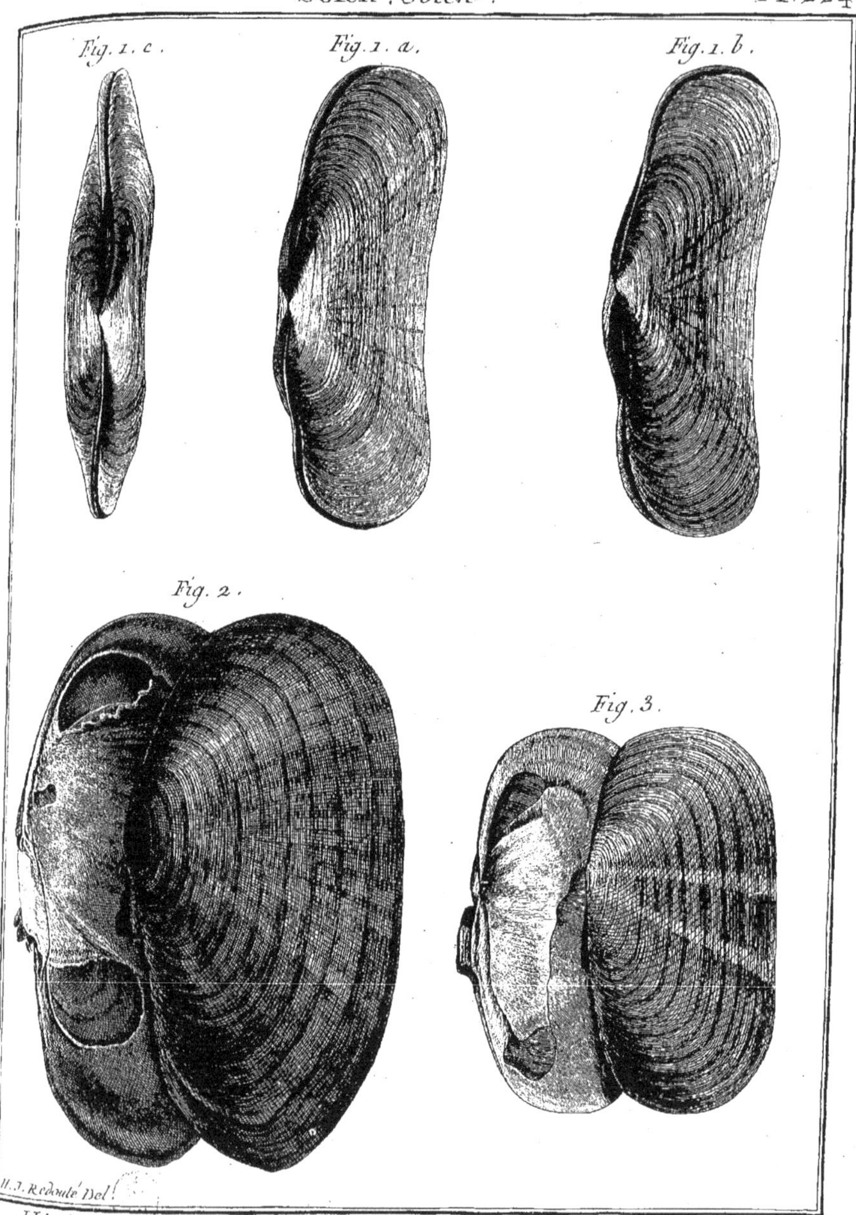

Histoire Naturelle, *Vers Testacés à Coquille Bivalve régulière.* Benard Direxit.

Fig. 1.

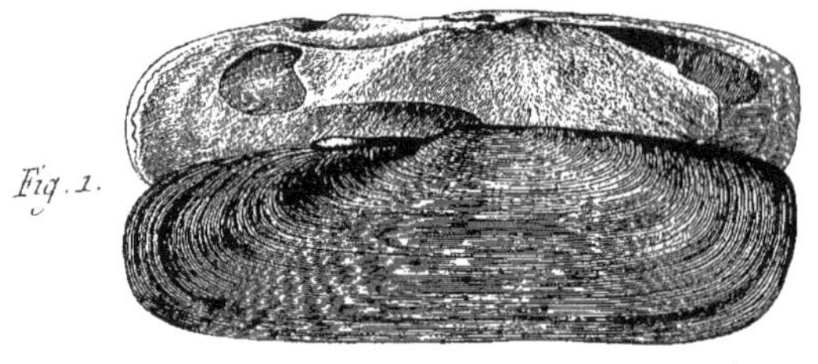

Fig. 2.

Fig. 3.

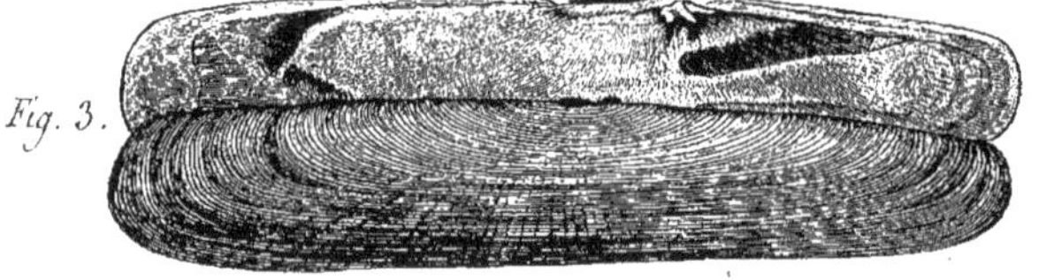

Fig. 4.

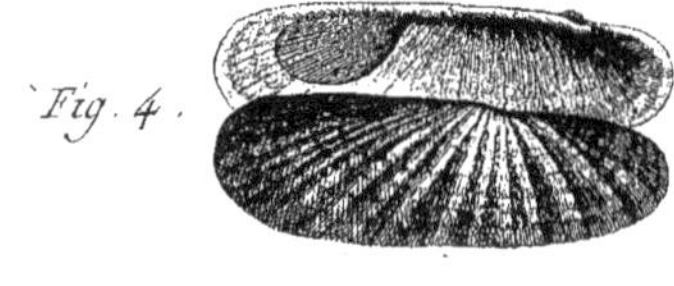

H. J. Redouté Del. Benard Direxit

Histoire Naturelle, Vers Testacés à Coquille Bivalve régulière.

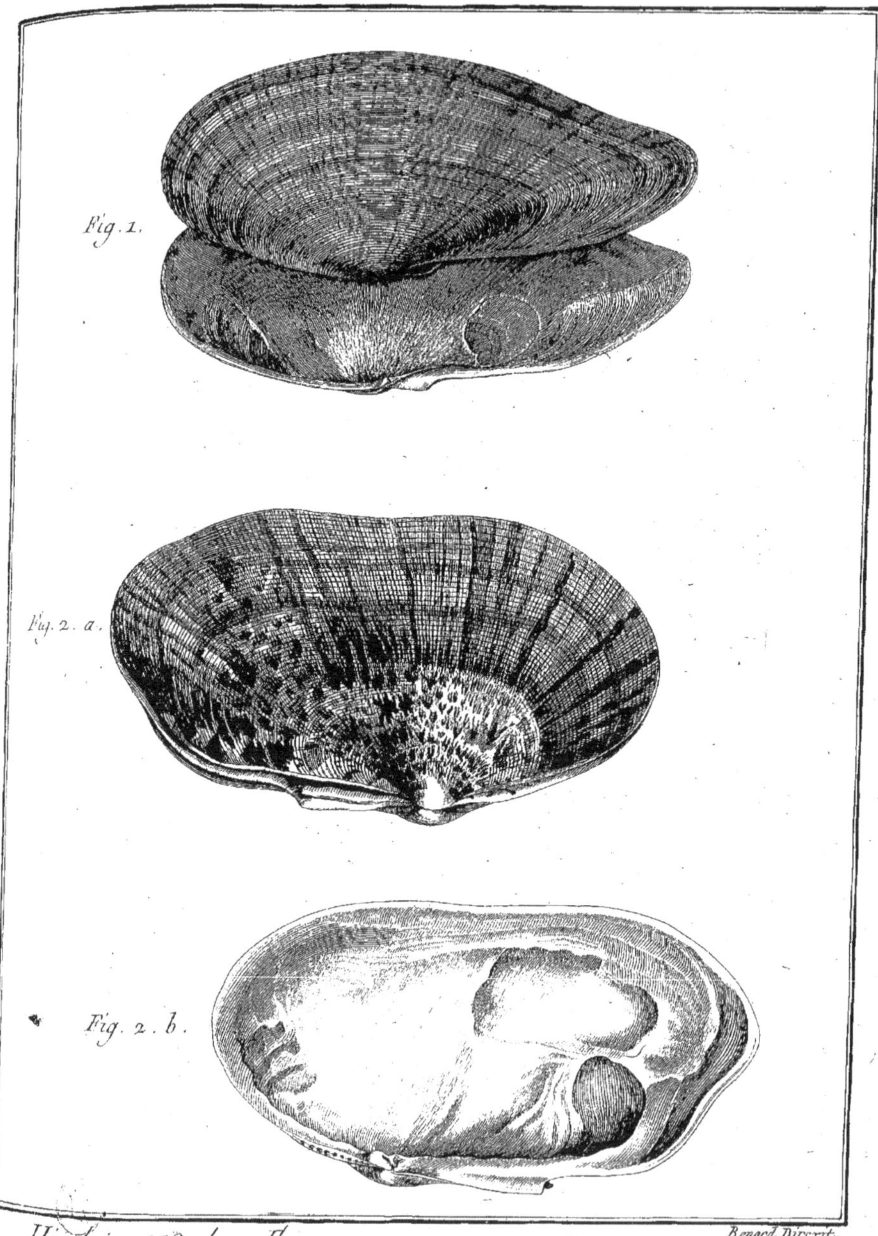

Benard Direxit.

Histoire Naturelle, Vers Testacés à Coquille Bivalve régulière.

Fig. 1.

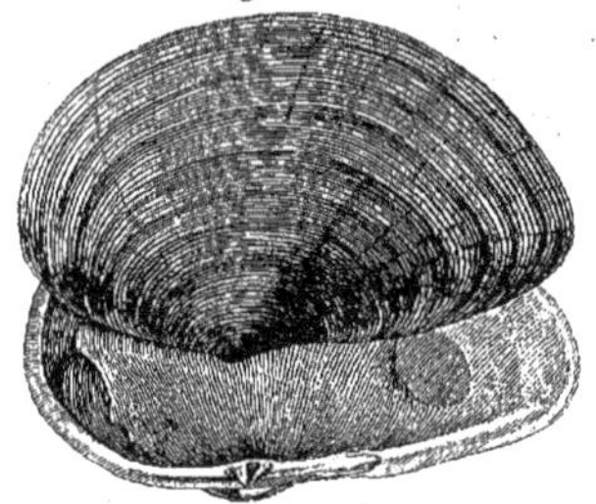

Fig. 2.

Fig. 3.

Fig. 4.

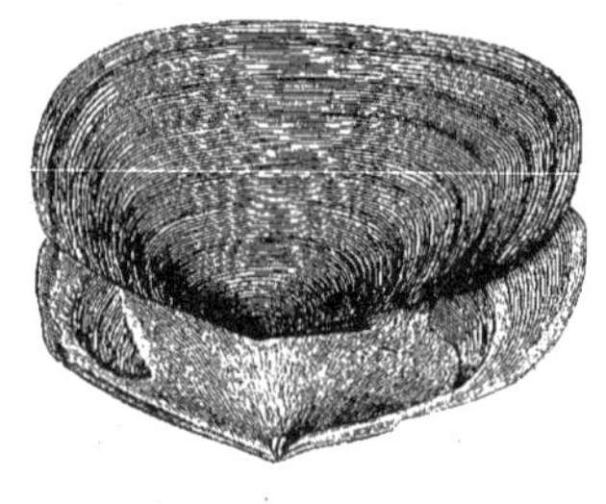

Fig. 5.

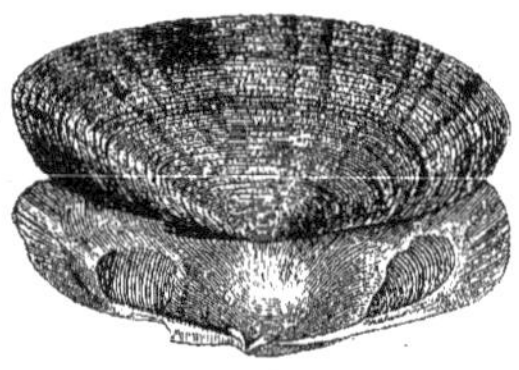

Benard Direxit.

Histoire Naturelle, Vers Testacés à Coquille Bivalve régulière 2.

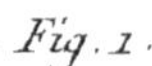

Fig. 2.

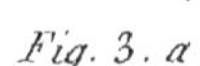

Fig. 3. b.

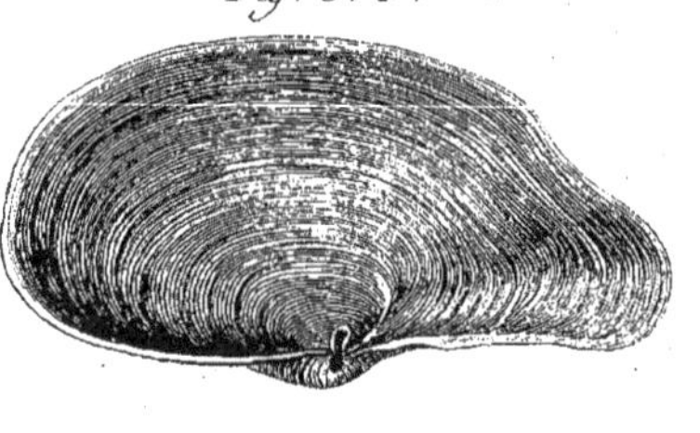

H. J. Redouté Del. Benard Direxit.

Histoire Naturelle, Vers Testacés à Coquille Bivalve régulière.

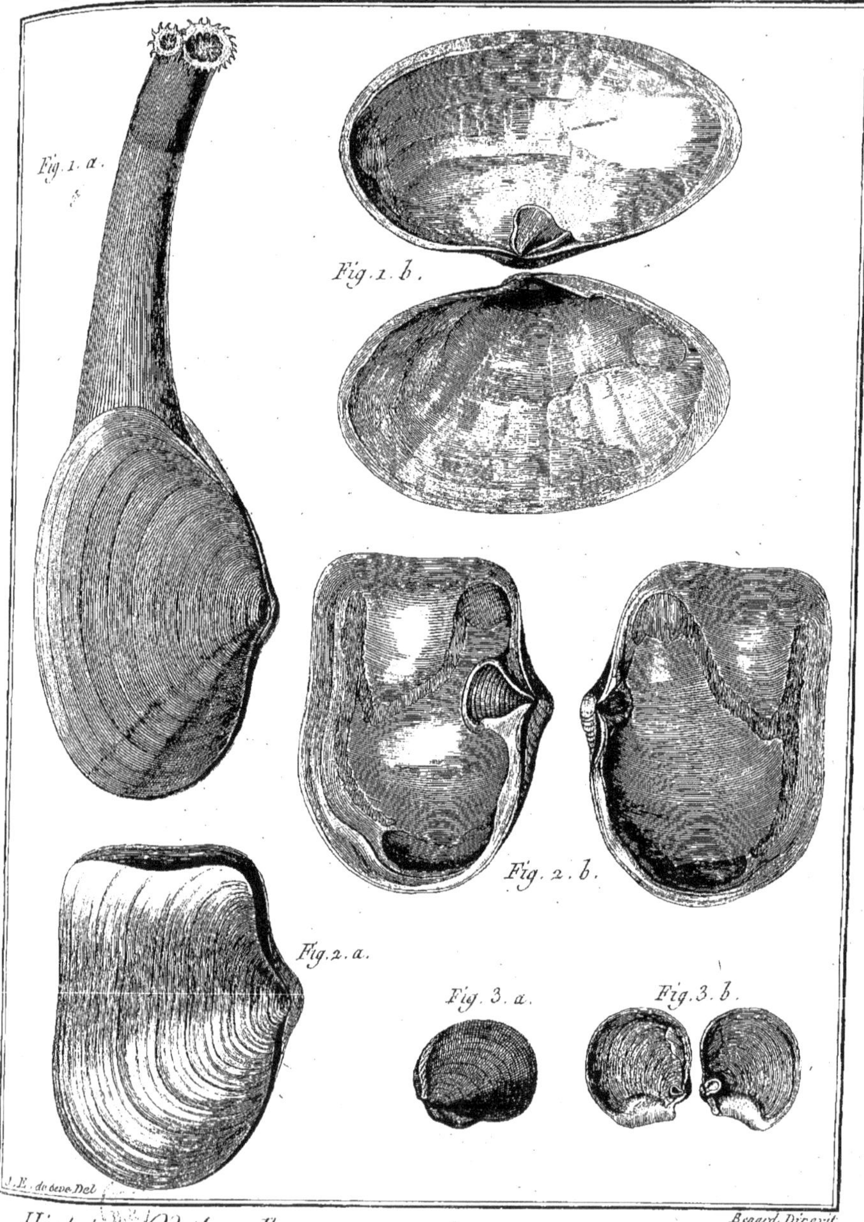

Histoire Naturelle, Vers Testacés à Coquille Bivalve régulière.

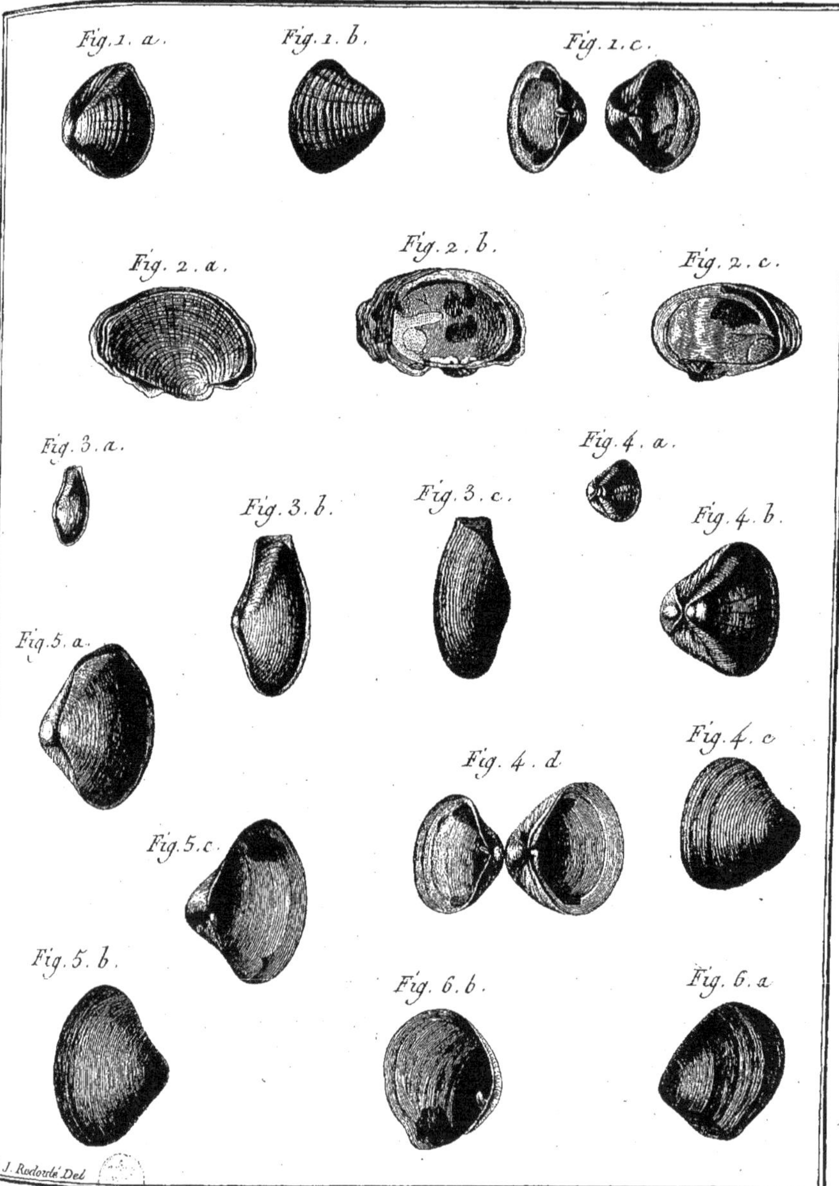

H. J. Redouté Del. Benard Direxit.

Histoire Naturelle, Vers Testacés à Coquille Bivalve régulière.

Capse. *Capsa.* Pl. 231.

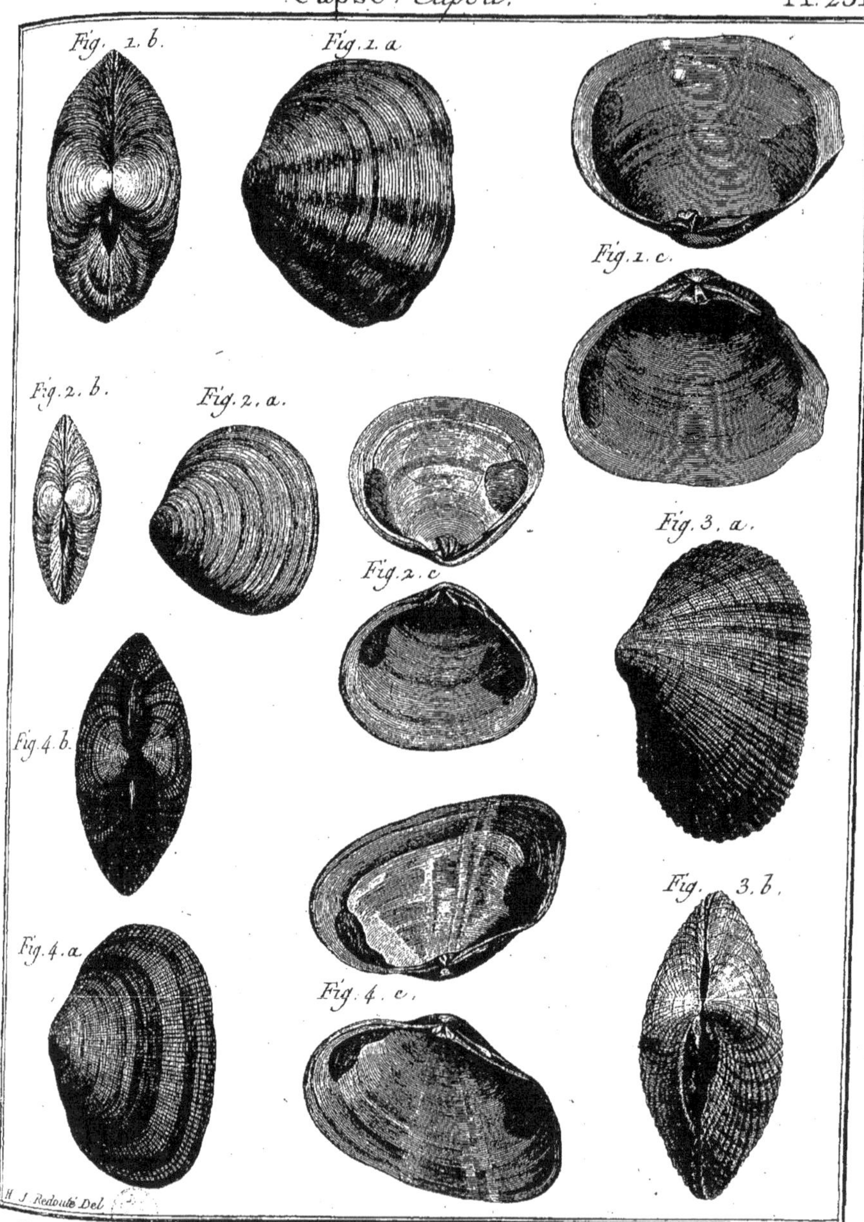

Histoire Naturelle, *Vers Testacés à Coquille Bivalve régulière.*

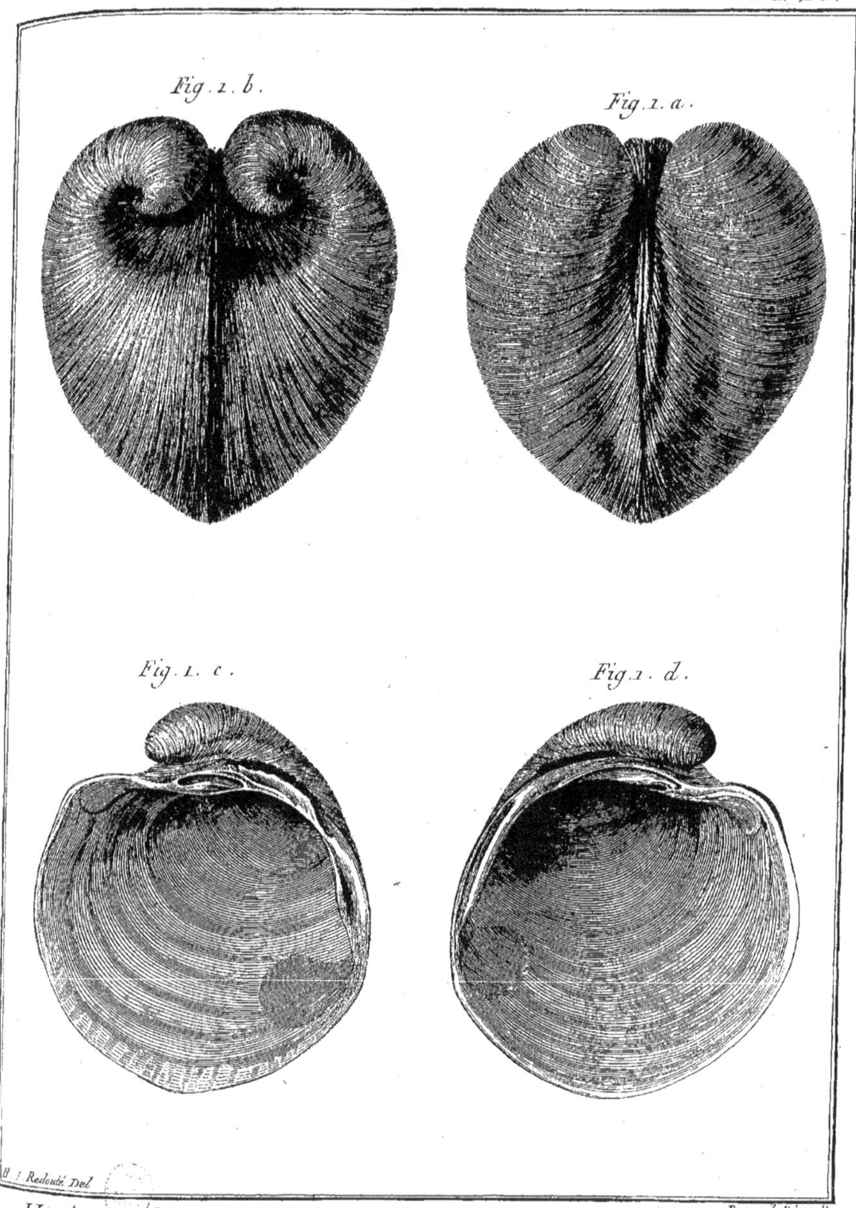

Histoire Naturelle, Vers Testacés à Coquille Bivalve régulière.

Fig. 1. a.

Fig. 1. b.

Fig. 1. c.

Fig. 1. d.

Fig. 2.

Fig. 3.

Fig. 4.

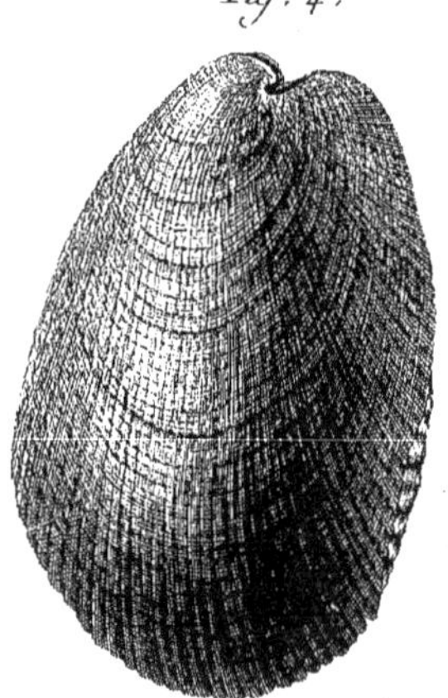

Fig. 5.

Fig. 6.

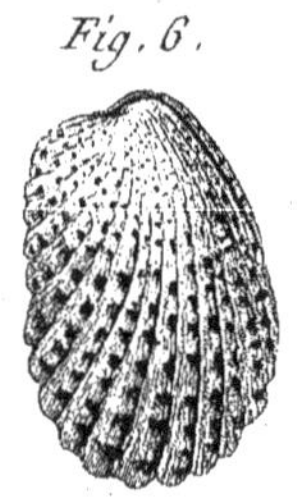

H. J. Redouté. Del. Benard Direxit.

Histoire Naturelle, Vers Testacés à Coquille Bivalve régulière.

Cardite. *Cardita*. Pl. 234.

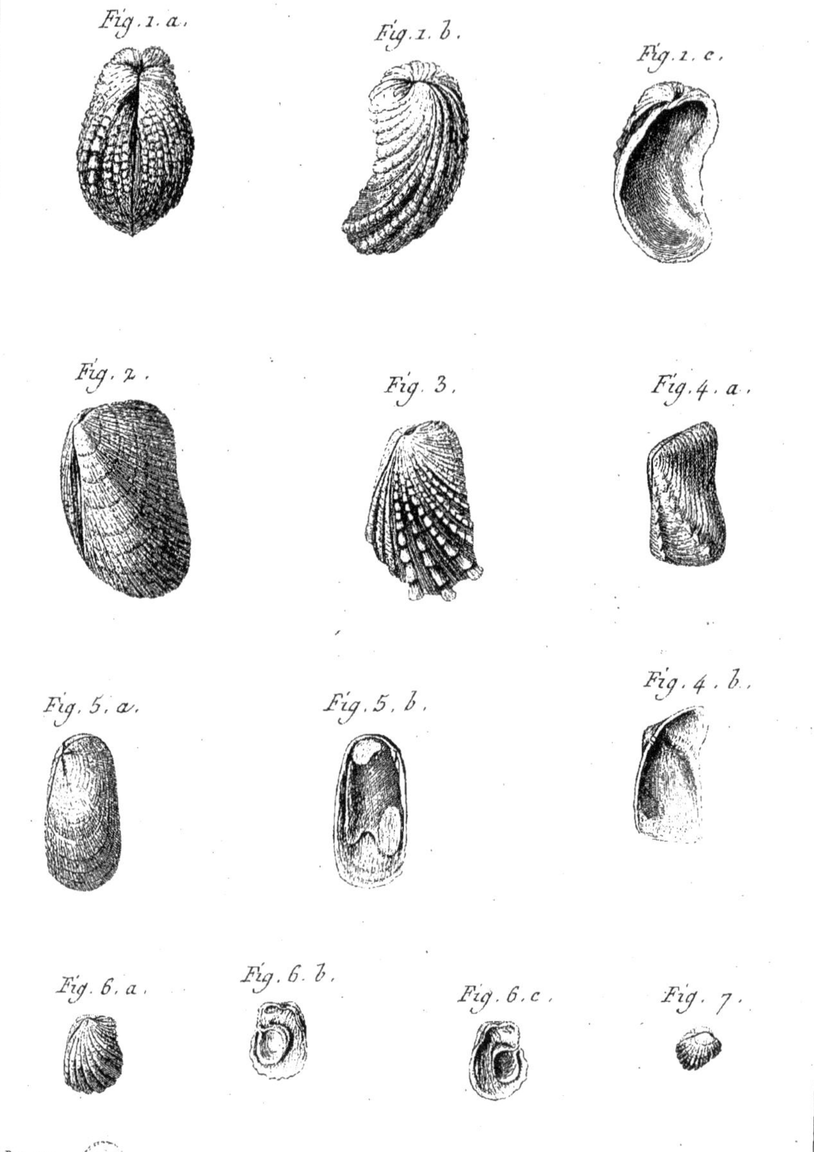

Benard Direxit.

Histoire Naturelle, Vers Testacés à Coquille Bivalve régulière.

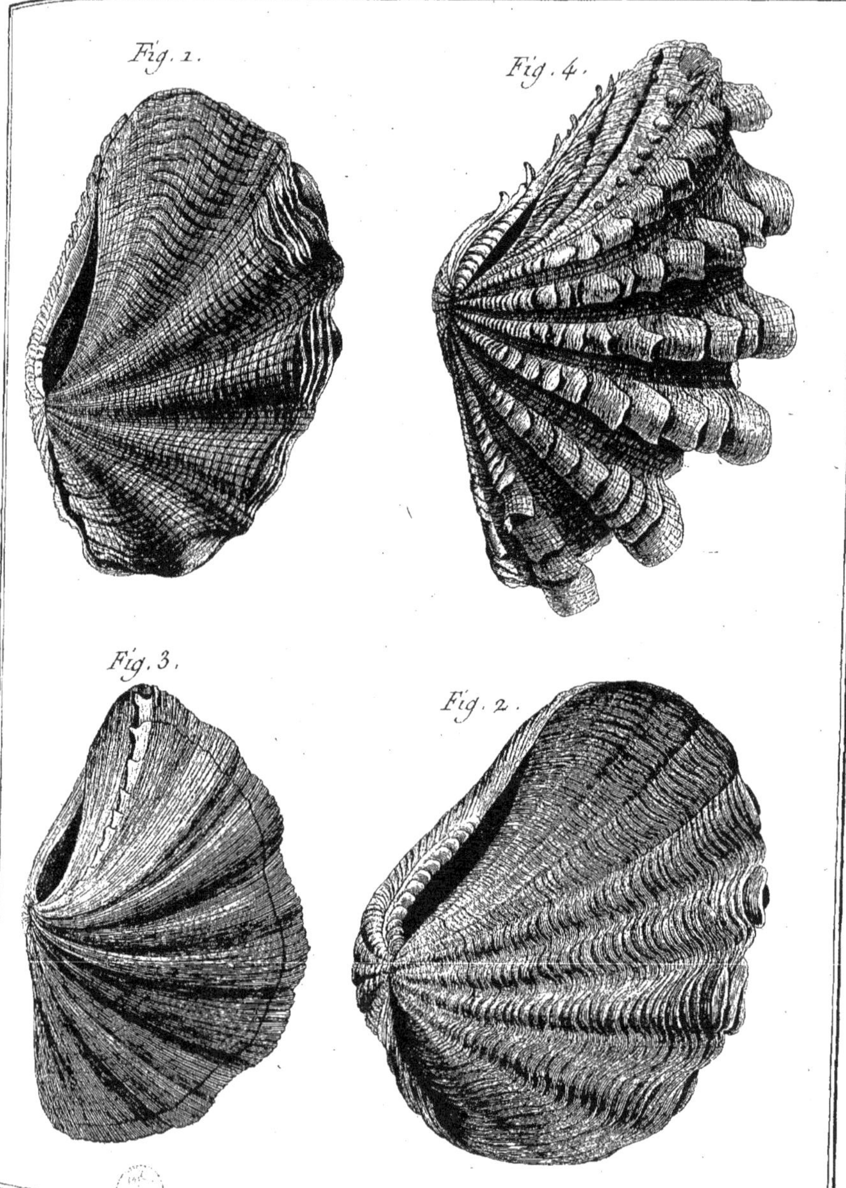

Histoire Naturelle, Vers Testacés à Coquille Bivalve régulière.

Histoire Naturelle, *Vers Testacés à Coquille Bivalve régulière.*

Benard Direxit.

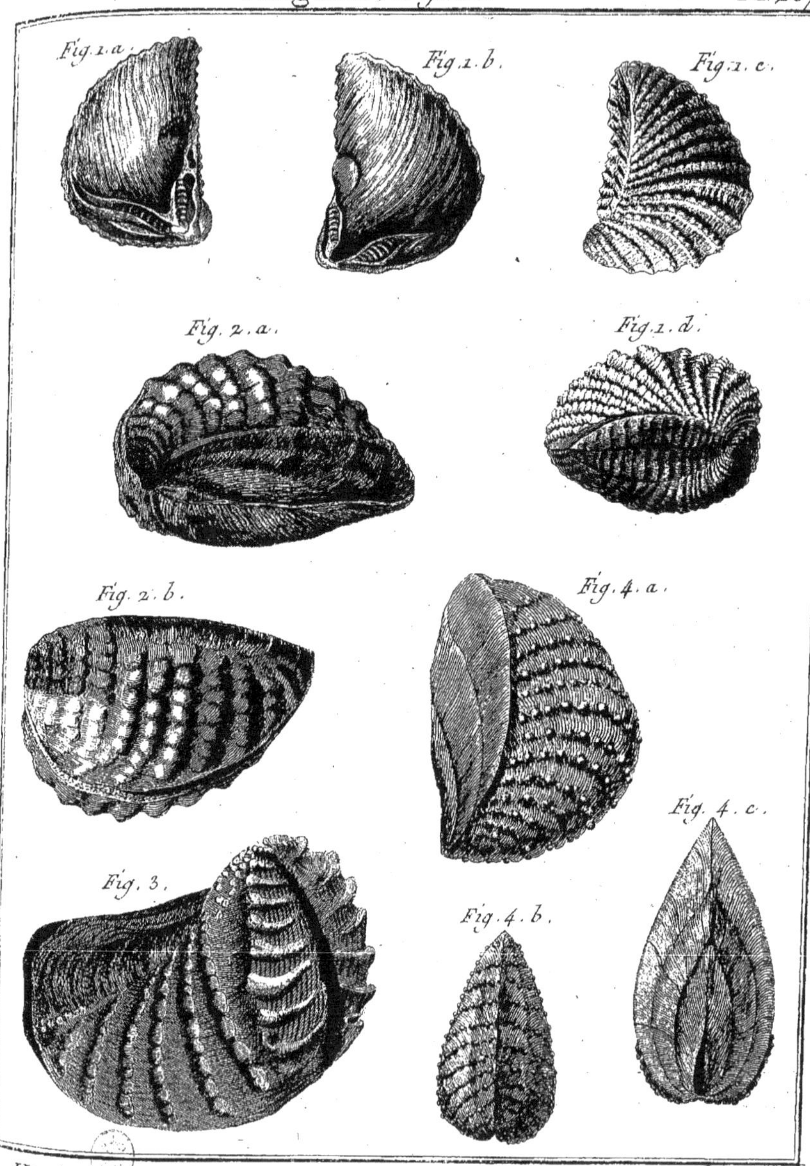

Benard Direxit

Histoire Naturelle, Vers Testacés à Coquille Bivalve régulière.

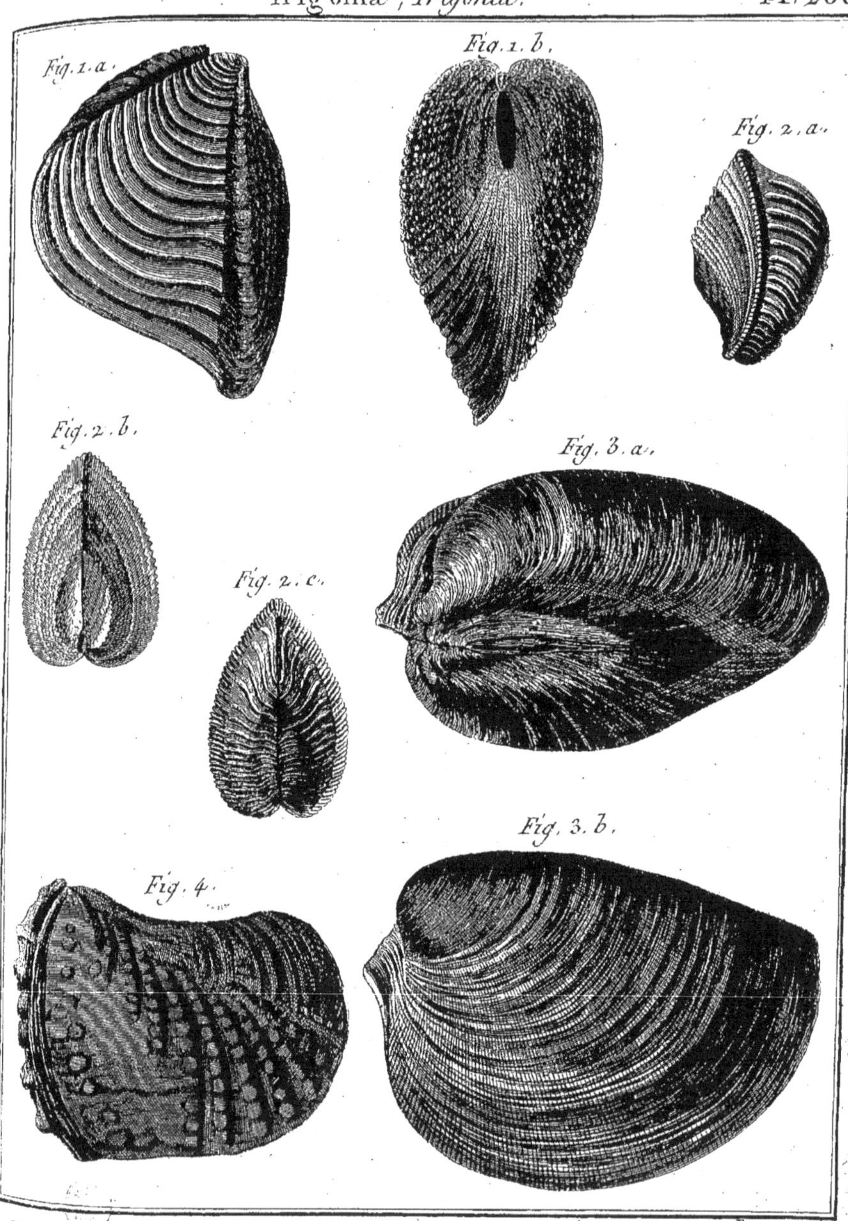

Benard Direxit

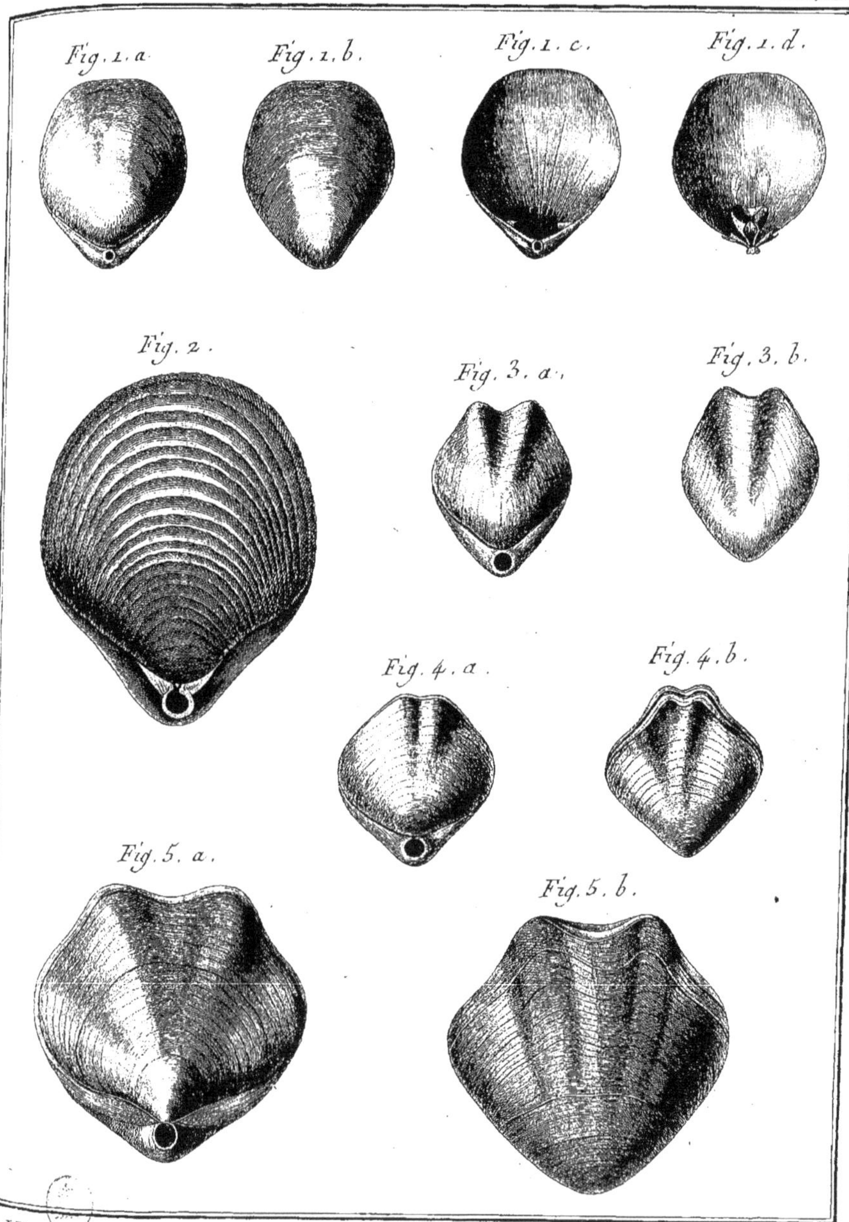

Benard Direxit.

Histoire Naturelle, *Vers Testacés à Coquille Bivalve régulière.*

Terebratule, *Terebratula.* Pl. 240.

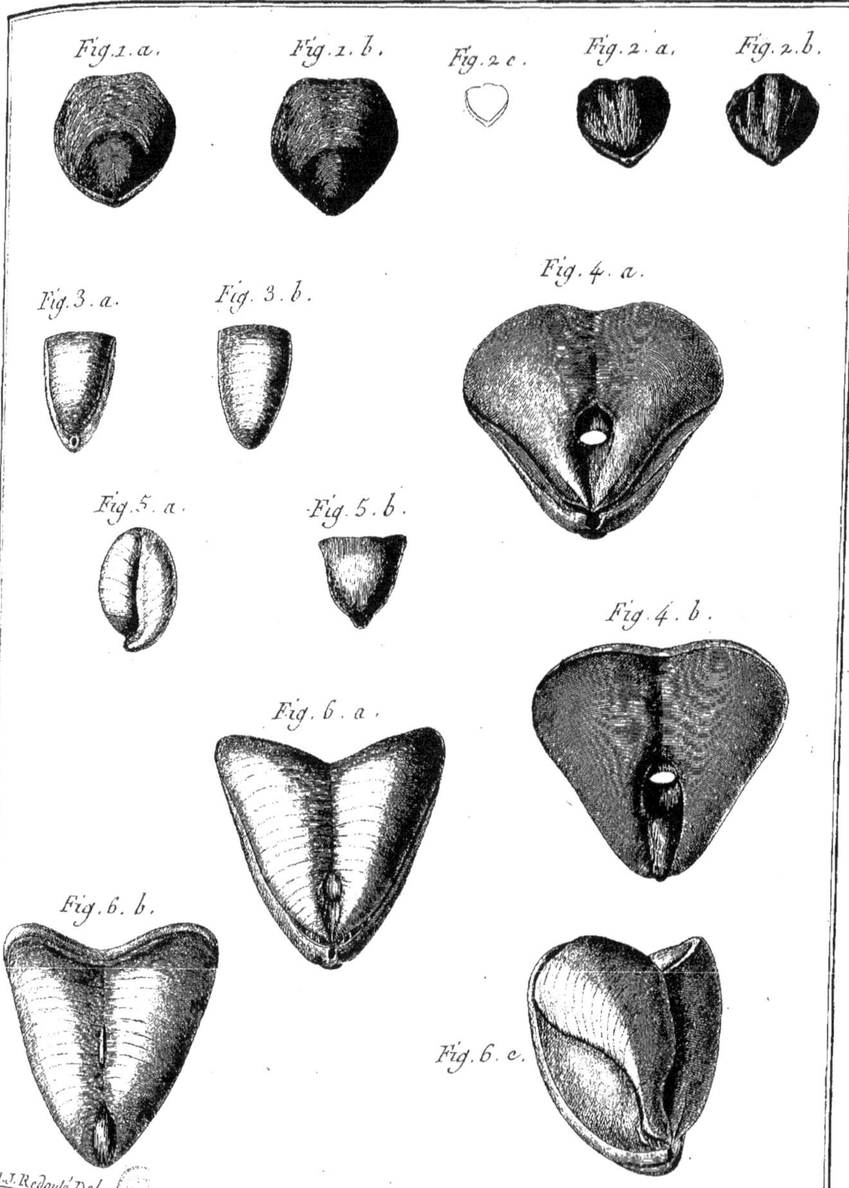

Benard Direxit.

Histoire Naturelle, Vers Testacés à Coquille Bivalve régulière.

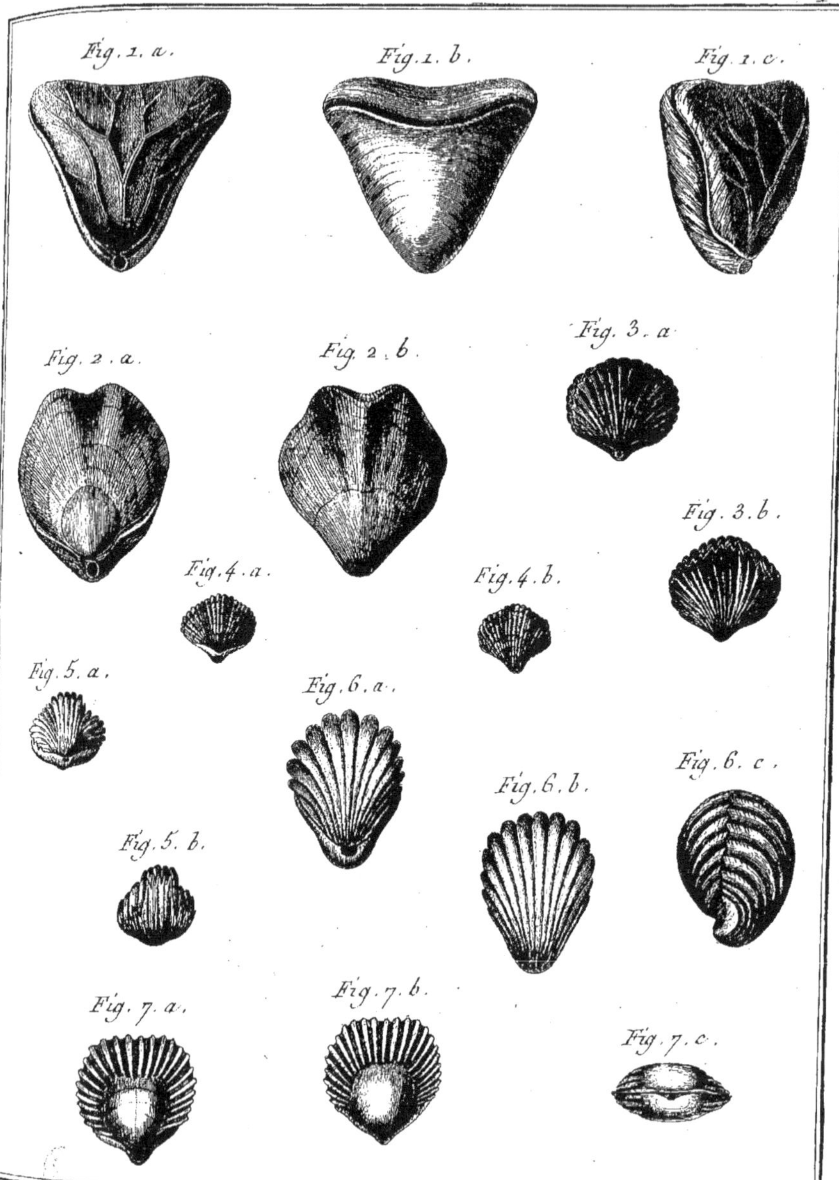

Benard Direxit.

Histoire Naturelle, *Vers Testacés à Coquille Bivalve régulière.*

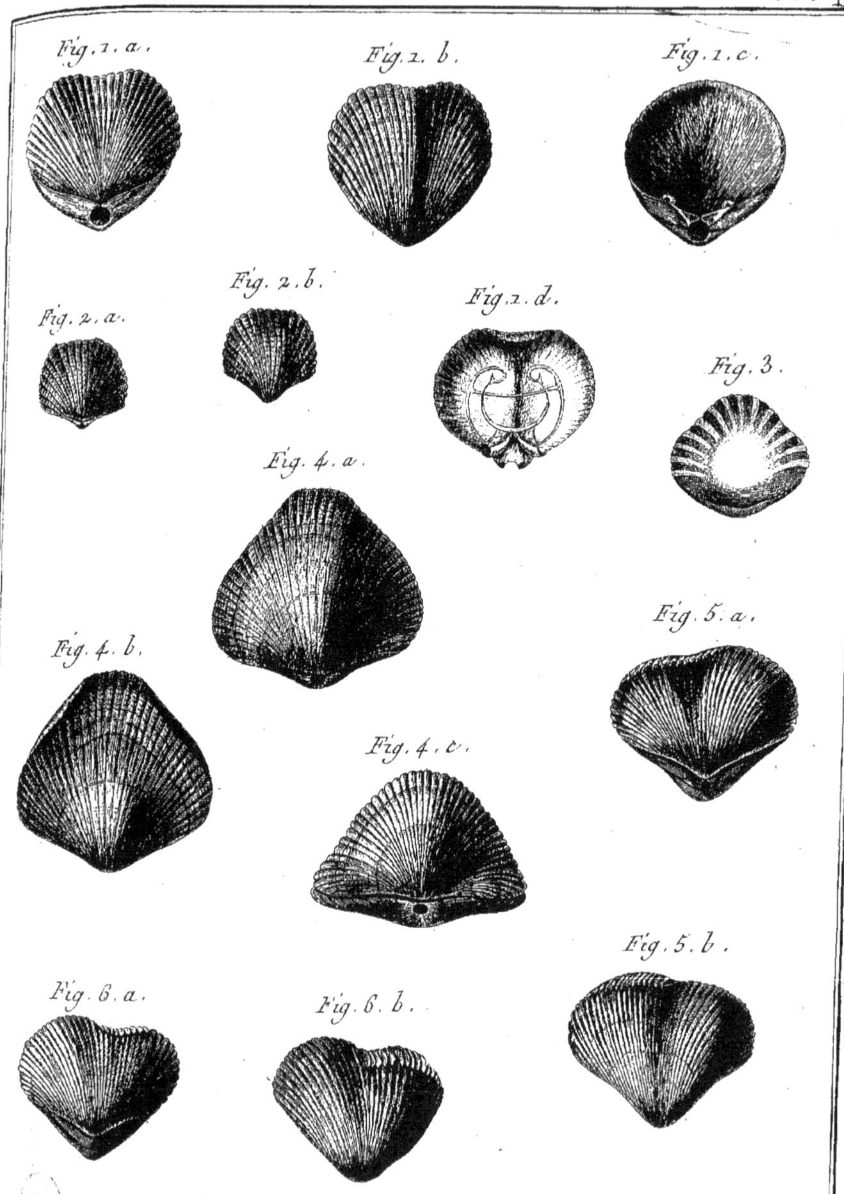

Benard Direxit.

Histoire Naturelle, Vers Testacés à Coquille Bivalve régulière.

Terebratule, *Terebratula*. Pl. 243.

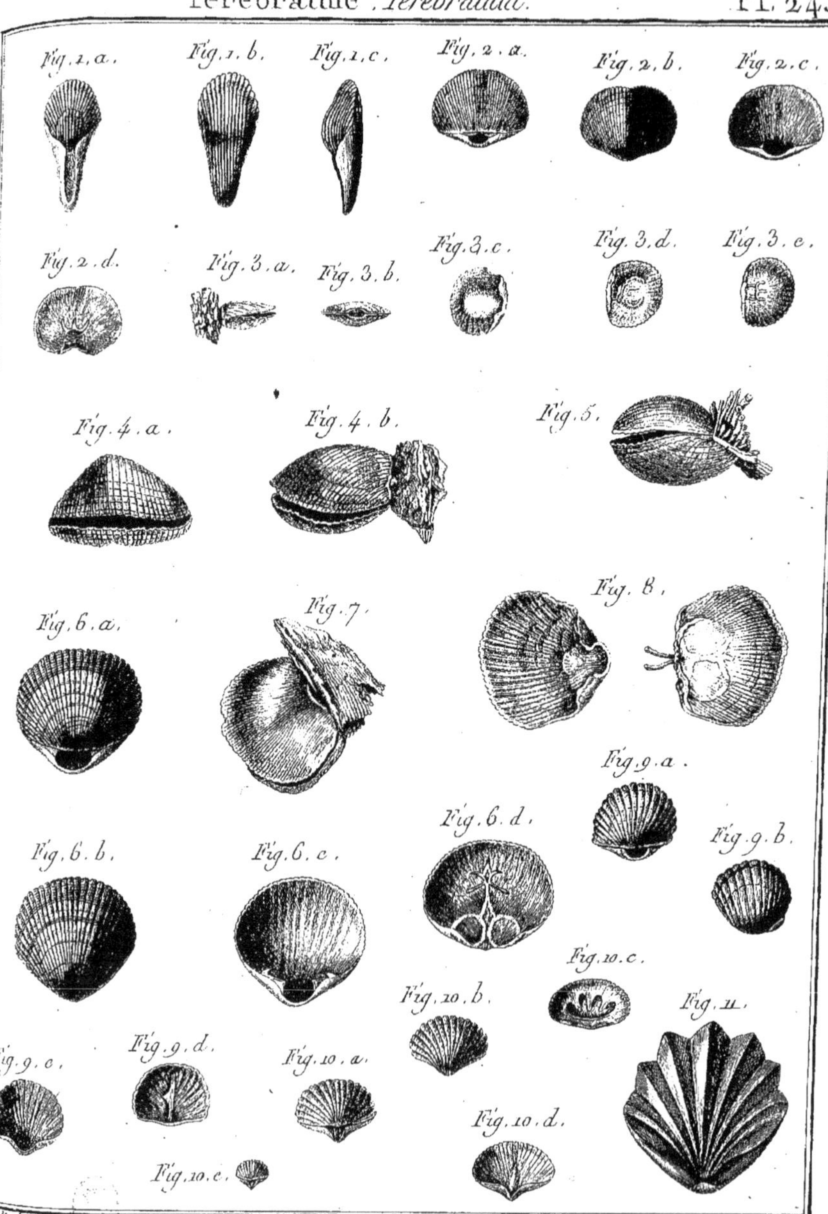

R. J. Redouté Del. Benard Direxit.

Histoire Naturelle, Vers Testacés à Coquille Bivalve régulière.

Terebratule, *Terebratula*. Pl. 244.

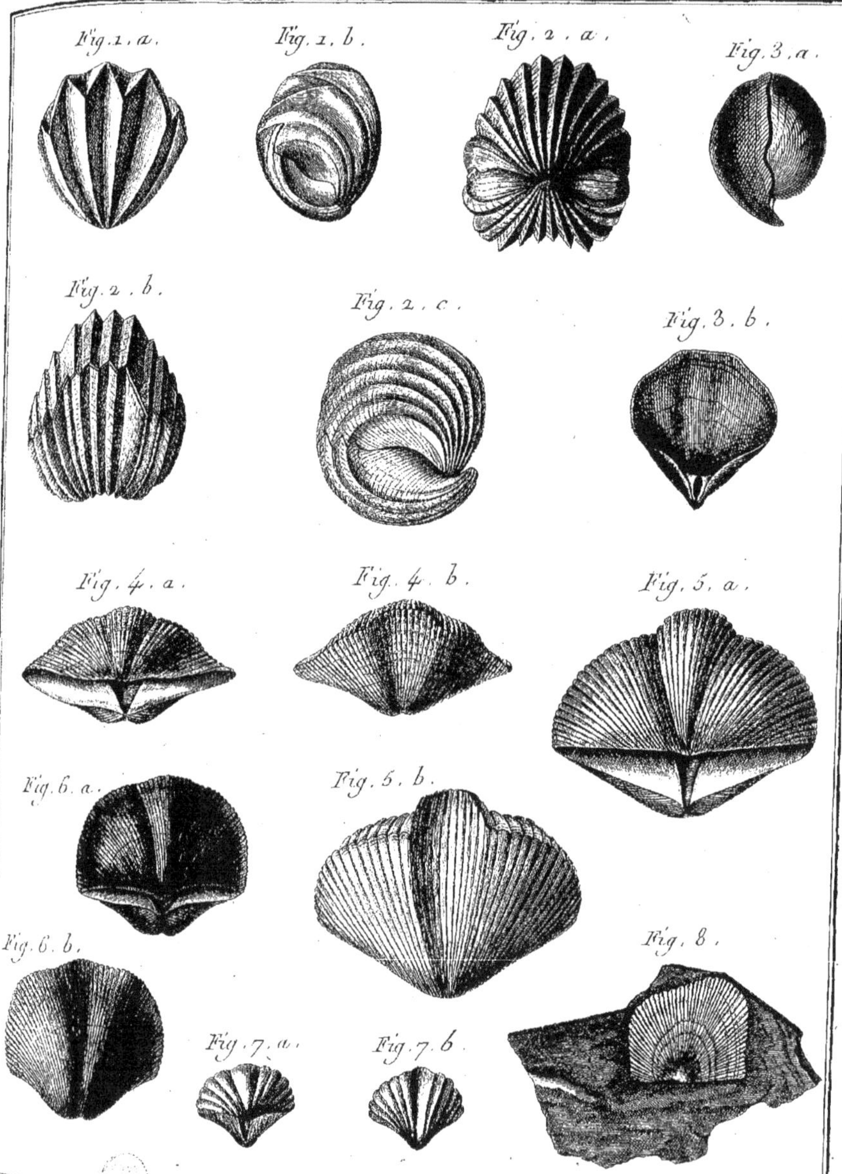

H. J. Redouté Del. Benard Direxit.

Histoire Naturelle, Vers Testacés à Coquille Bivalve régulière. 234.

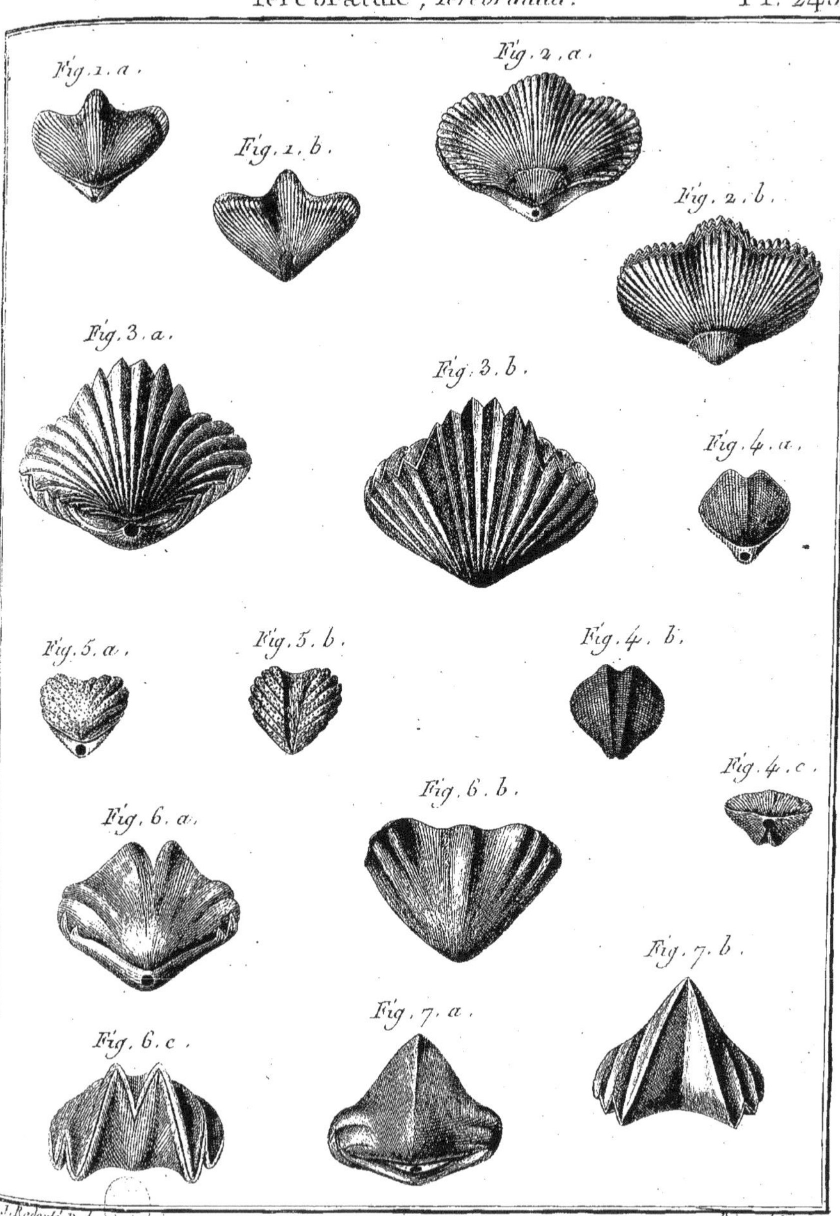

H. J. Redouté Del. Benard Direx.

Histoire Naturelle, Vers Testacés à Coquille Bivalve régulière.

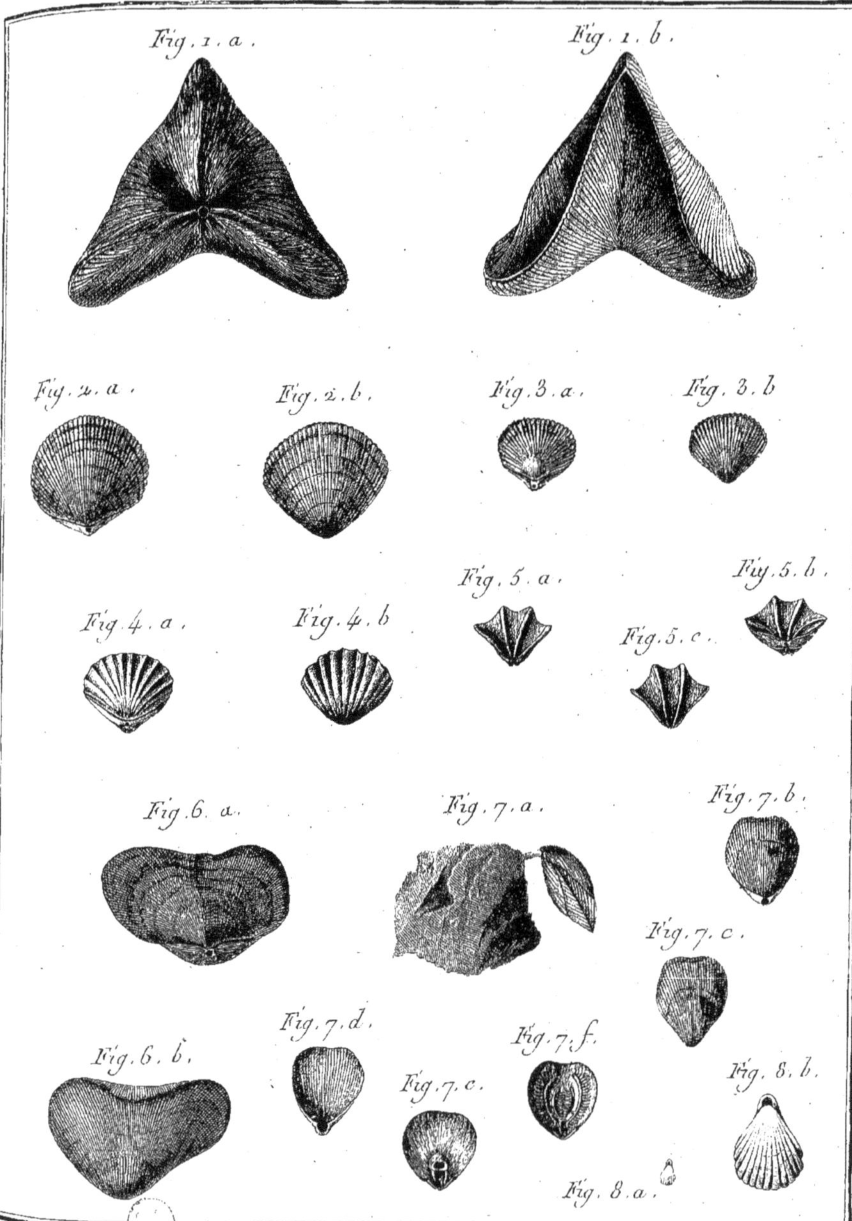

H. J. Redouté Del. Benard Direxit.

Histoire Naturelle, Vers Testacés à Coquille Bivalve régulière.

Mulète. *Unio*. Pl. 247.

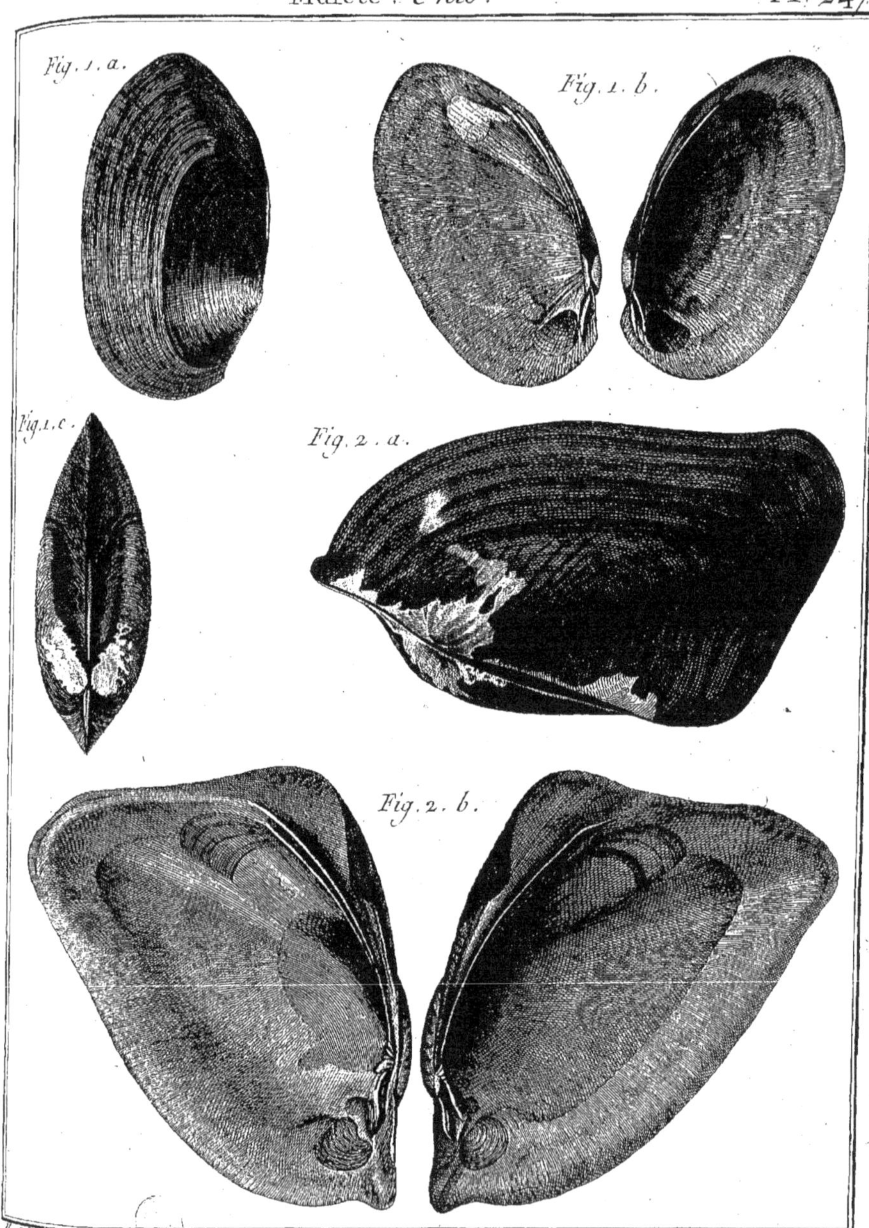

H. J. Redouté Del. Benard Direxit.

Histoire Naturelle, *Vers Téstacés à Coquille Bivalve régulière.*

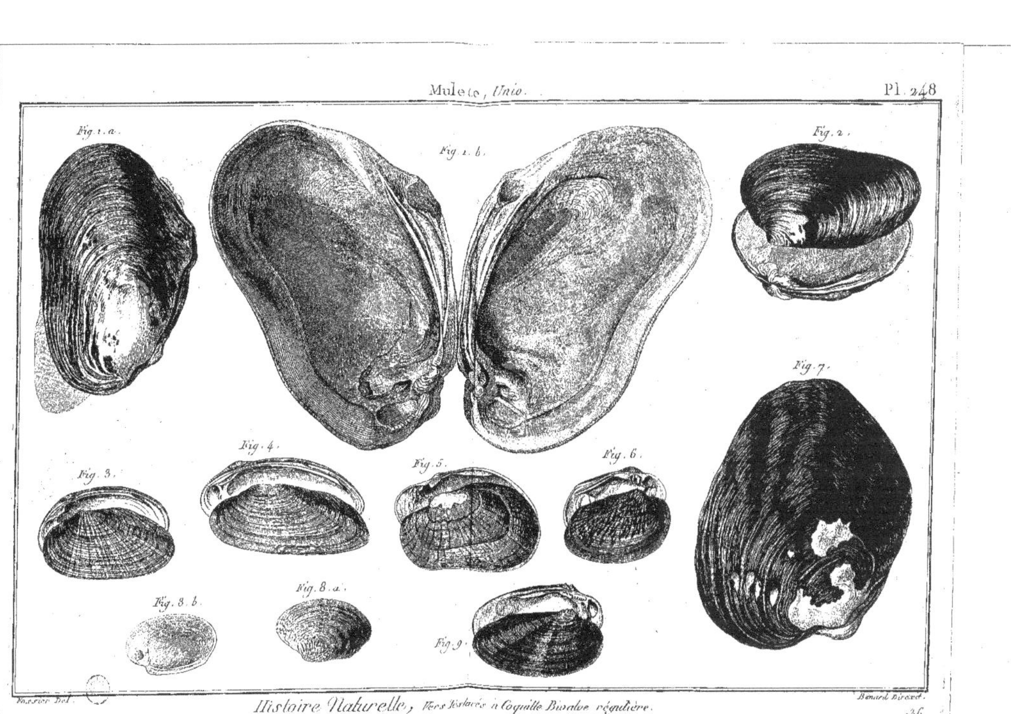

Fossier Del. Benard Direxit.

Histoire Naturelle, *Vers Testacés à Coquille Bivalve régulière.*

Unio . *Mulète* . Pl. 249.

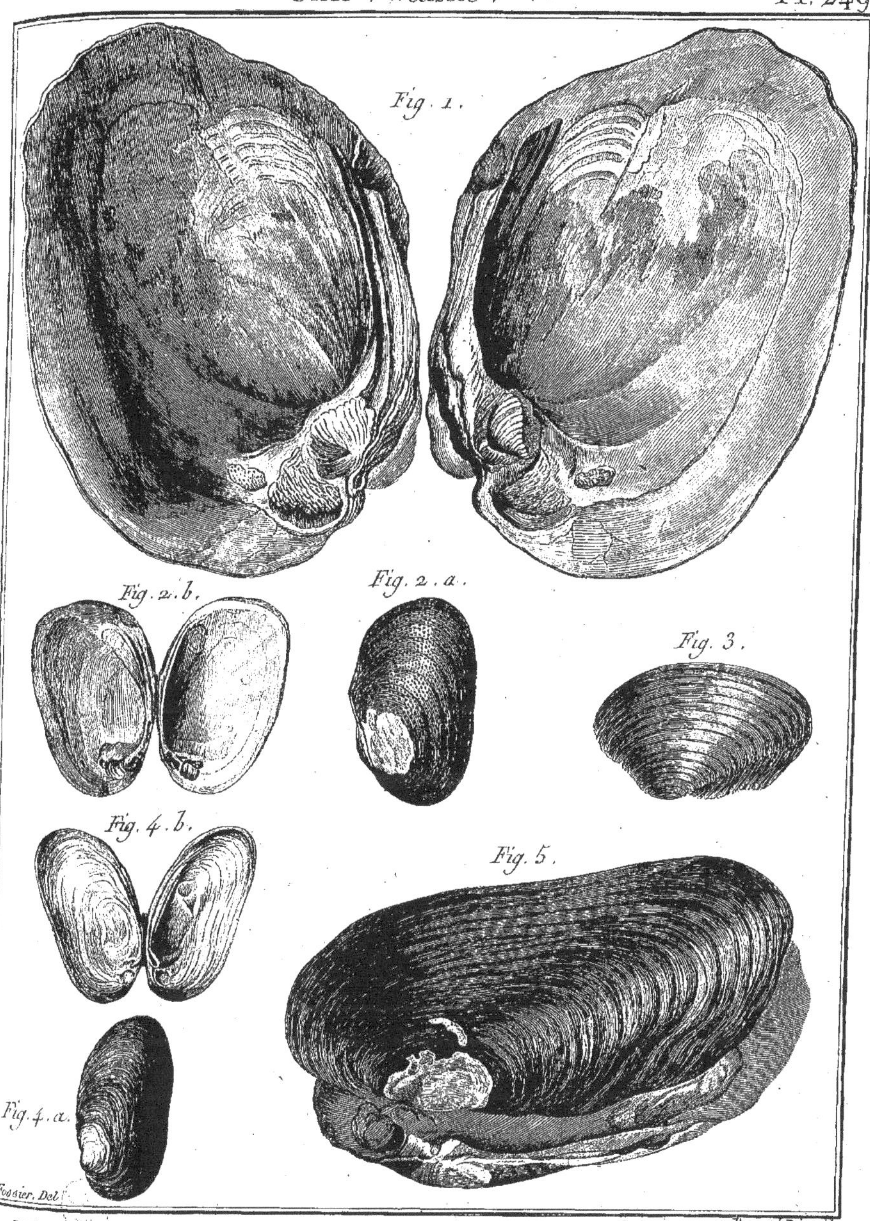

Histoire Naturelle, Vers Testacés à Coquille Bivalve régulière.

Lingule. *Lingula*. Pl. 250.

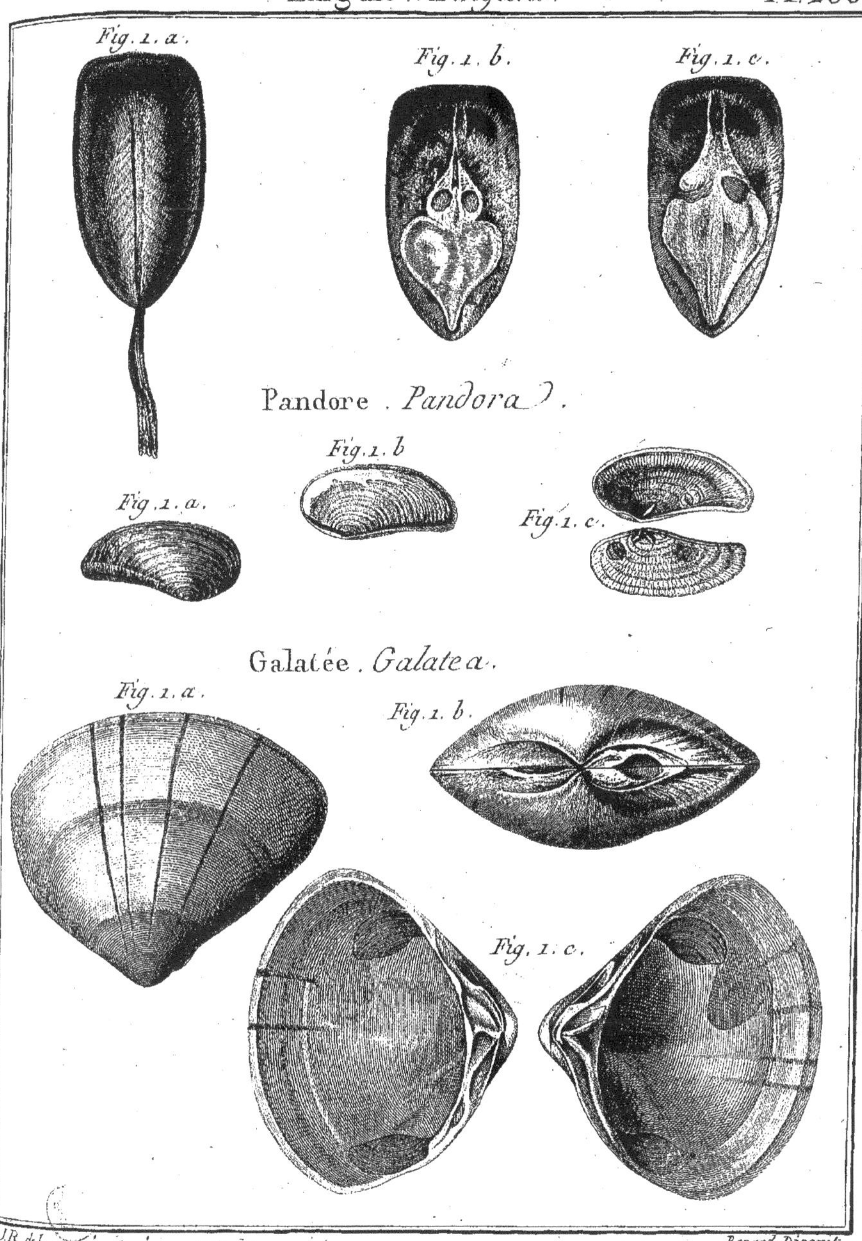

H.J.R. del. Benard Direxit

Histoire Naturelle, Vers Testacés à Coquille Bivalve régulière

Mactre, *Mactra*. Pl. 251.

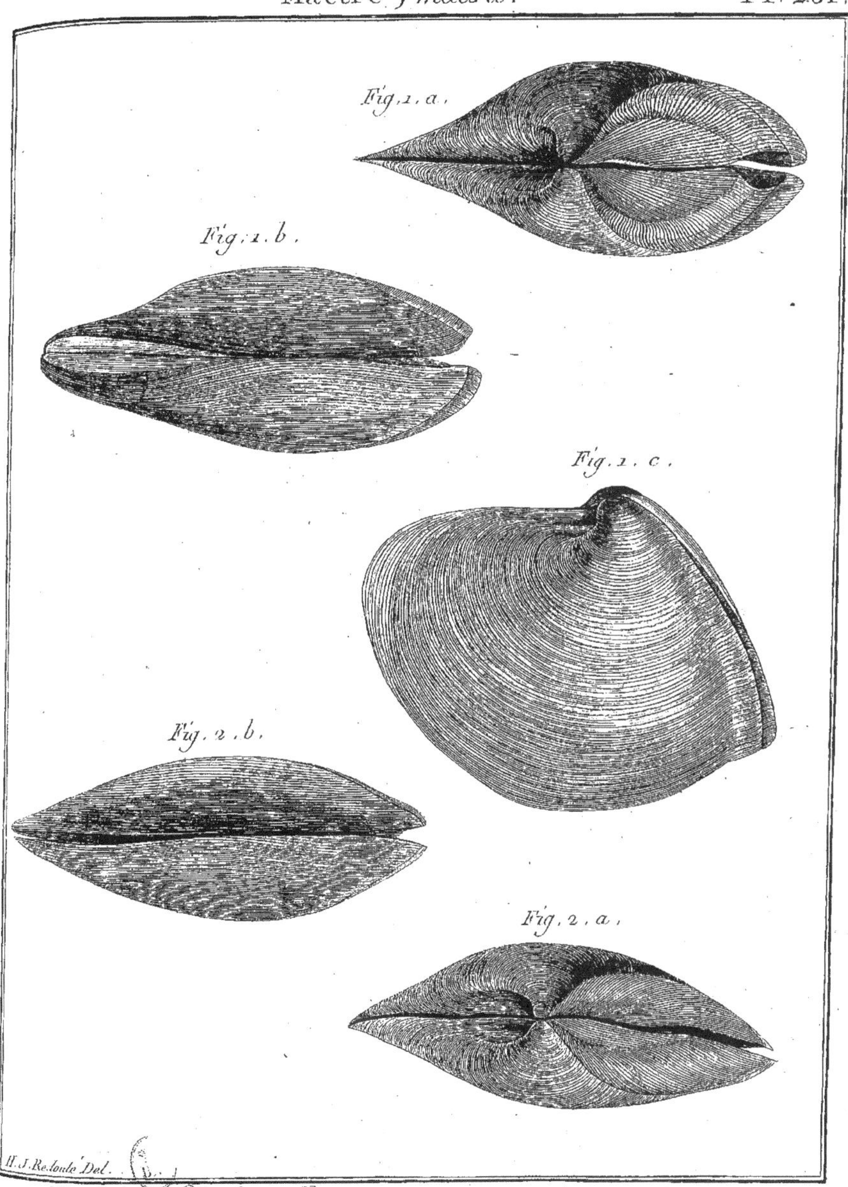

Histoire Naturelle, Vers Testacés à Coquille Bivalve régulière.

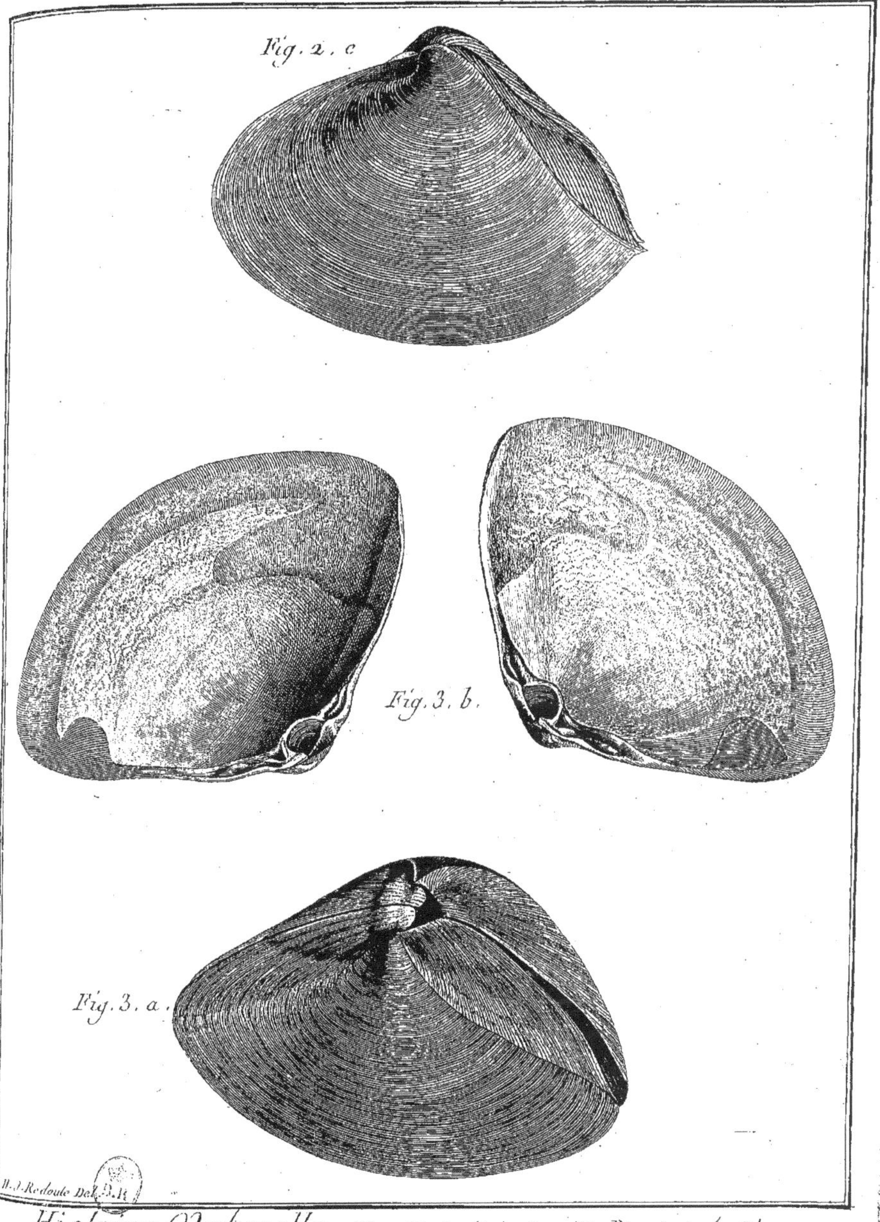
Fig. 2. c
Fig. 3. b.
Fig. 3. a.
H. J. Redouté Del.

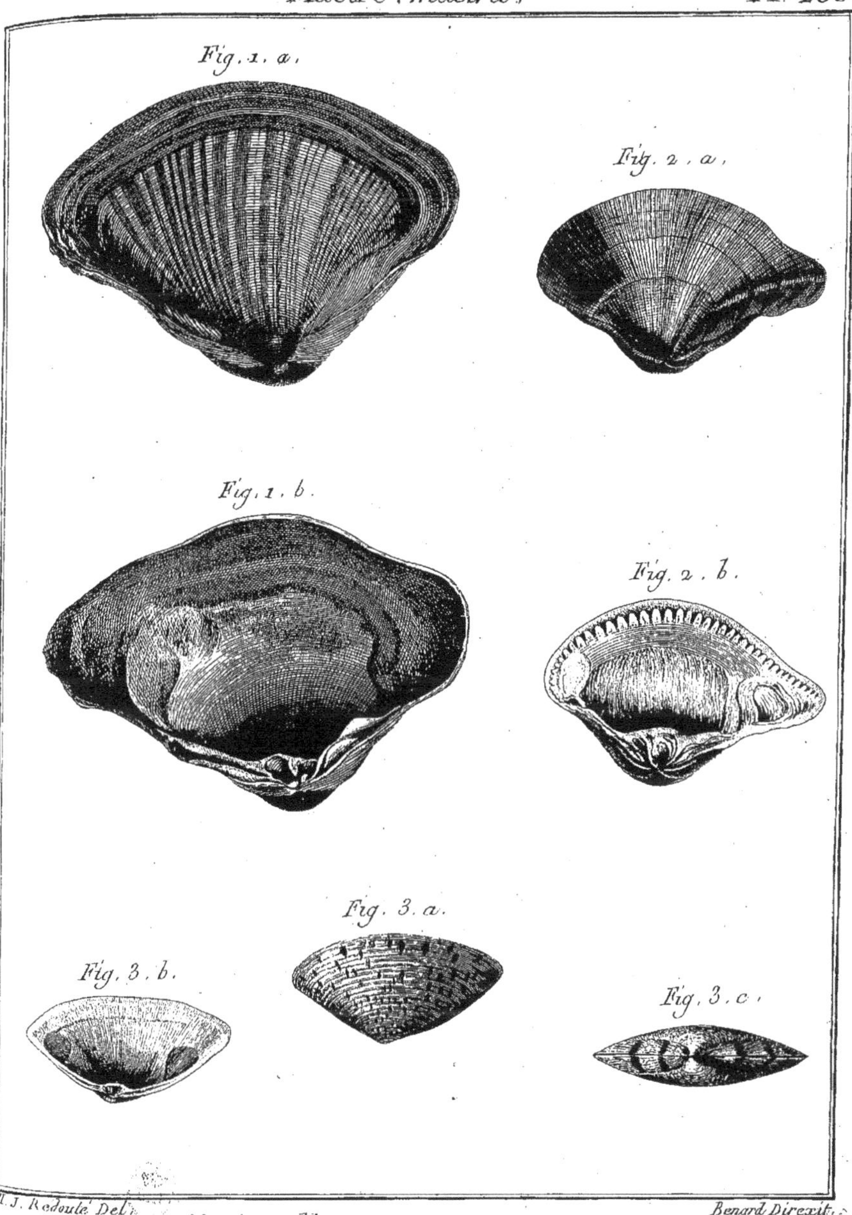

H. J. Redouté Del. Benard Direxit.

Histoire Naturelle, Vers Testacés à Coquille Bivalve régulière.

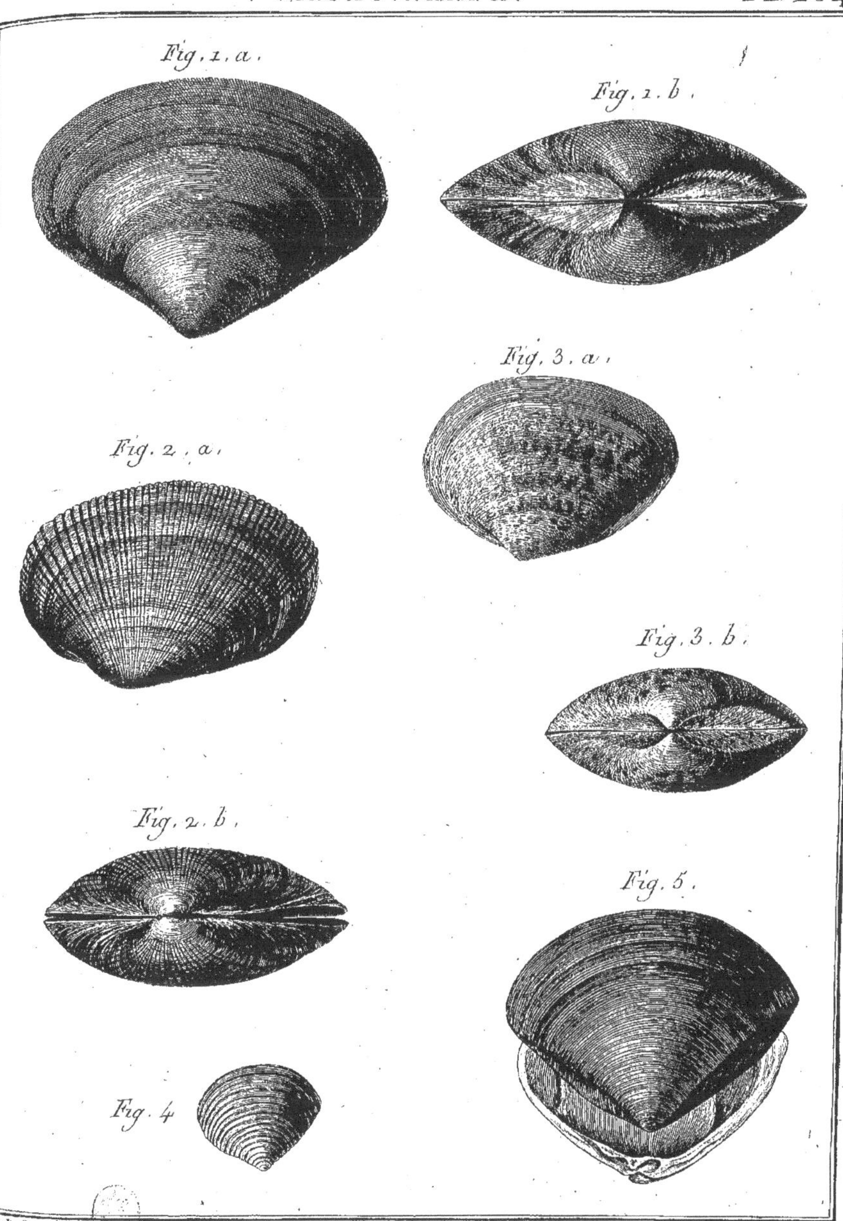

H. J. Redouté Del. Benard Direxit.

Histoire Naturelle, Vers Testacés à Coquille Bivalve régulière. 138.

Mactre. *Mactra*. Pl. 255.

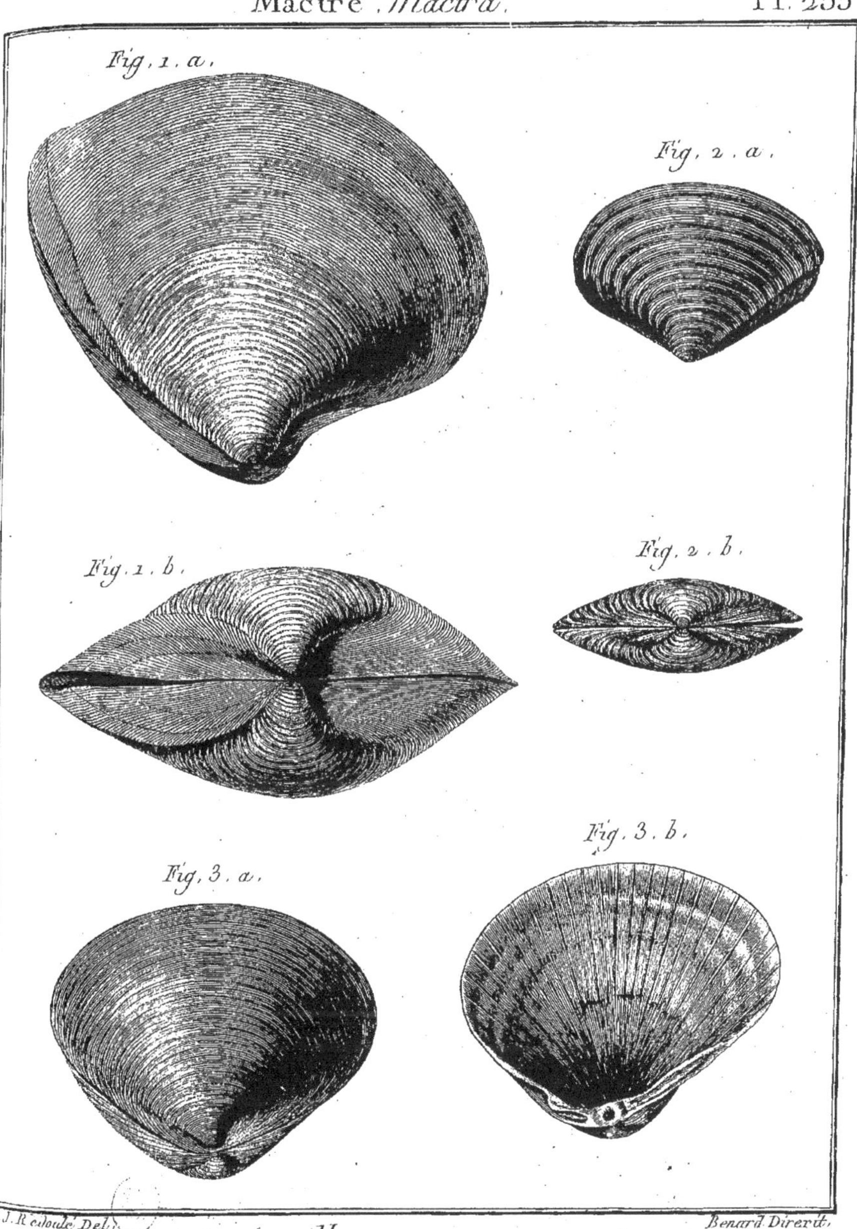

H. J. Redouté Del. Benard Direxit.

Histoire Naturelle, Vers Testacés à Coquille Bivalve regulière.

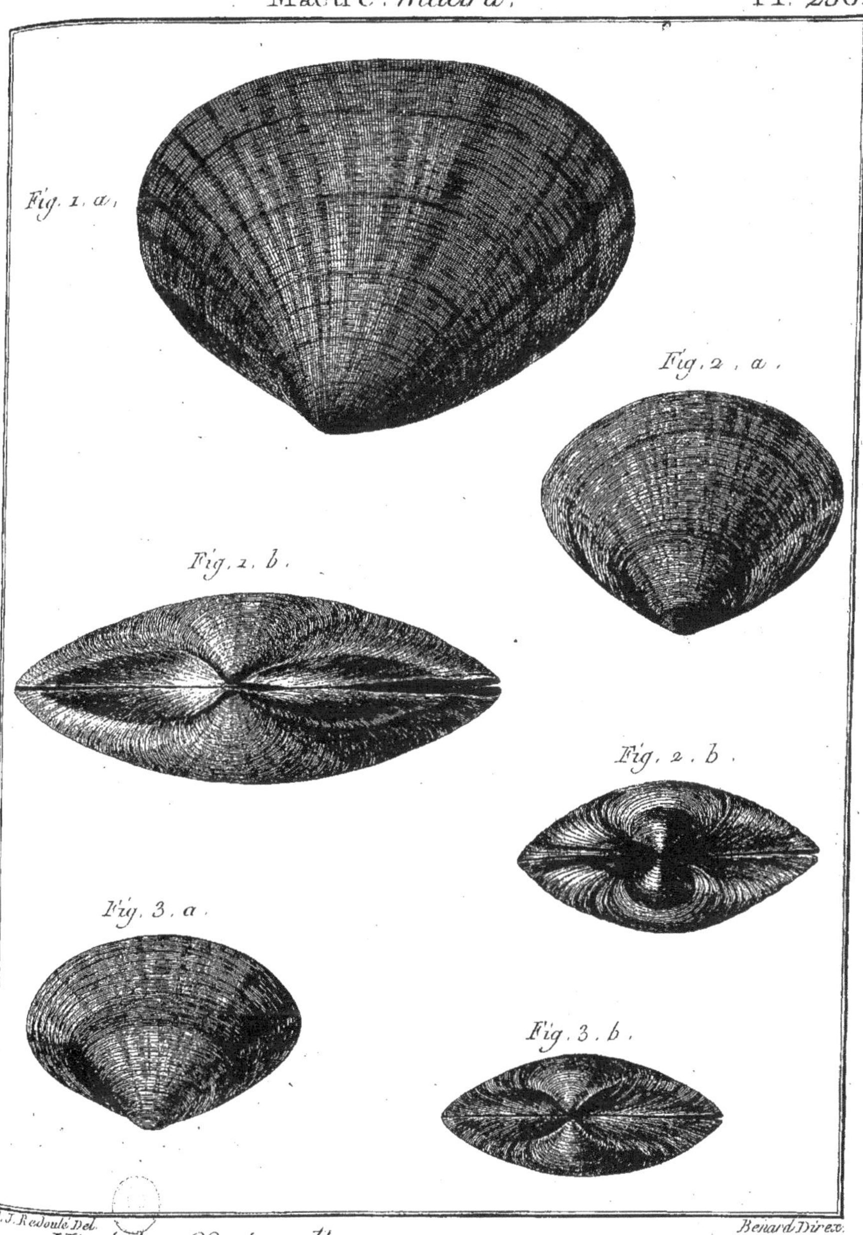

H. J. Redouté Del. Benard Direx.

Histoire Naturelle, *Vers Testacés à Coquille Bivalve régulière*. 139.

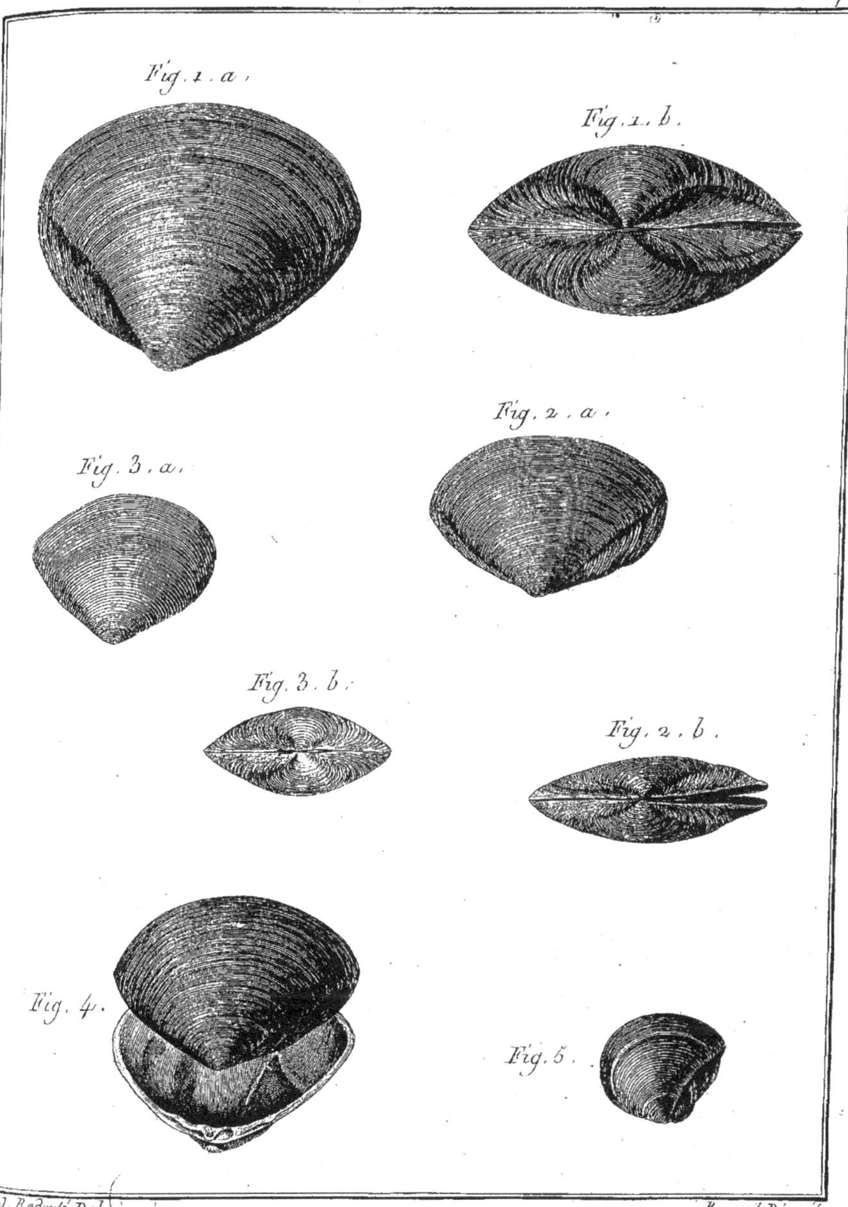

H. J. Redouté Del. Benard Direxit.

Histoire Naturelle, *Vers Testacés à Coquille Bivalve régulière.*

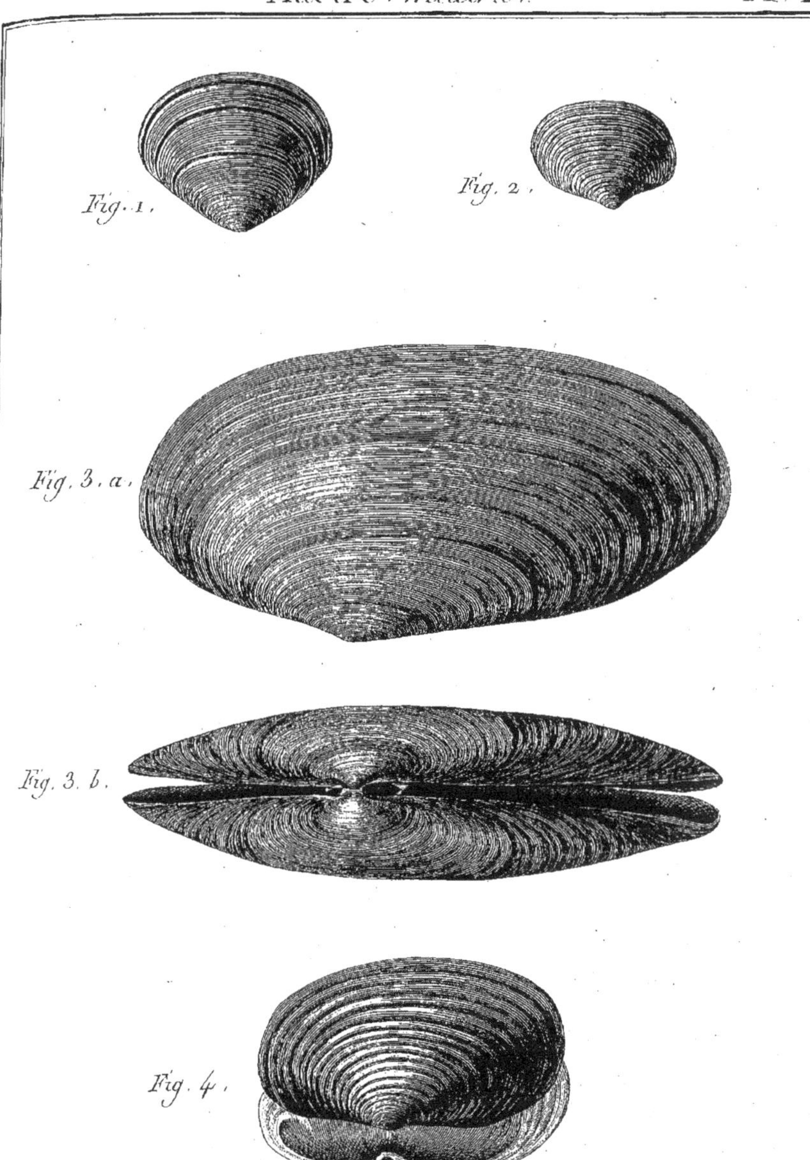

H. J. Redouté Del. Benard Direxit

Mactre. *Mactra.* Pl. 259.

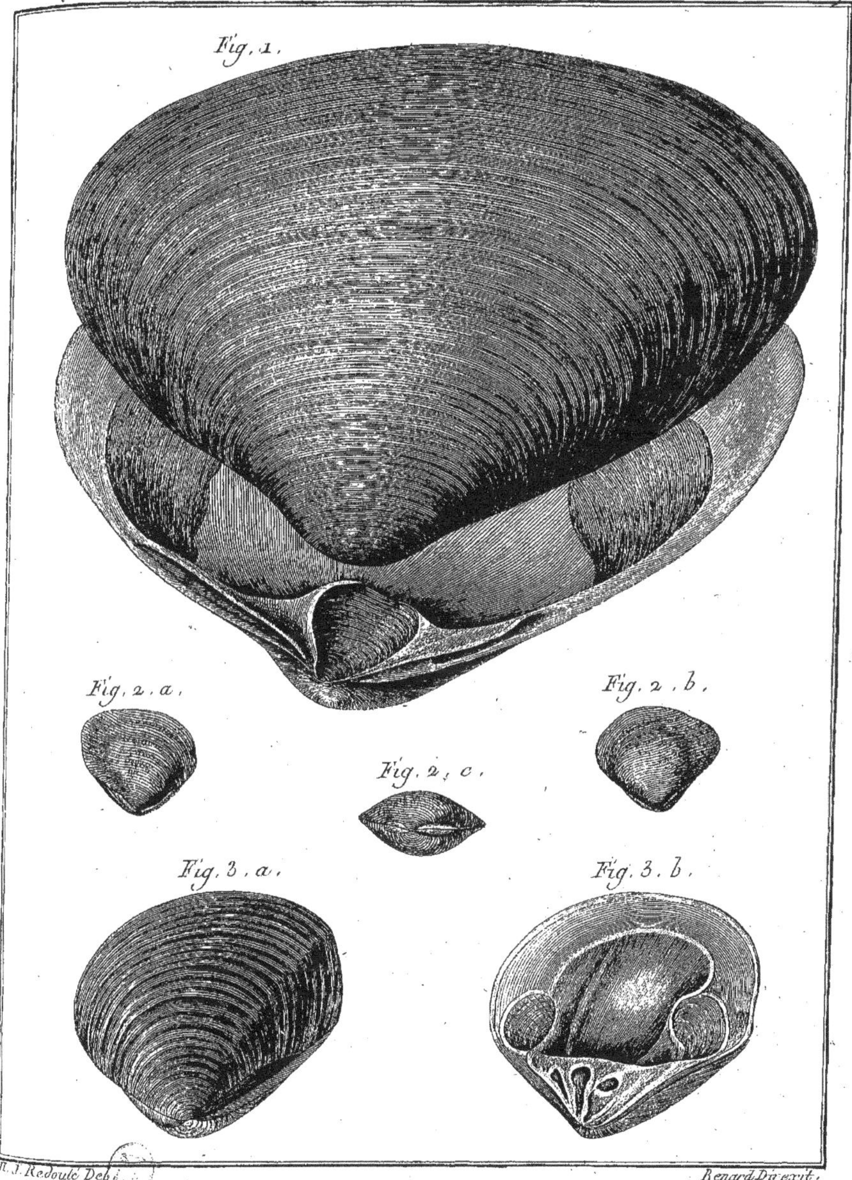

R. J. Redouté Del. Benard Direxit.

Histoire Naturelle, Vers Testacés à Coquille Bivalve régulière.

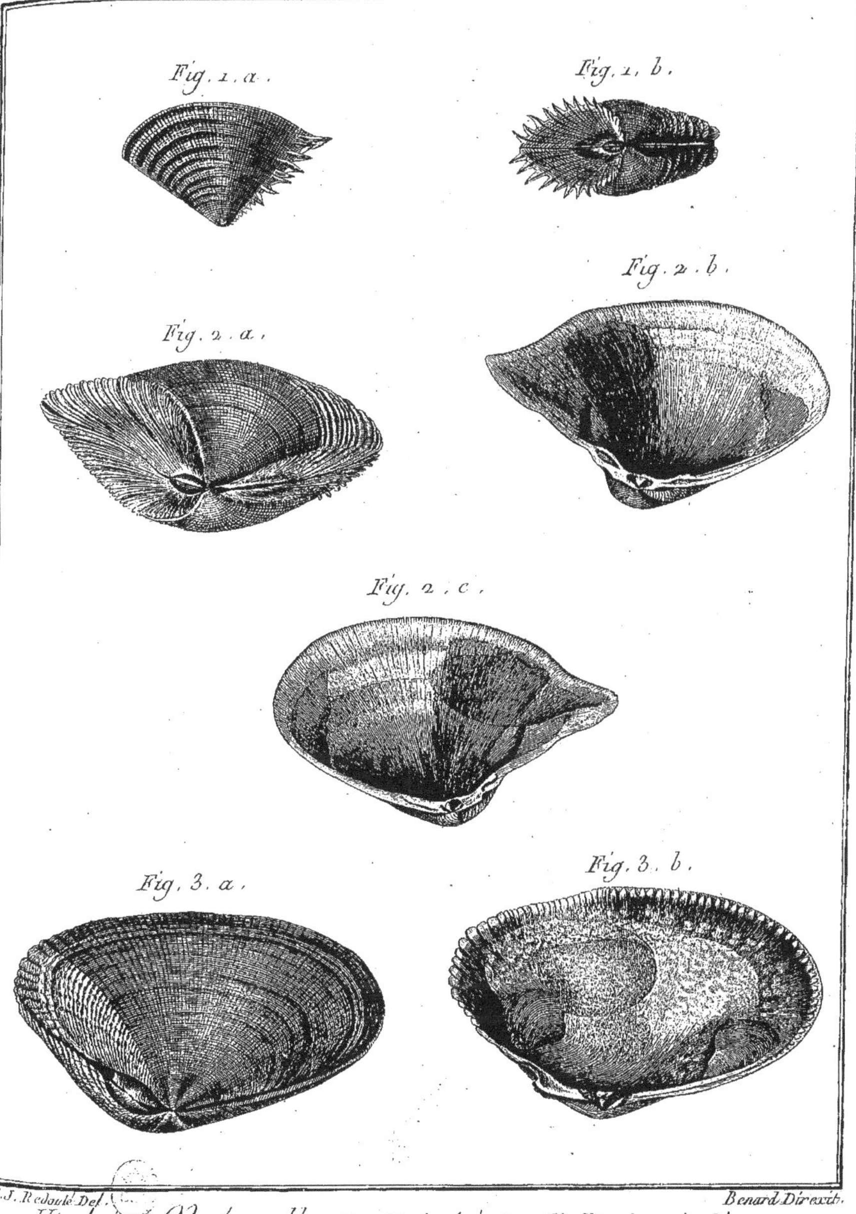

H. J. Redouté Del. Benard Direxit.

Histoire Naturelle, Vers Testacés à Coquille Bivalve régulière.

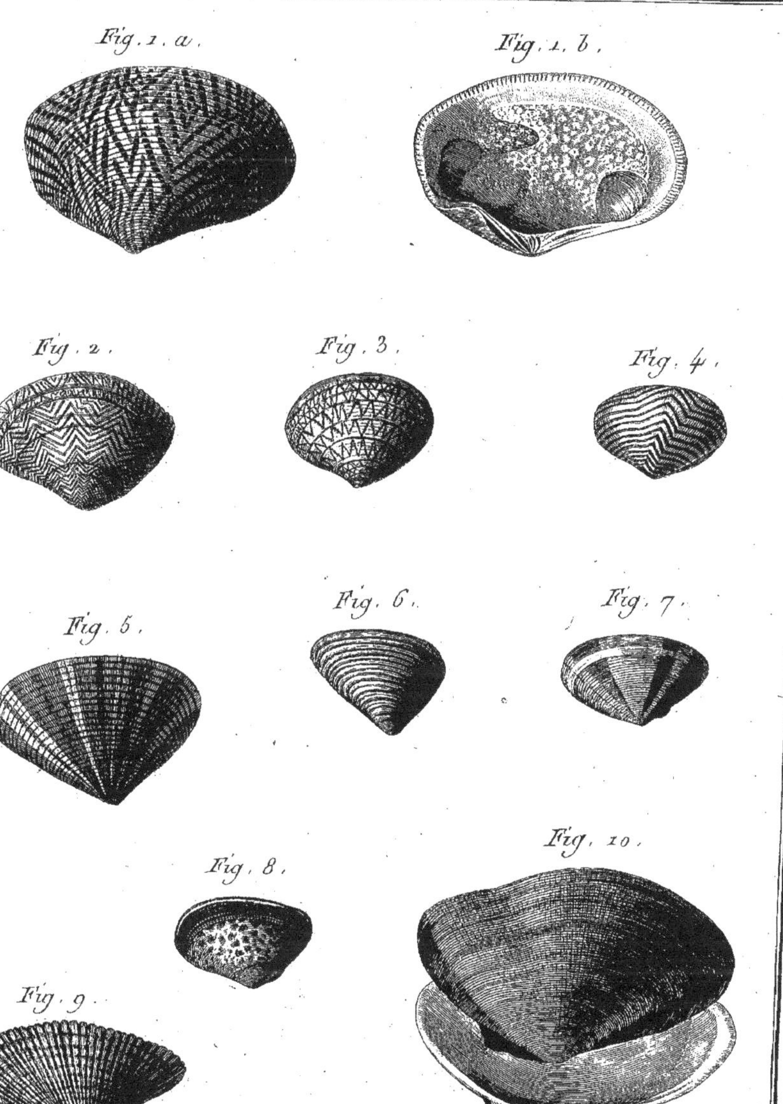

H. J. Redouté Del. Benard Direxit.

Histoire Naturelle, Vers Testacés à Coquille Bivalve régulière.

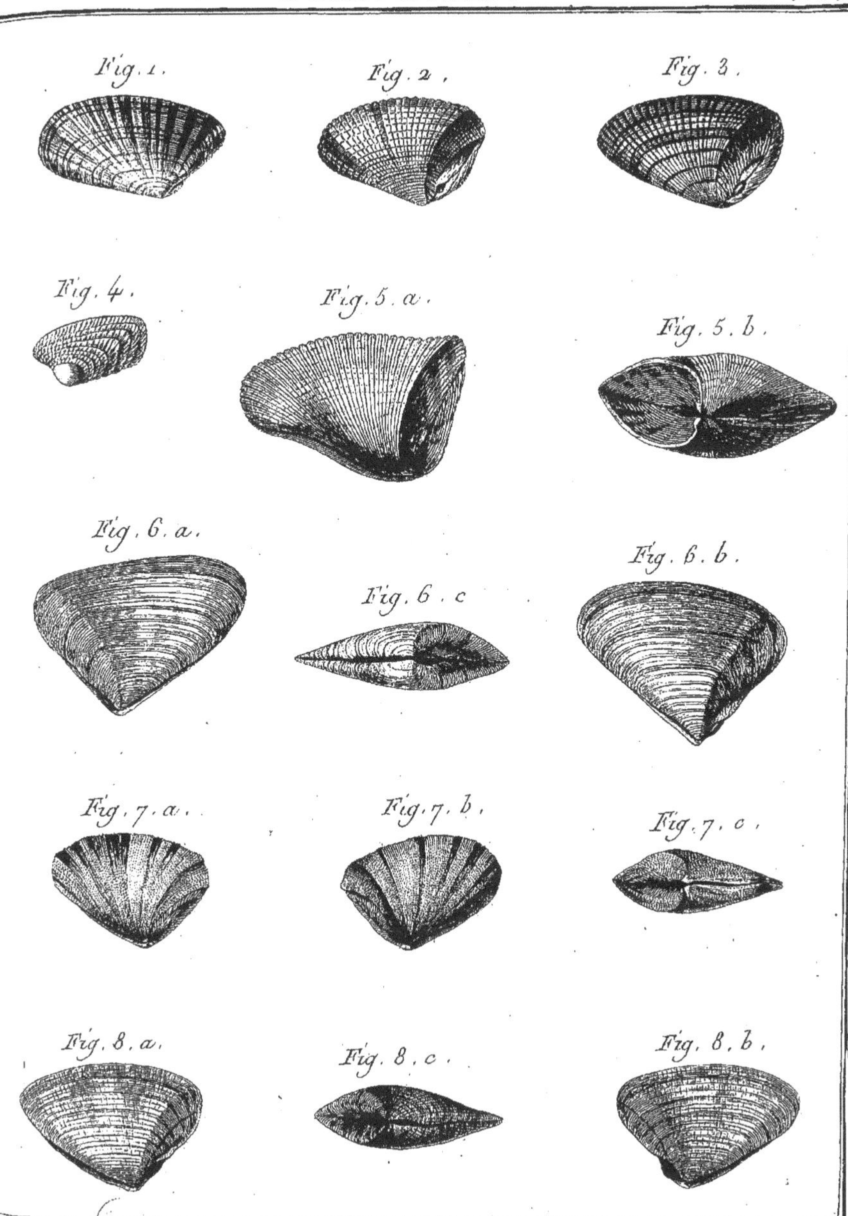

H. J. Redouté Del. Benard Direxit.

Histoire Naturelle, Vers Testacés à Coquille Bivalve régulière

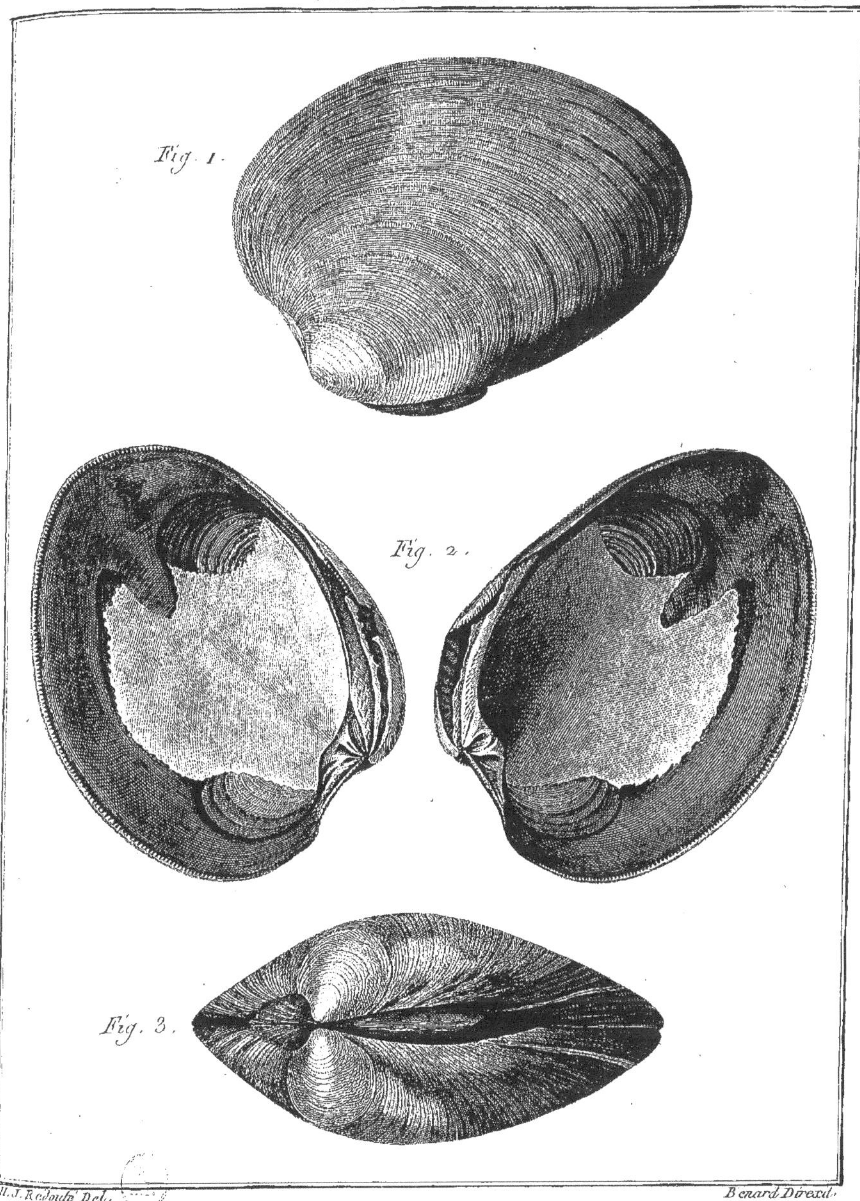

H. J. Redouté Del. Benard Direxit.

Histoire Naturelle, *Vers Testacés à Coquille Bivalve régulière.*

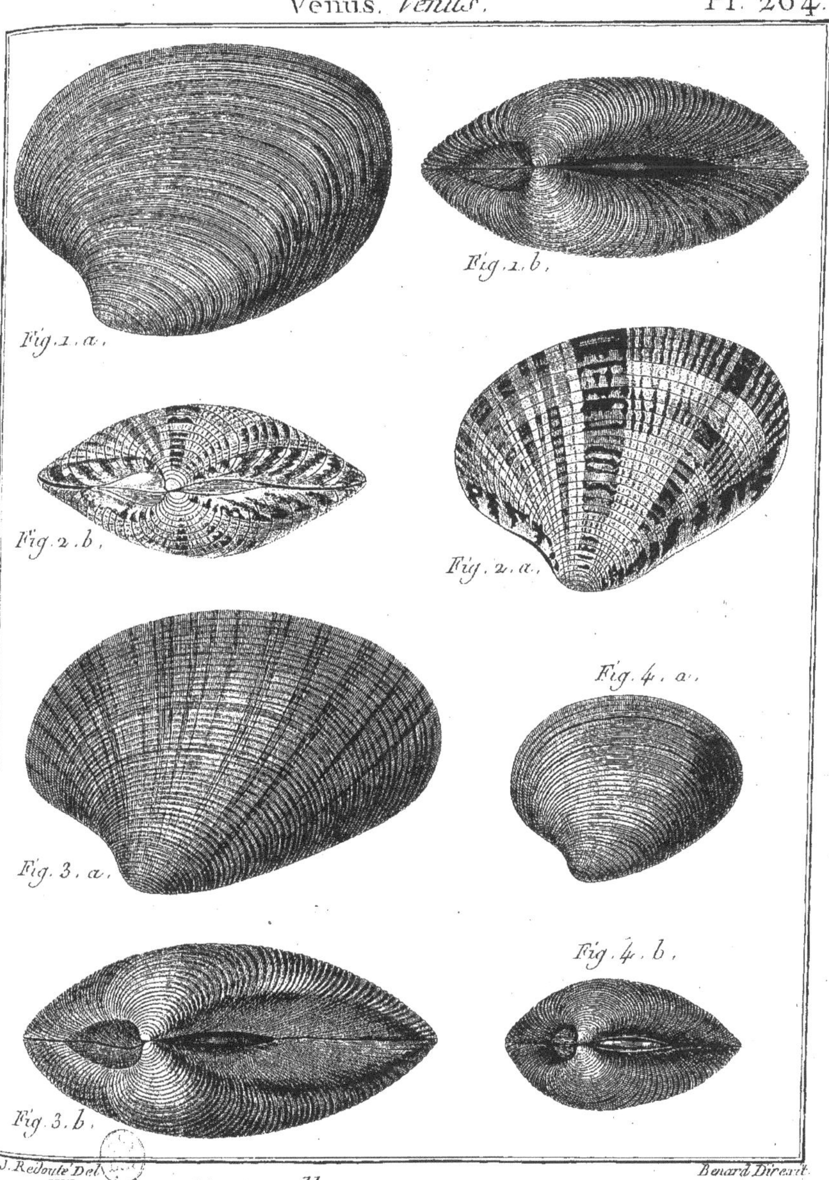

H. J. Redouté Del. Benard Direxit.

Histoire Naturelle, Vers Testacés à Coquille Bivalve régulière.

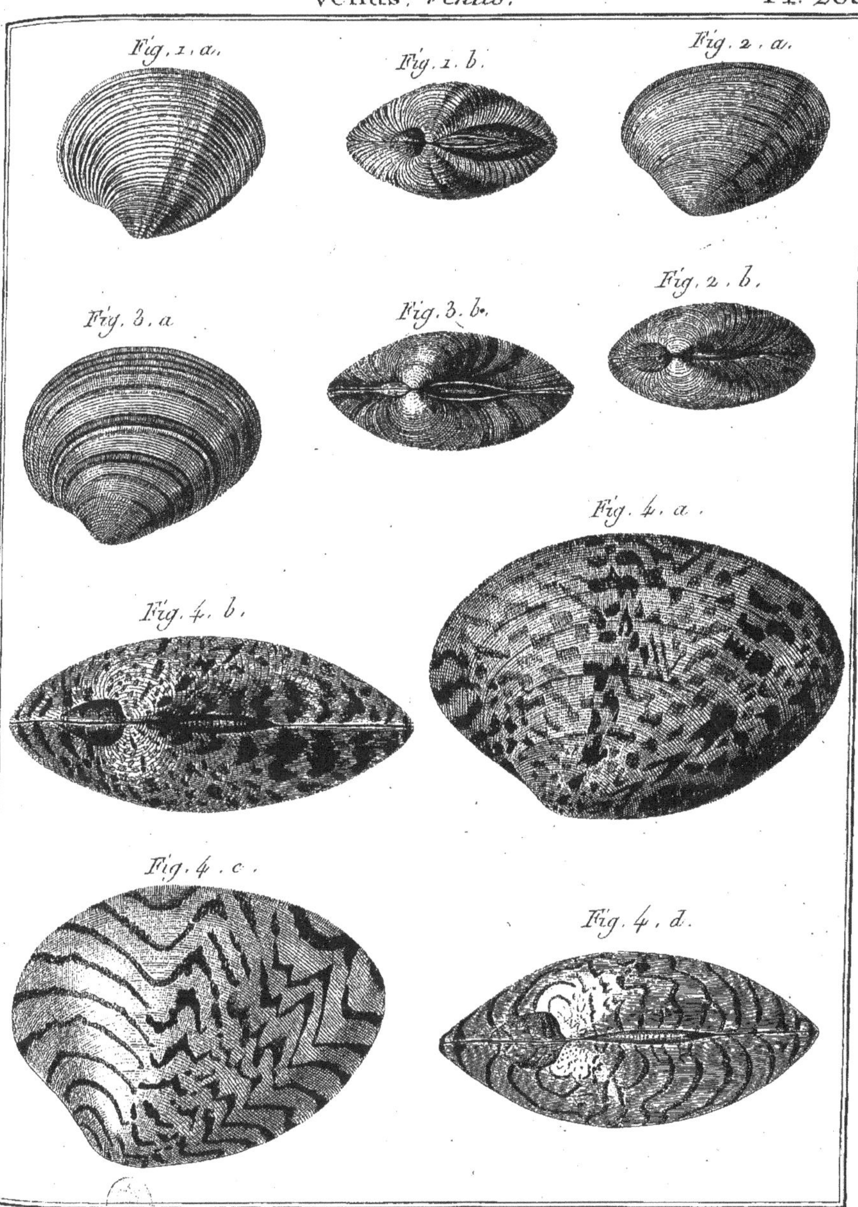

H. J. Redouté Del. Benard Direxit.

Histoire Naturelle, Vers Testacés à Coquille Bivalve régulière.

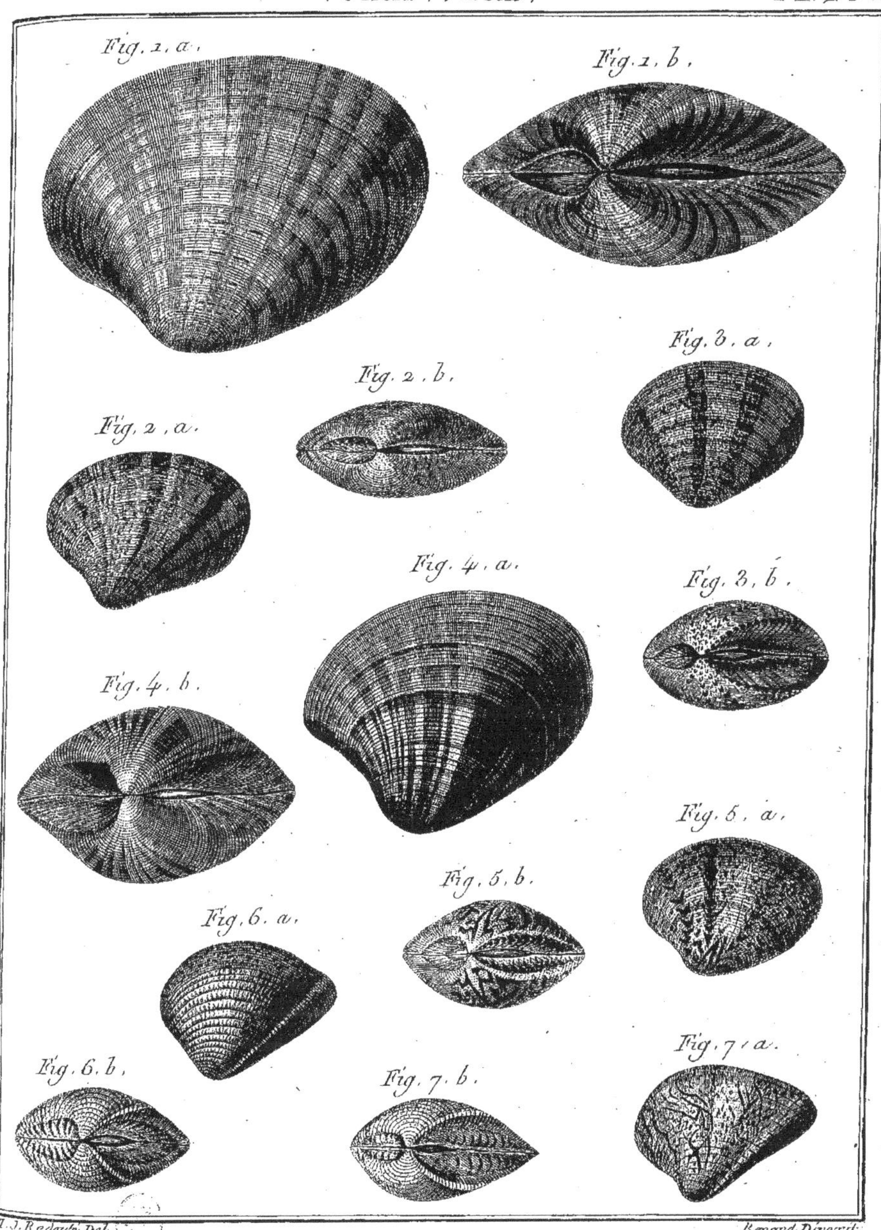

H. J. Redouté Del. Benard Direxit.

Histoire Naturelle, *Vers Testacés à Coquille Bivalve régulière*. 144.

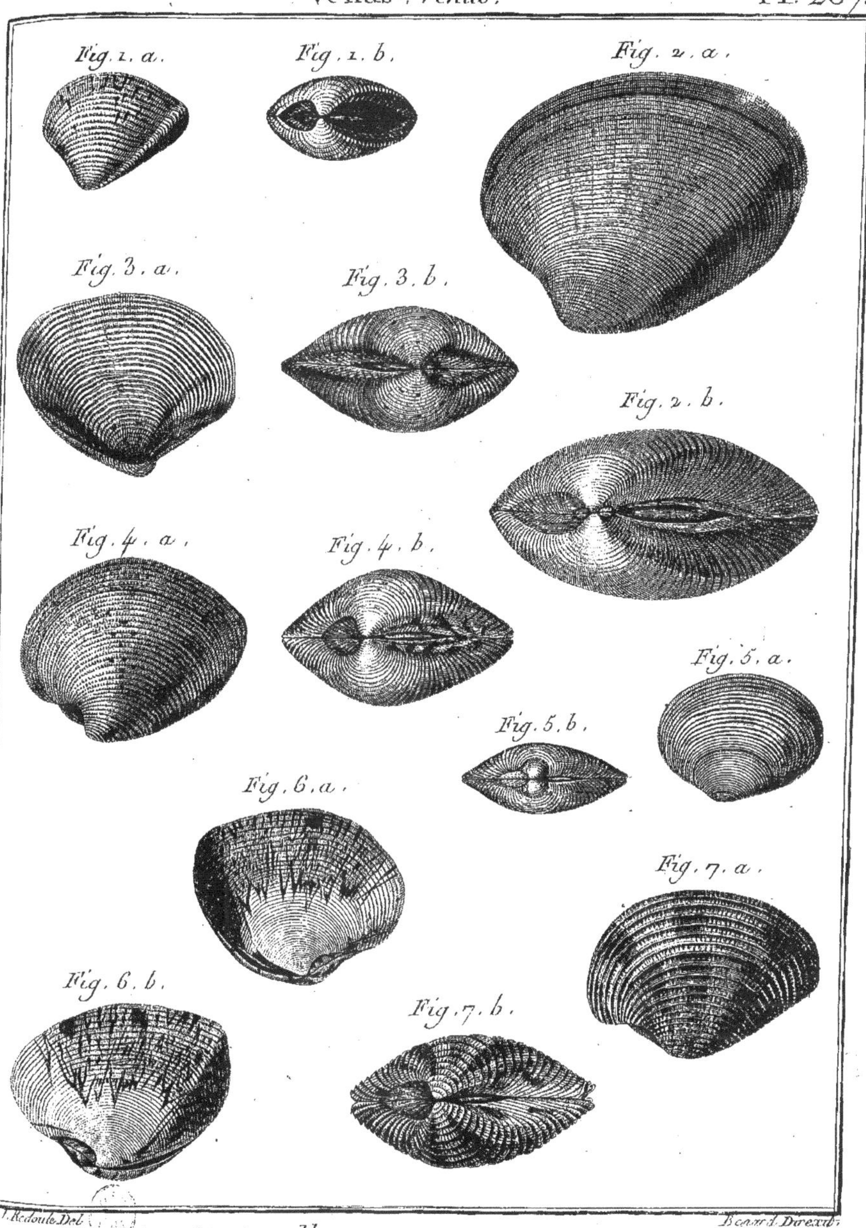

H. J. Redouté Del. Benard Direxit.

Histoire Naturelle, *Vers Testacés à Coquille Bivalve régulière.*

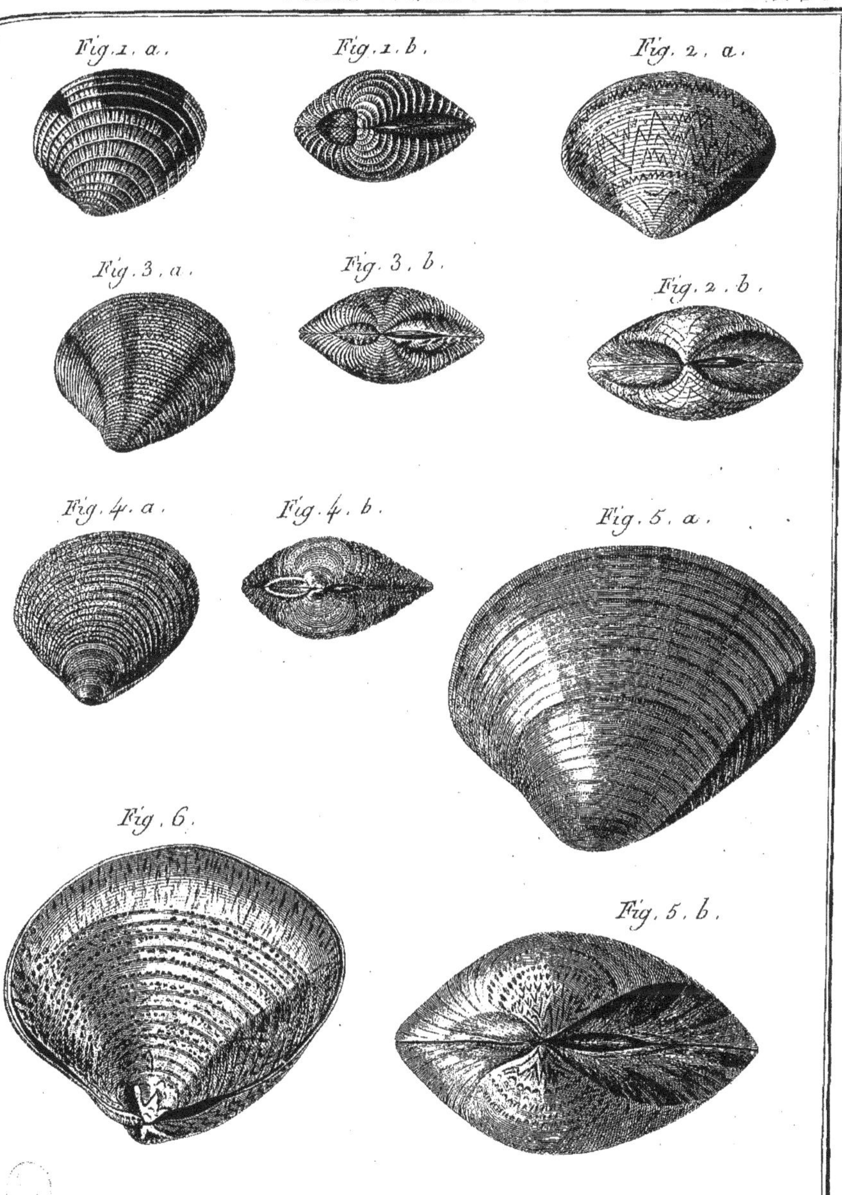

Benard Direxit.

Histoire Naturelle, Vers Testacés à Coquille Bivalve régulière.

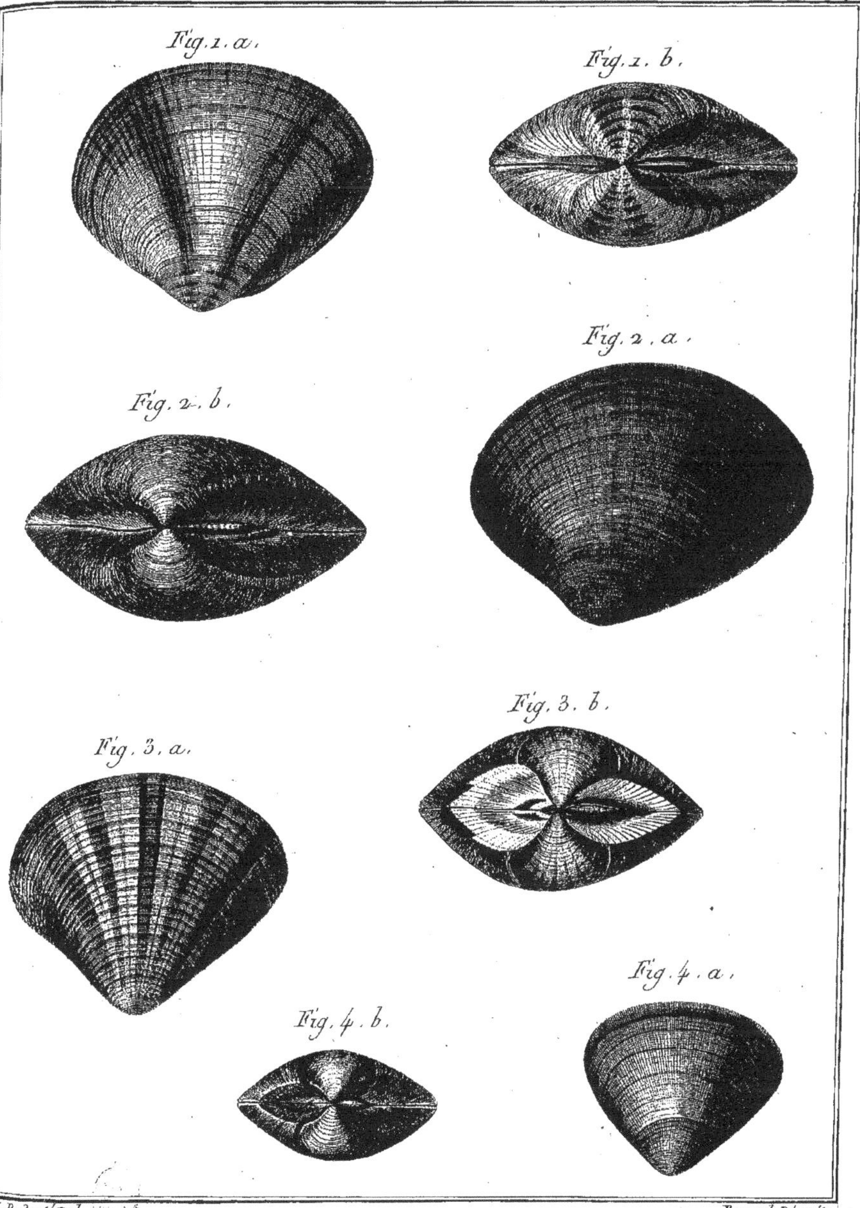

H. J. Redouté Del. Benard Direxit

Histoire Naturelle, *Vers Testacés à Coquille Bivalve régulière.*

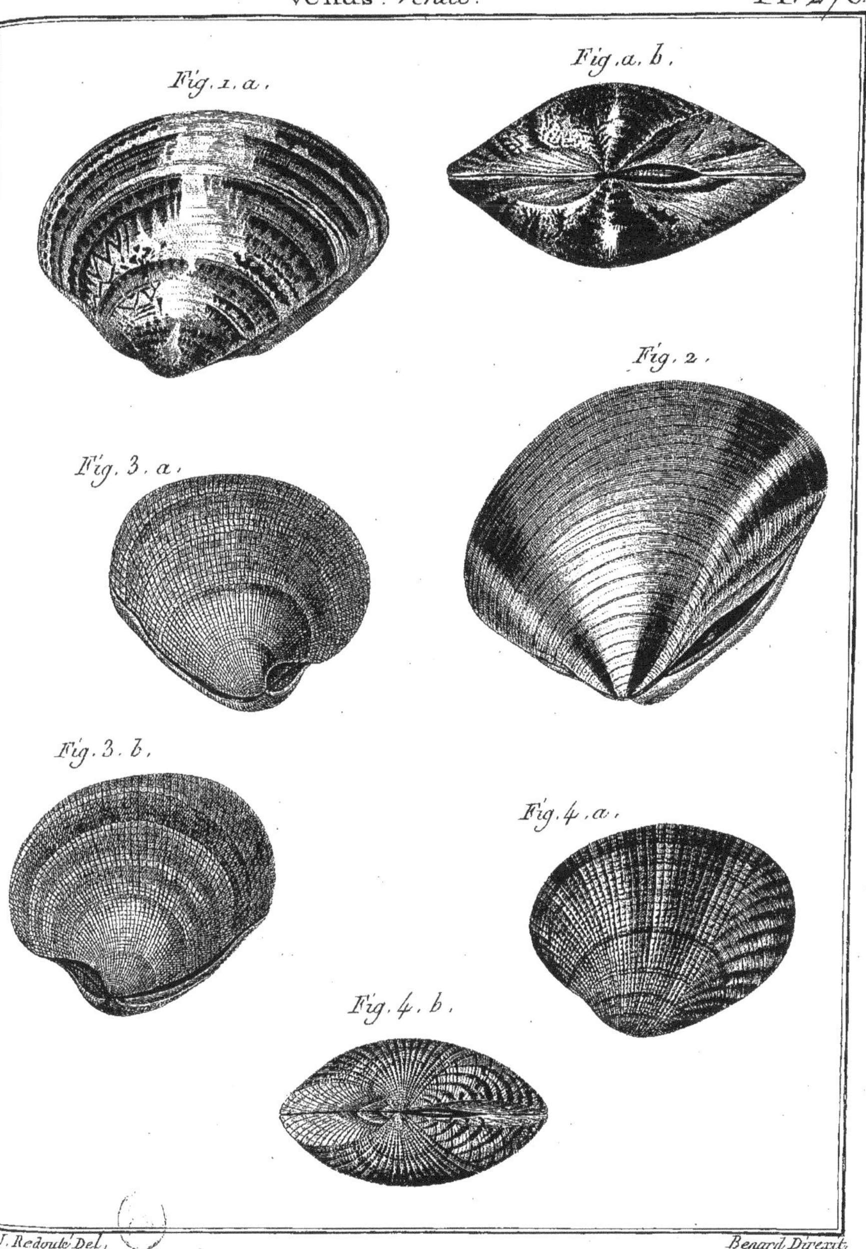

H. J. Redouté Del. Benard Direxit.

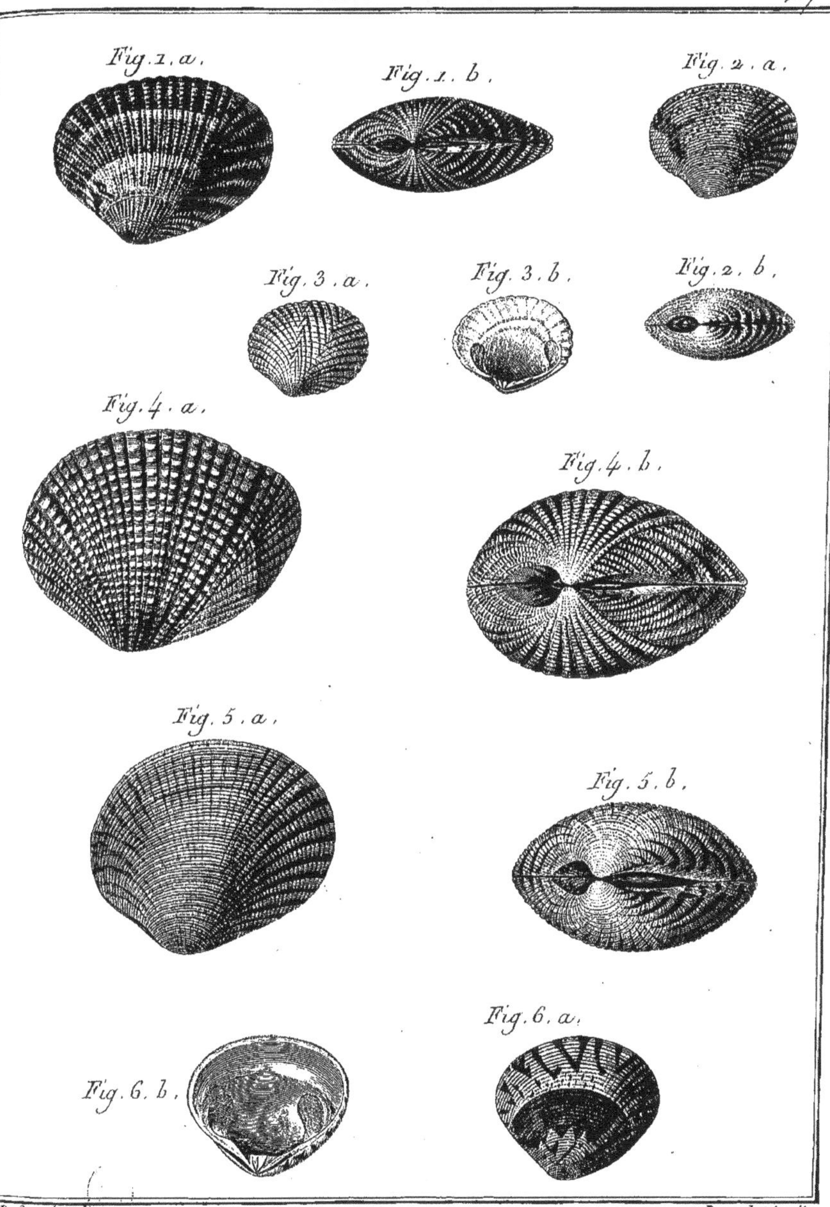

H. J. Redouté Del. — Benard Direxit.

Histoire Naturelle, Vers Testacés à Coquille Bivalve régulière.

Venus, *Venus*. Pl. 272.

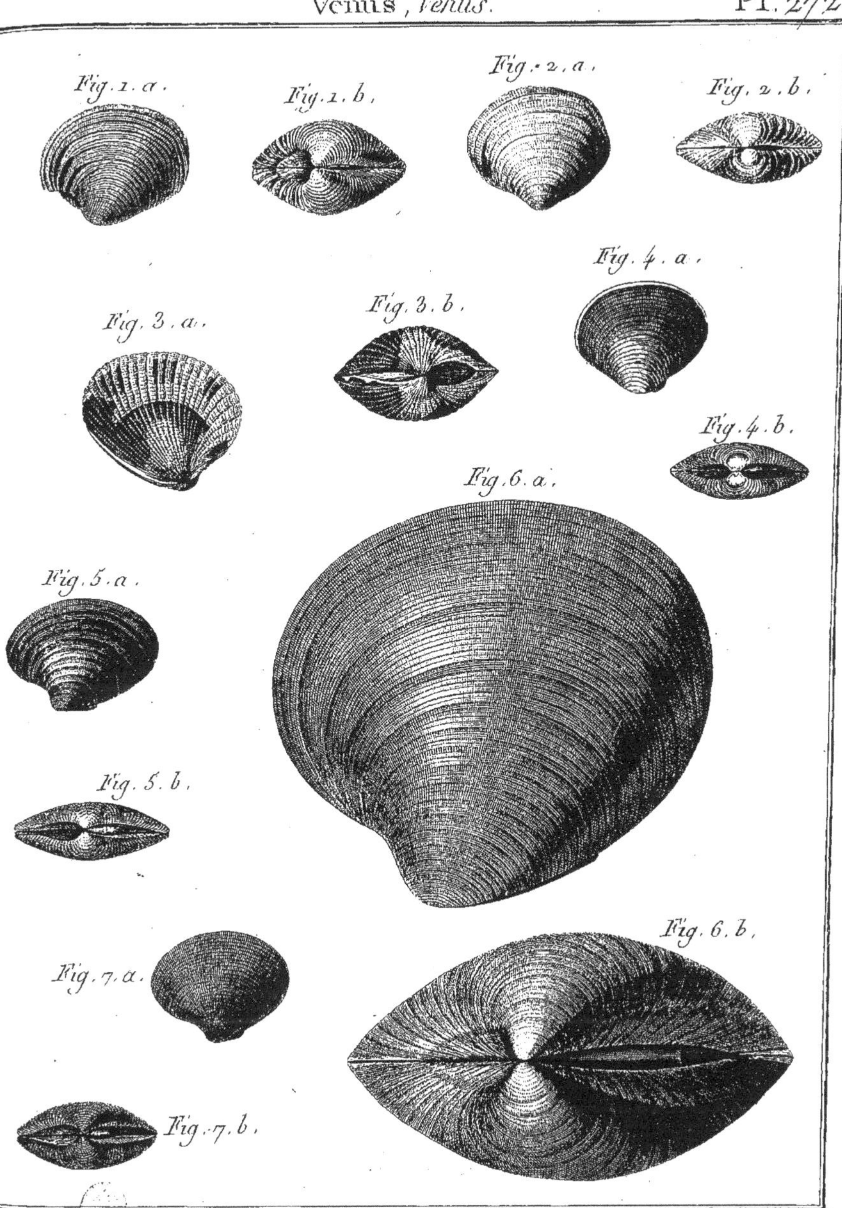

J. Redouté Del. Benard Direxit.

Histoire Naturelle, *Vers Testacés à Coquille Bivalve régulière*. 147.

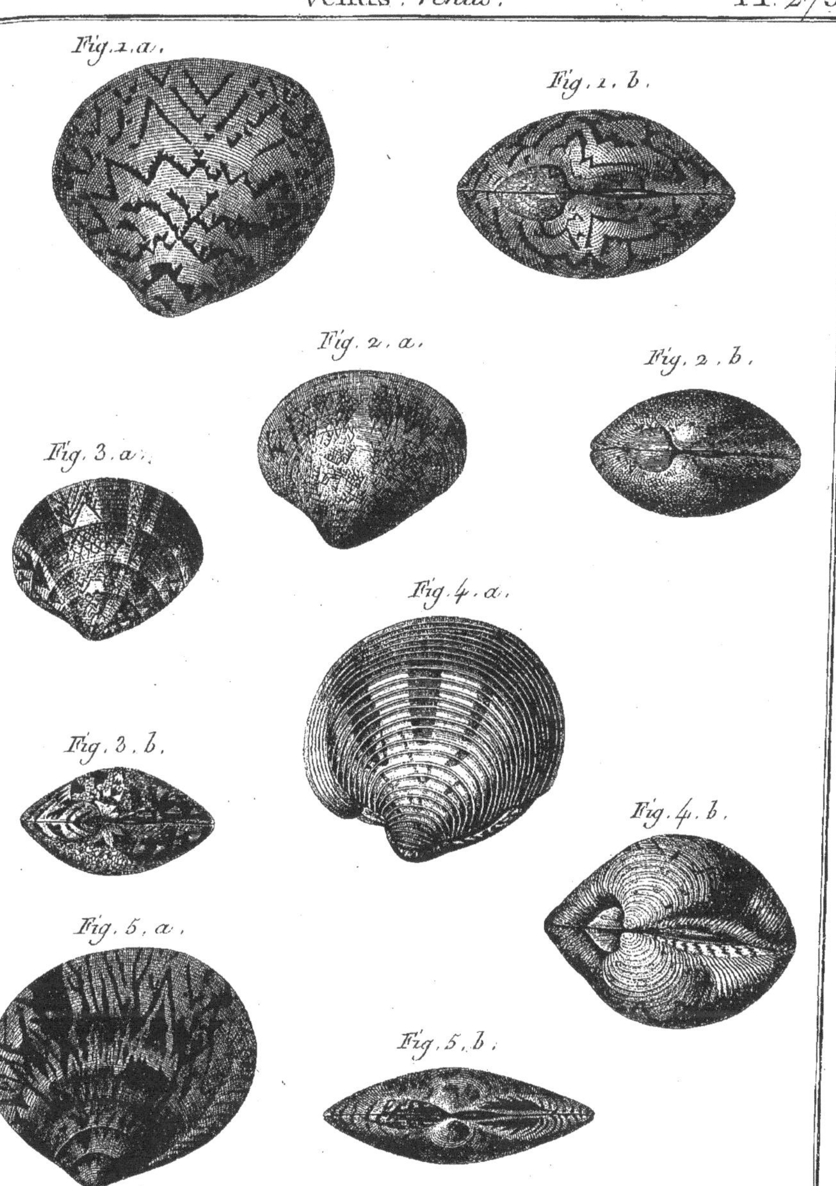

Benard Direxit.

Histoire Naturelle, *Vers Testacés à Coquille Bivalve régulière.*

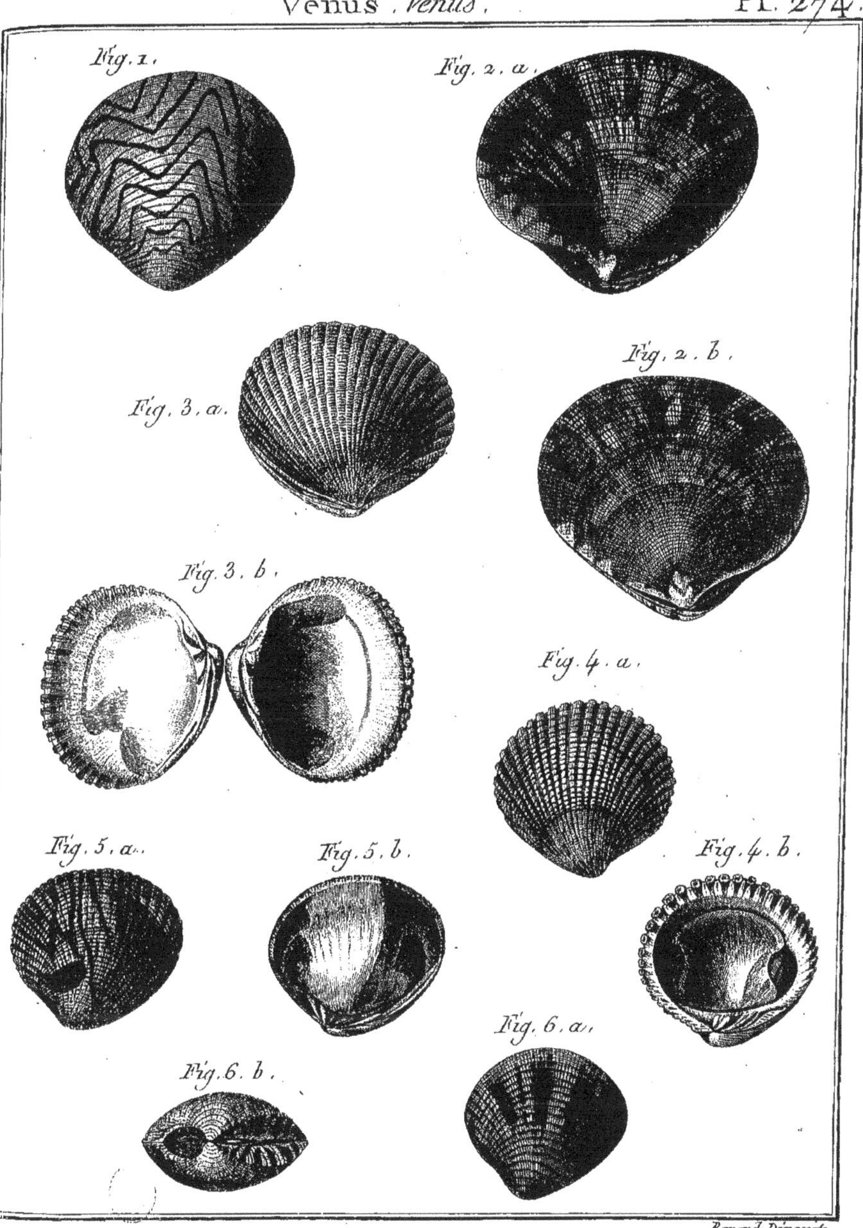

Benard Direxit.

Histoire Naturelle, Vers Testacés à Coquille Bivalve régulière. 148.

Venus . *Venus.* Pl. 275.

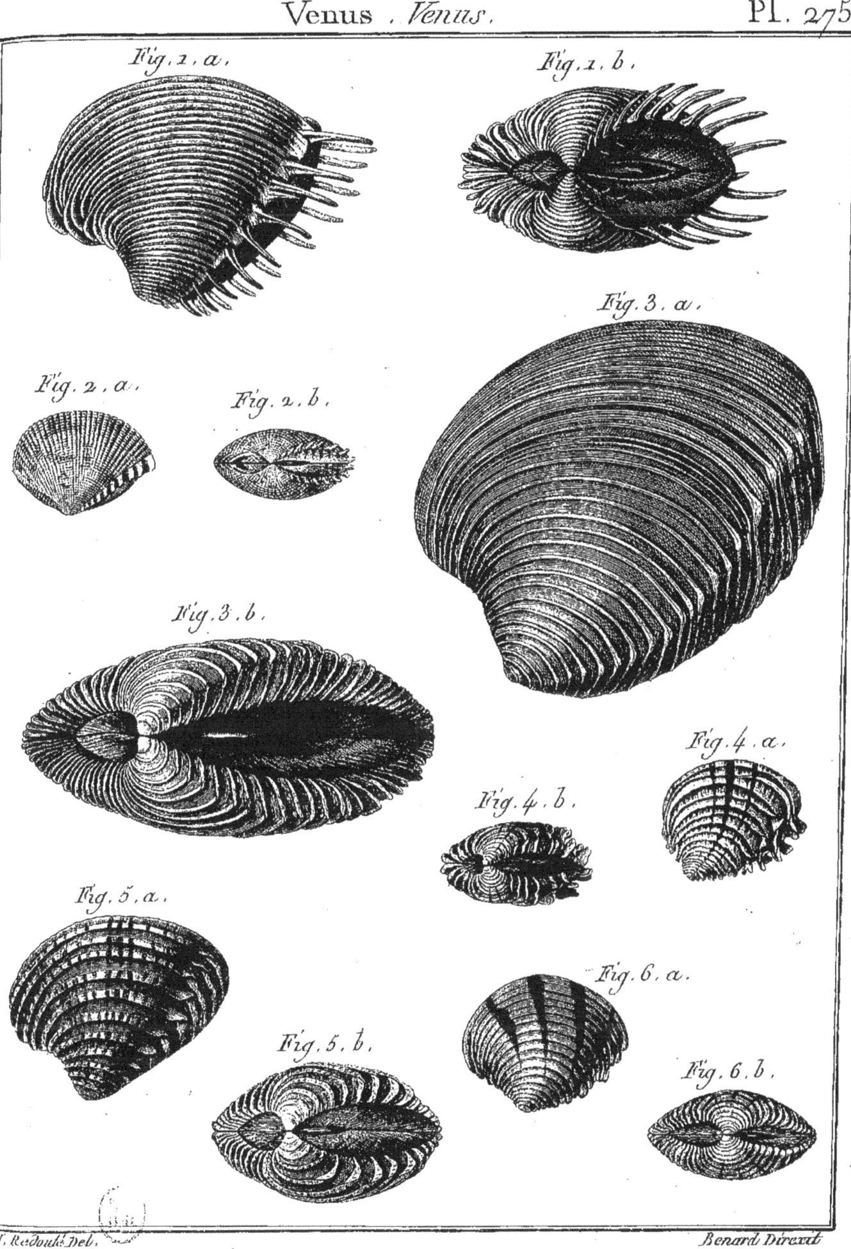

J. Redouté Del. Benard Direxit

Histoire Naturelle, Vers Testacés à Coquille Bivalve régulière.

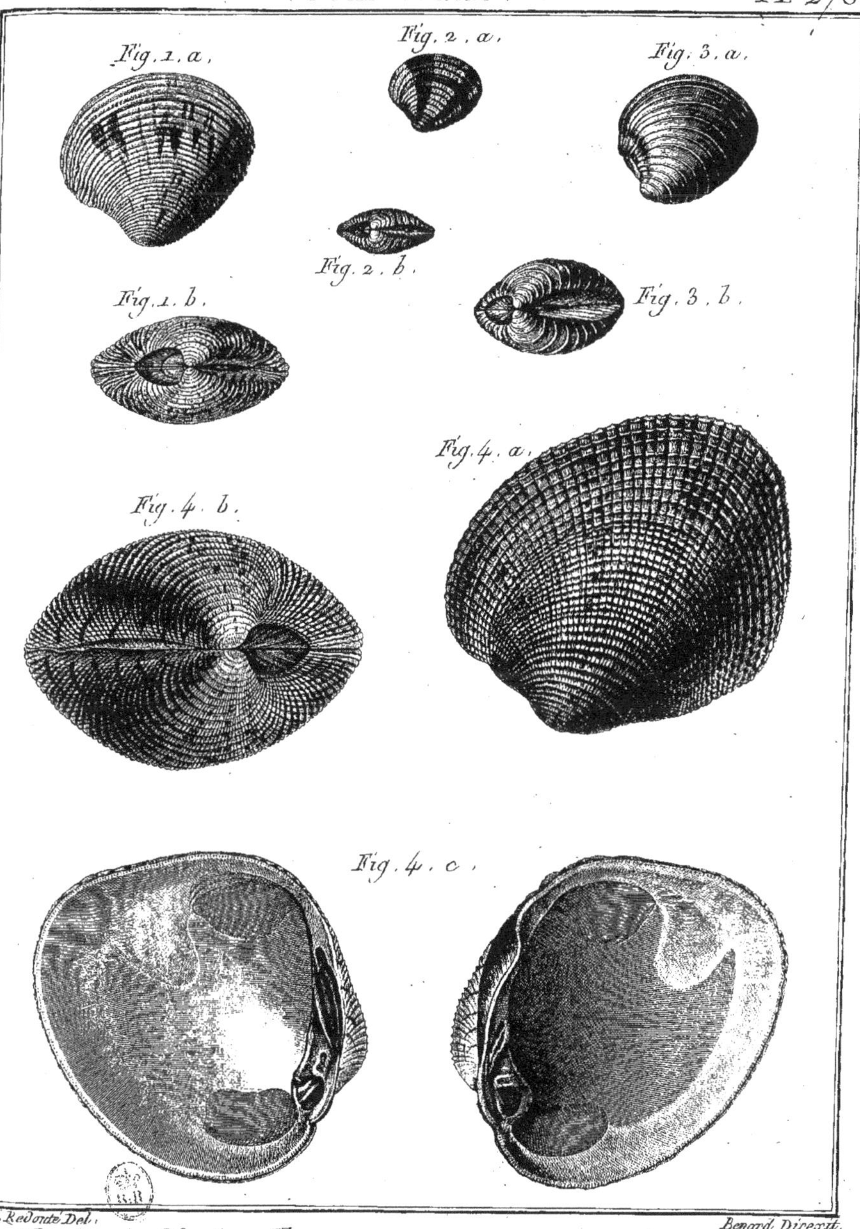

J. Redouté Del. Benard Direxit.

Histoire Naturelle, Vers Testacés à Coquille Bivalve régulière.

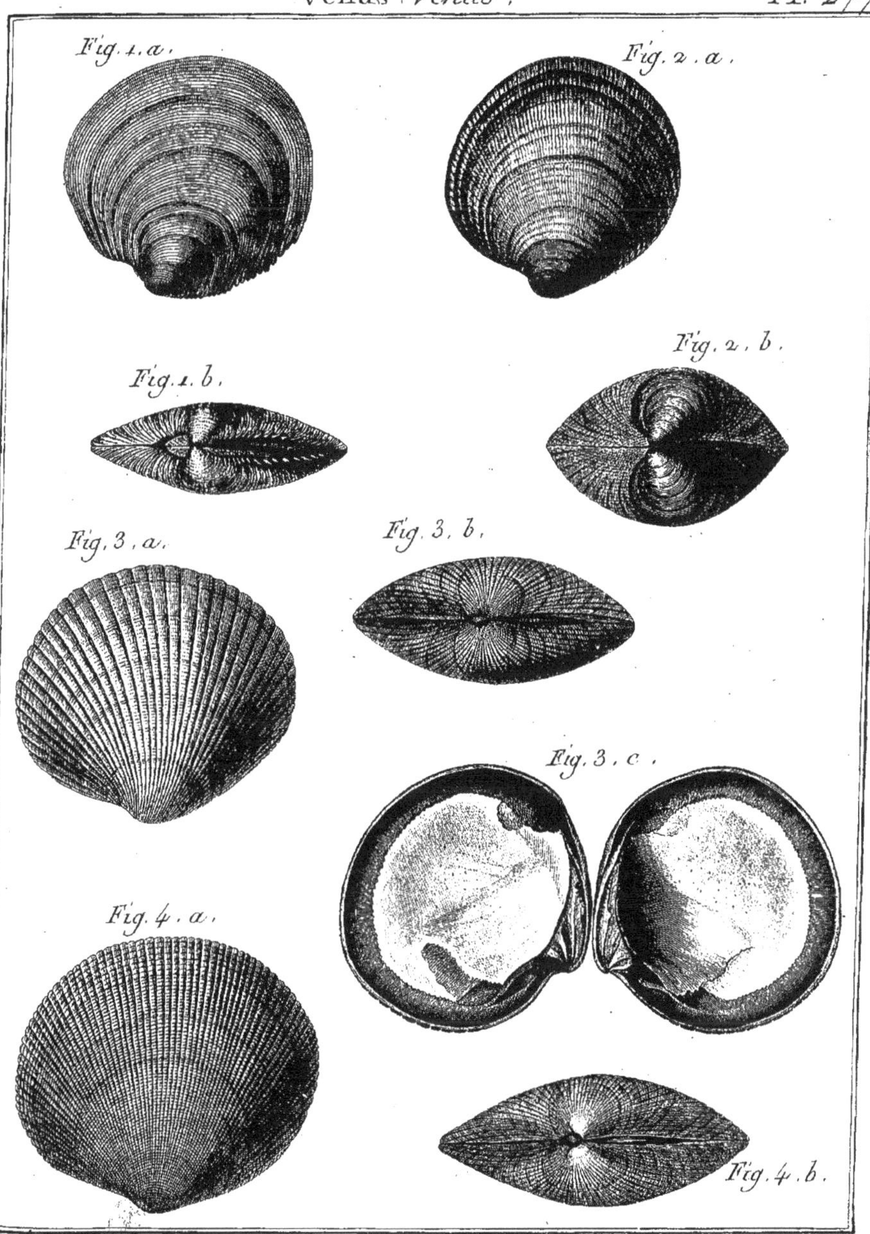

H. J. Redouté Del. Benard Direxit.

Histoire Naturelle, Vers Testacés à Coquille Bivalve régulière.

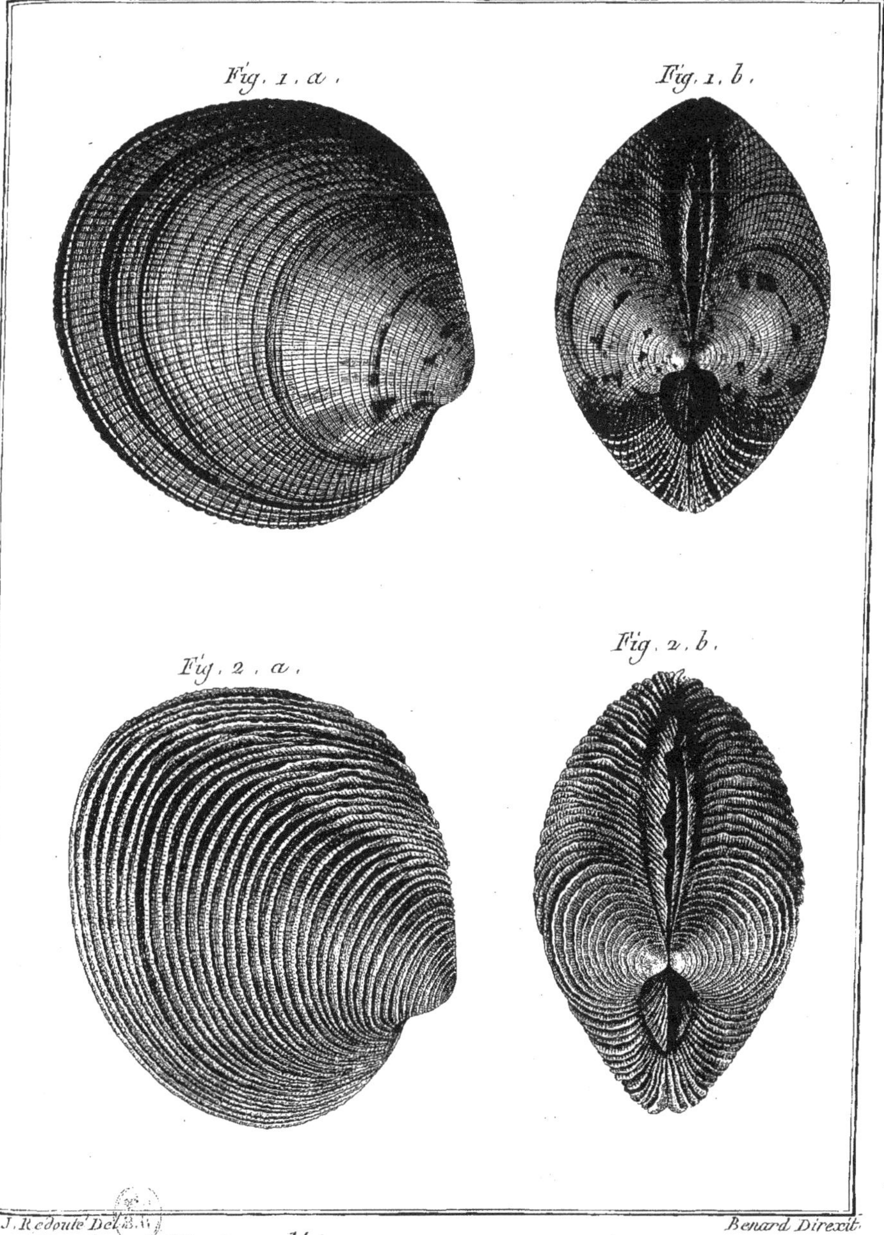

H. J. Redouté Del. Benard Direxit.

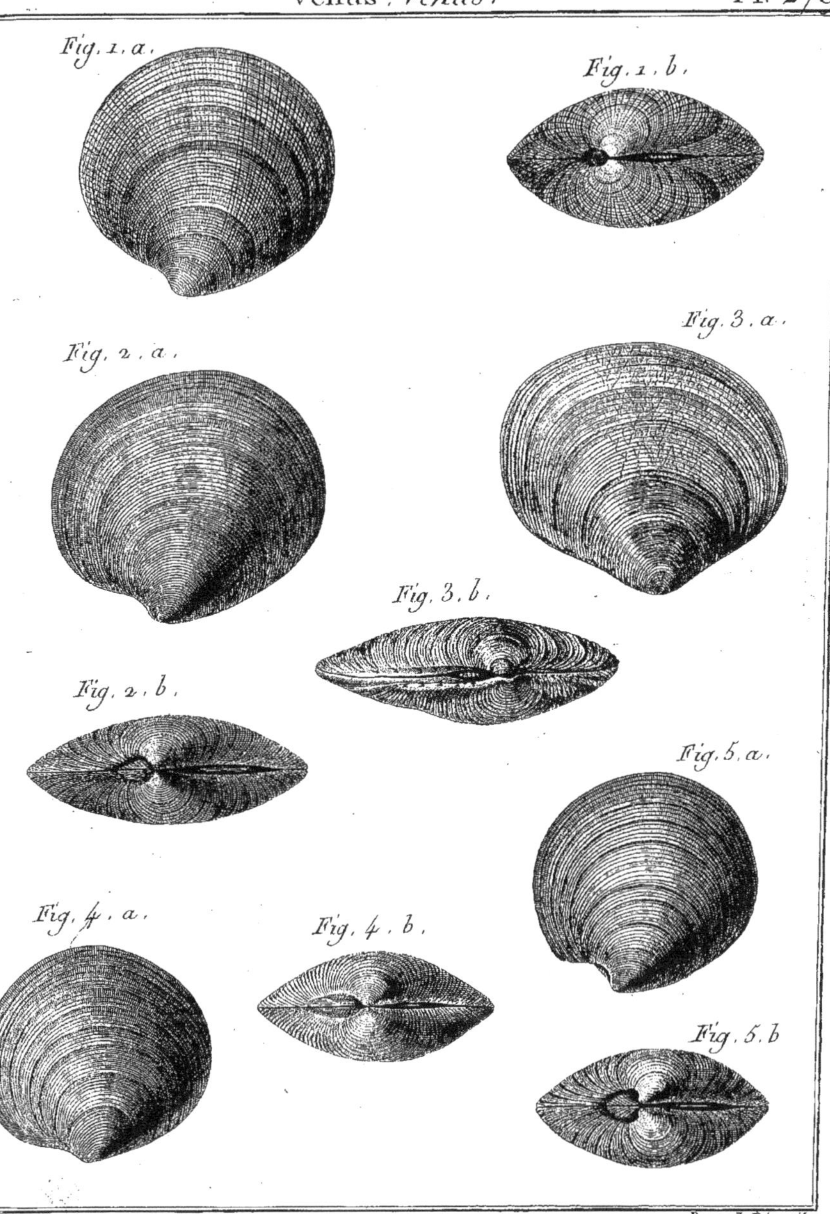

Benard Direxit.

Histoire Naturelle, Vers Testacés à Coquille Bivalve régulière.

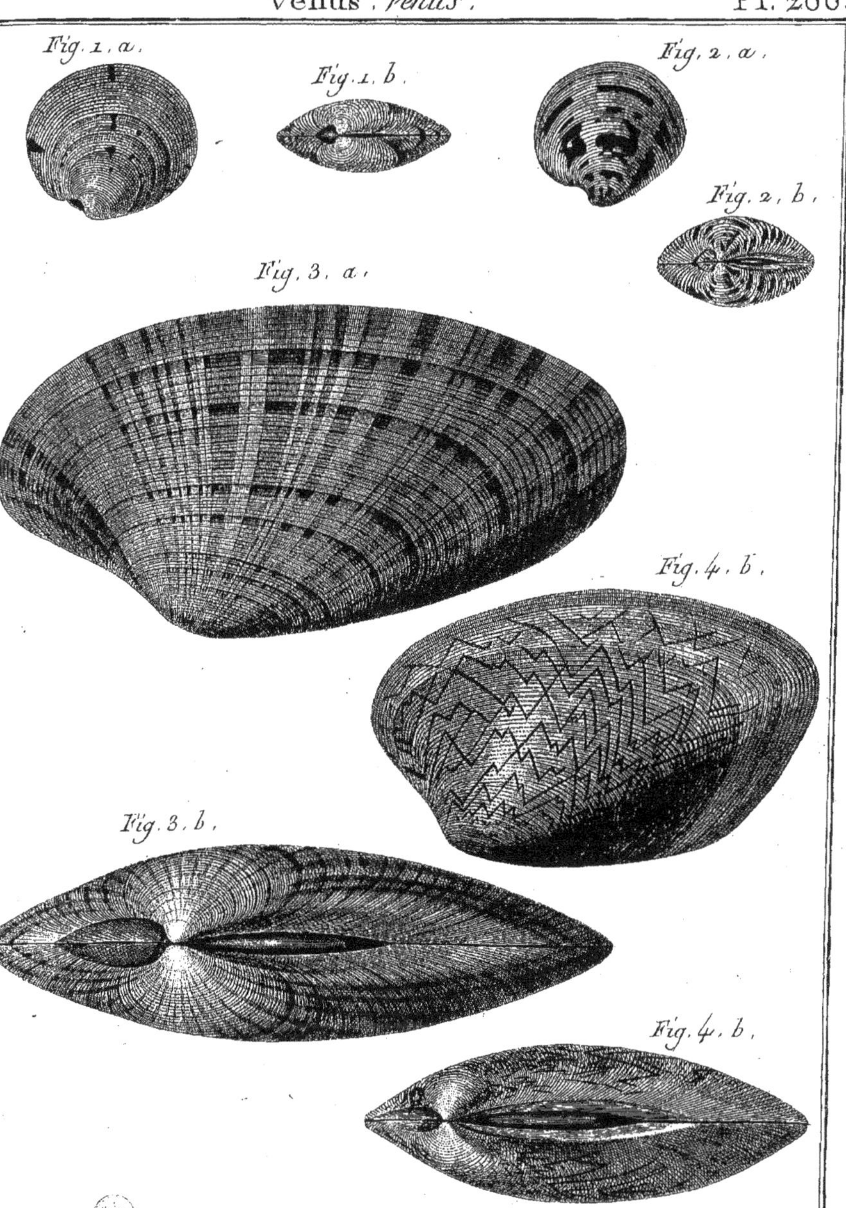

J. Redoulé Del. Benard Direxit.

Histoire Naturelle, *Vers Testacés à Coquille Bivalve régulière.*

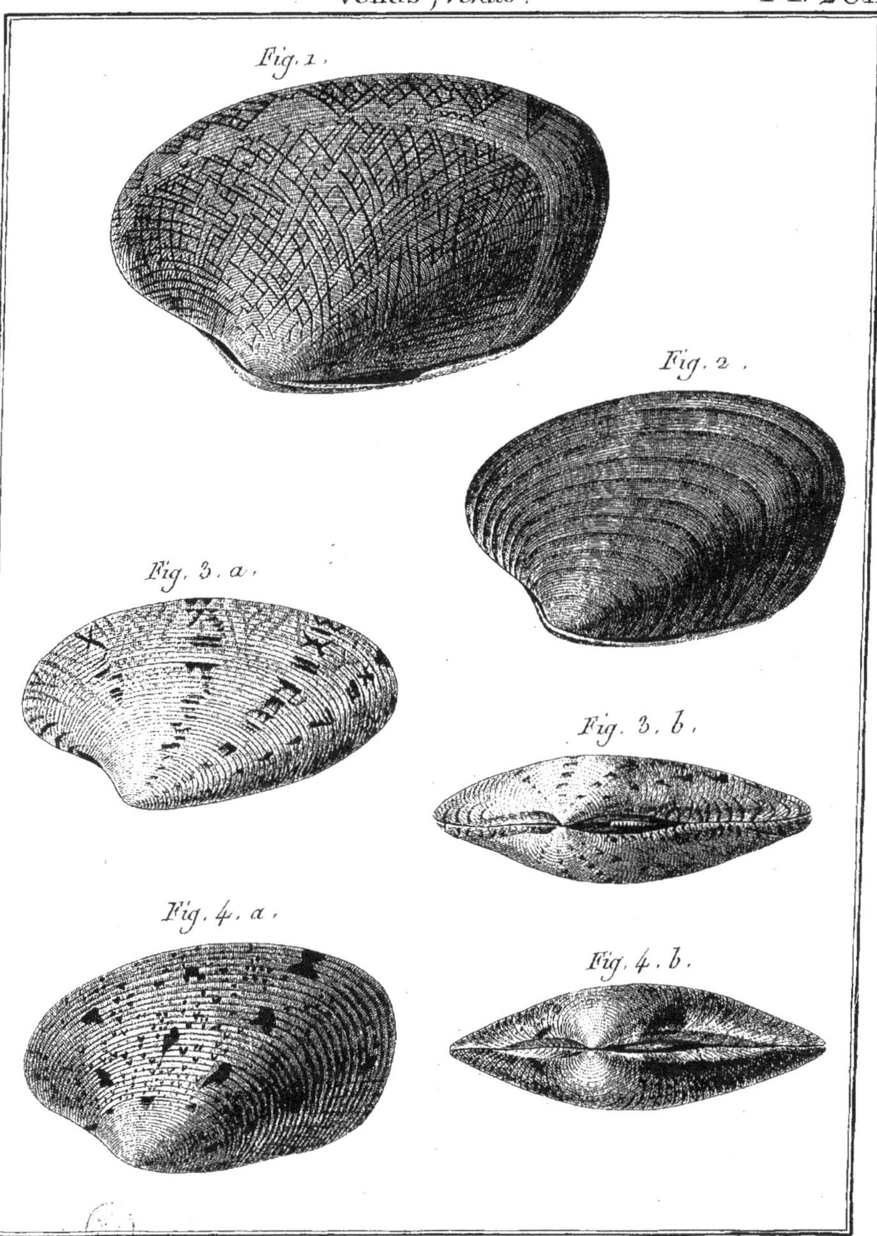

Benard Direxit.

Histoire Naturelle, Vers Testacés à Coquille Bivalve régulière.

Fig. 1. a.

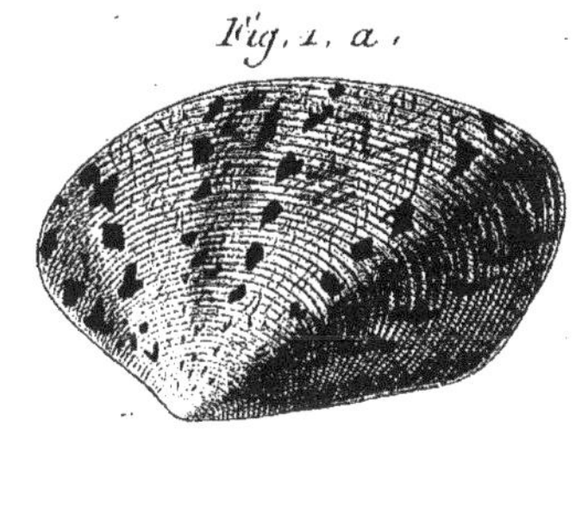

Fig. 1. b.

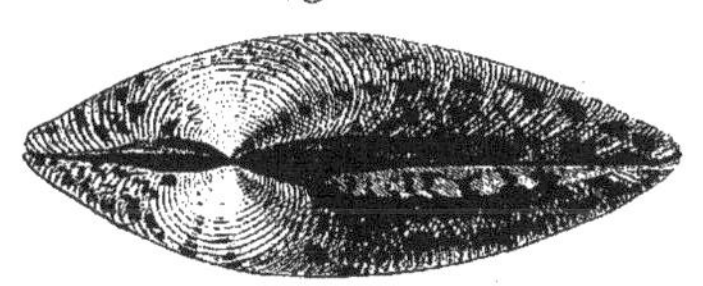

Fig. 2. a.

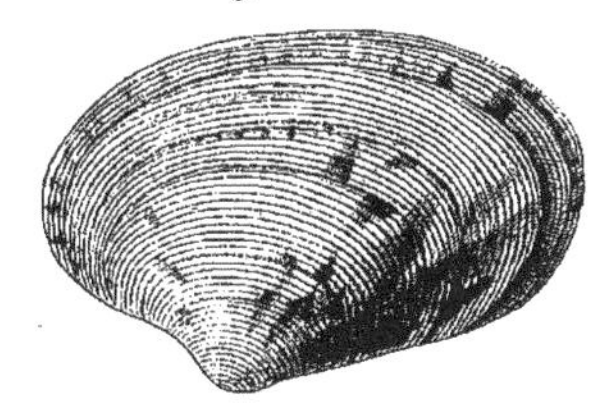

Fig. 2. b.

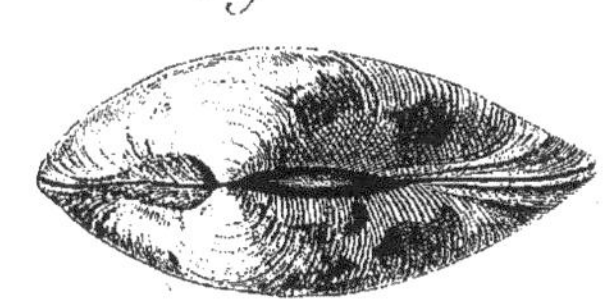

Fig. 3. b.

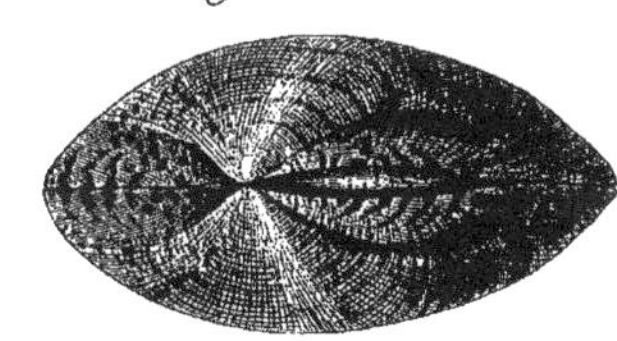

Fig. 3. a.

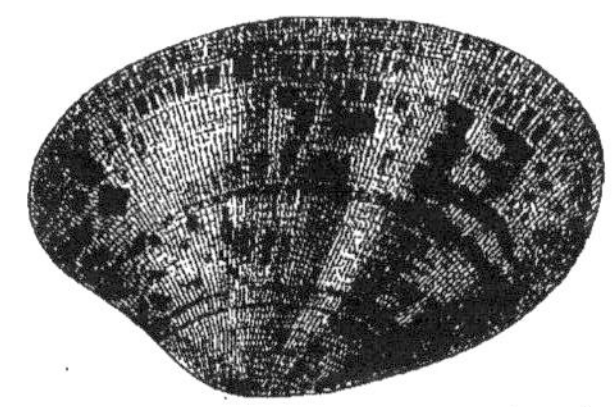

Fig. 4. a.

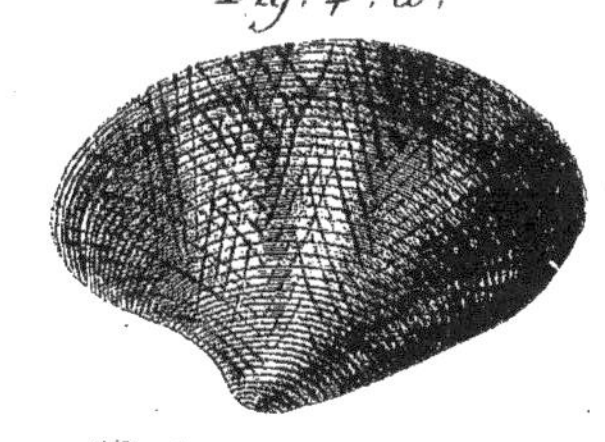

Fig. 4. b

Benard Direxit.

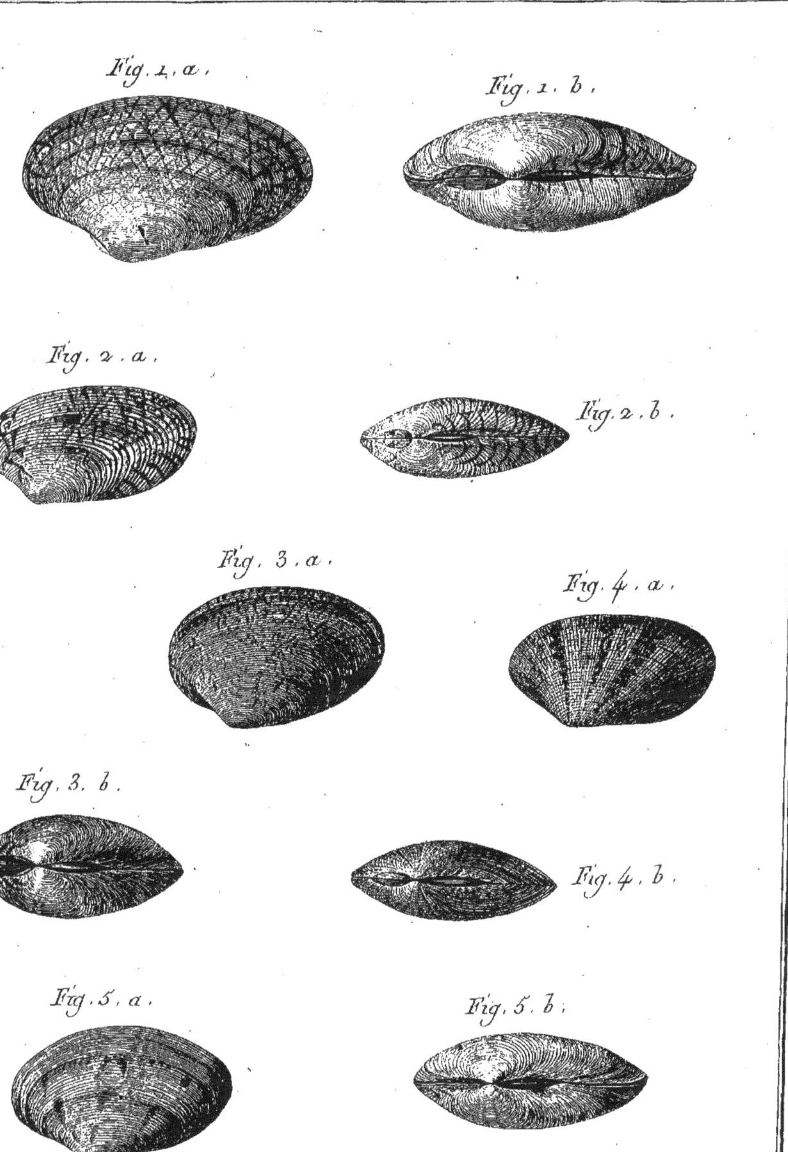

Redouté Del. Benard Direxit.

Histoire Naturelle, *Vers Testacés à Coquille Bivalve régulière*.

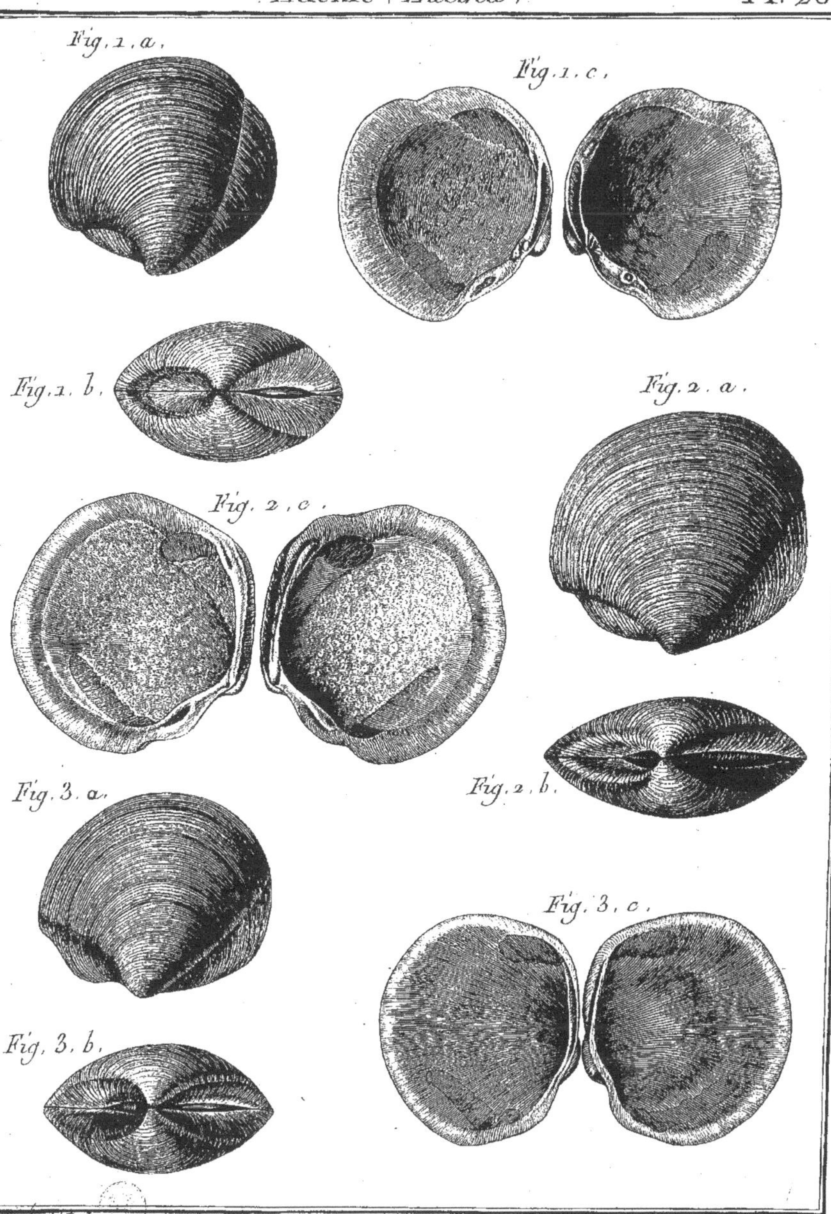

Redouté Del. Benard Direxit.

Histoire Naturelle, Vers Testacés à Coquille Bivalve régulière.

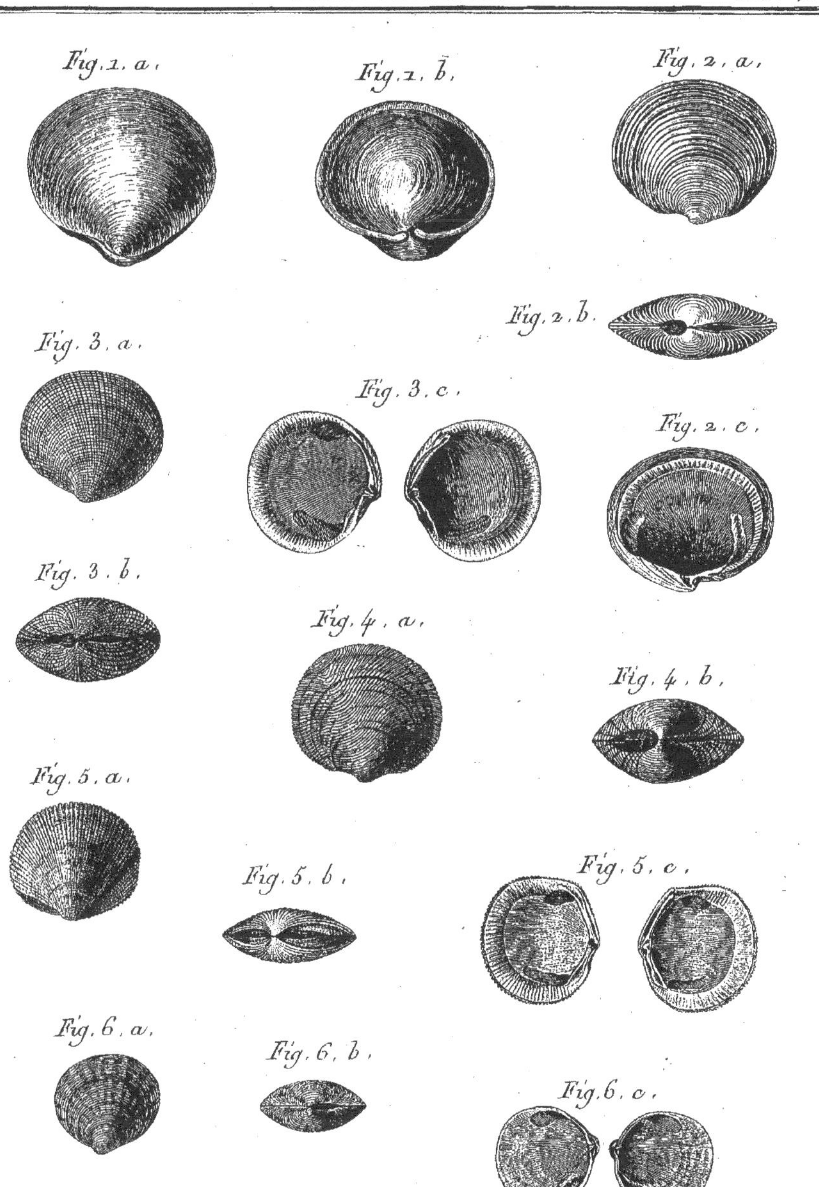

Benard Direx.

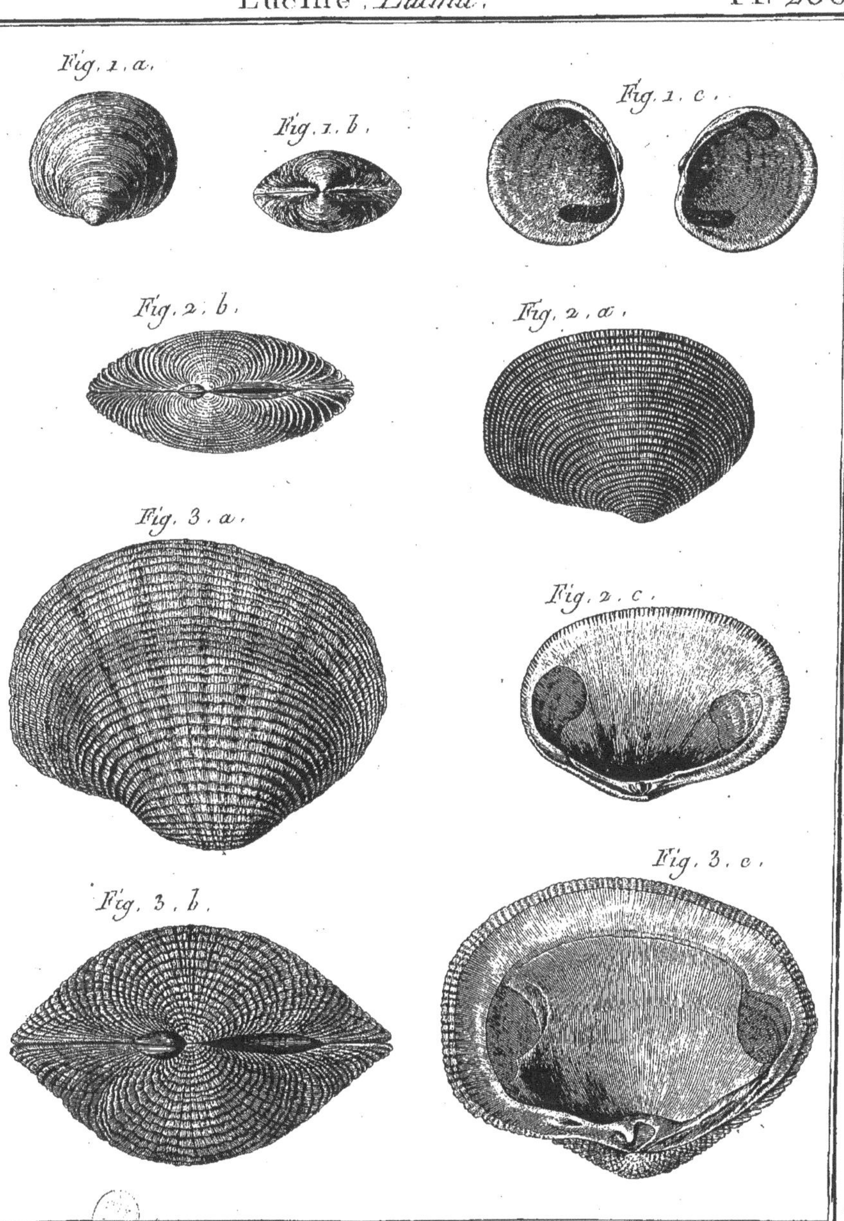

J. Redouté Del. Benard Direxit.

Histoire Naturelle, Vers Testacés à Coquille Bivalve régulière. 153.

Telline. *Tellina*. Pl. 287.

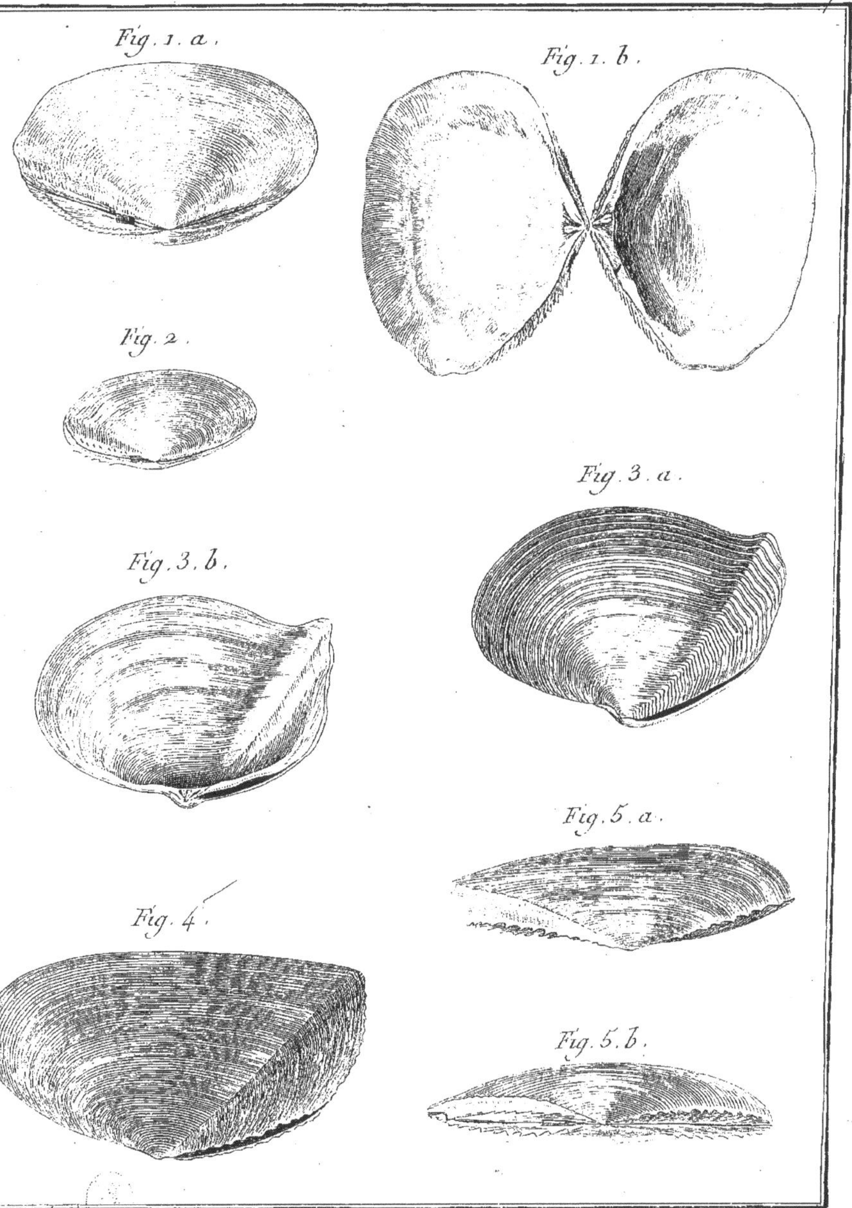

Benard Direxit.

Histoire Naturelle, Vers Testacés à Coquille Bivalve régulière.

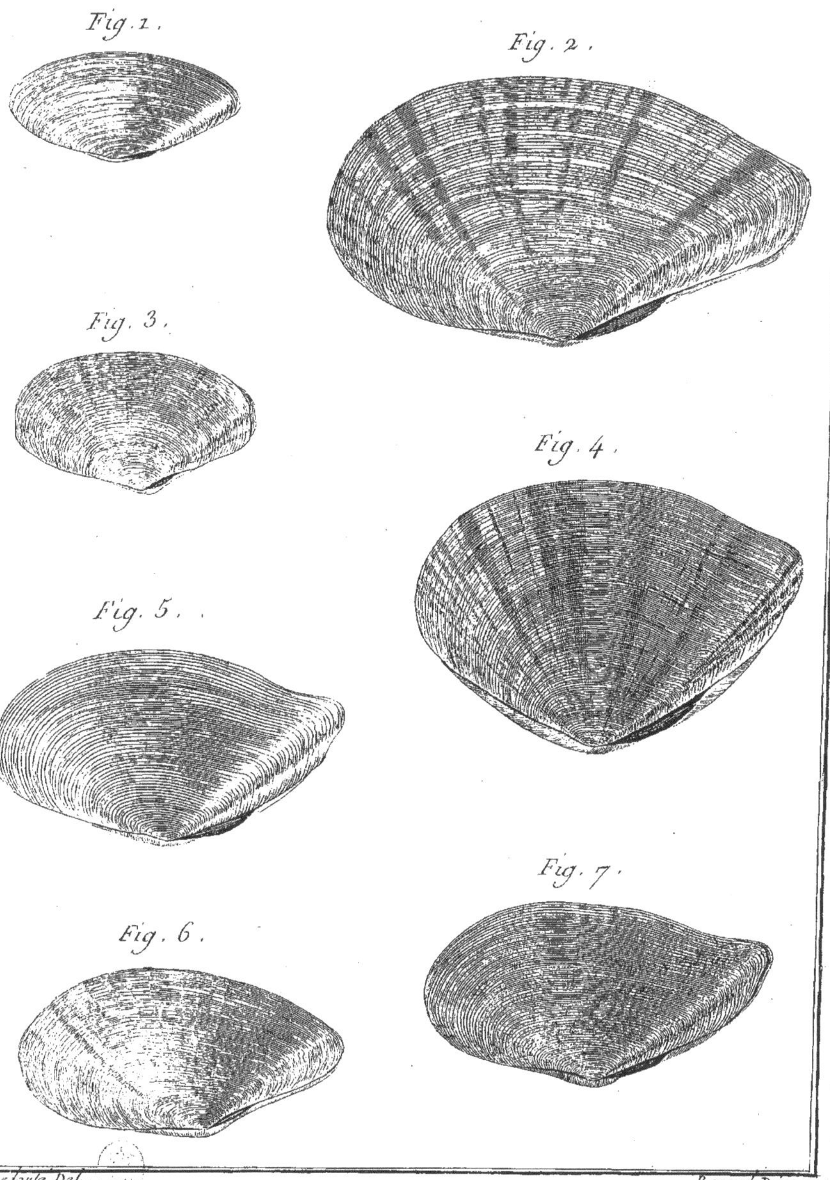

Redouté Del. Benard Direx.

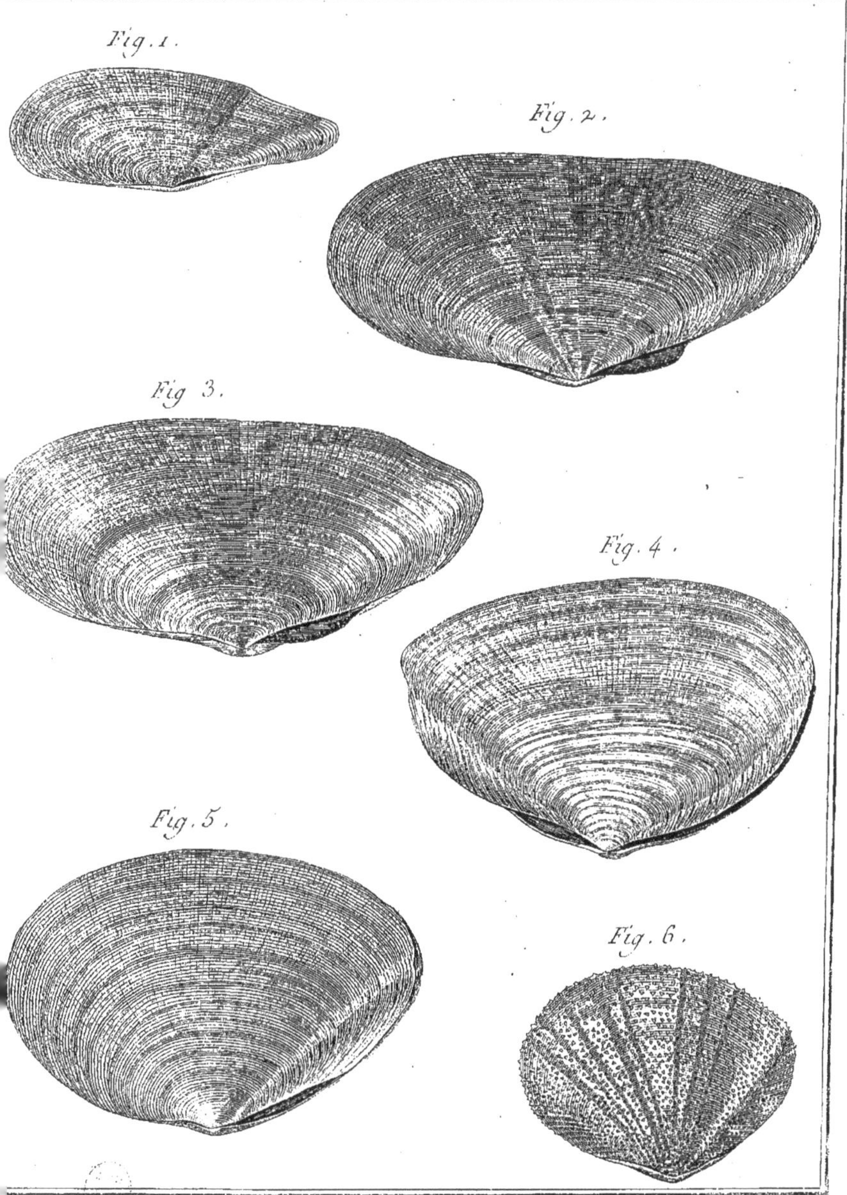

[...]doute Del. Benard Direxit.

Histoire Naturelle, Vers Testacés à Coquille Bivalve régulière.

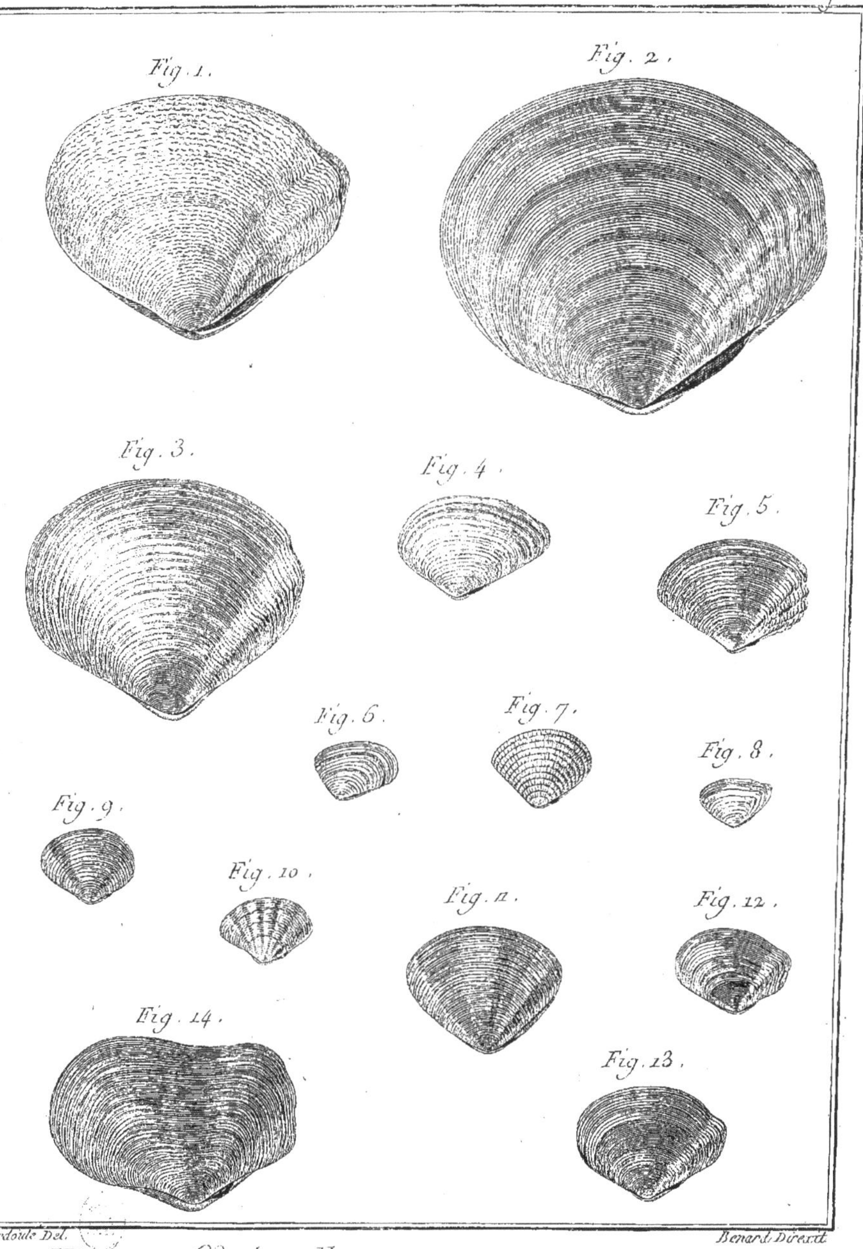

Redouté Del. Benard Direxit.

Histoire Naturelle, Vers Testacés à Coquille Bivalve régulière.

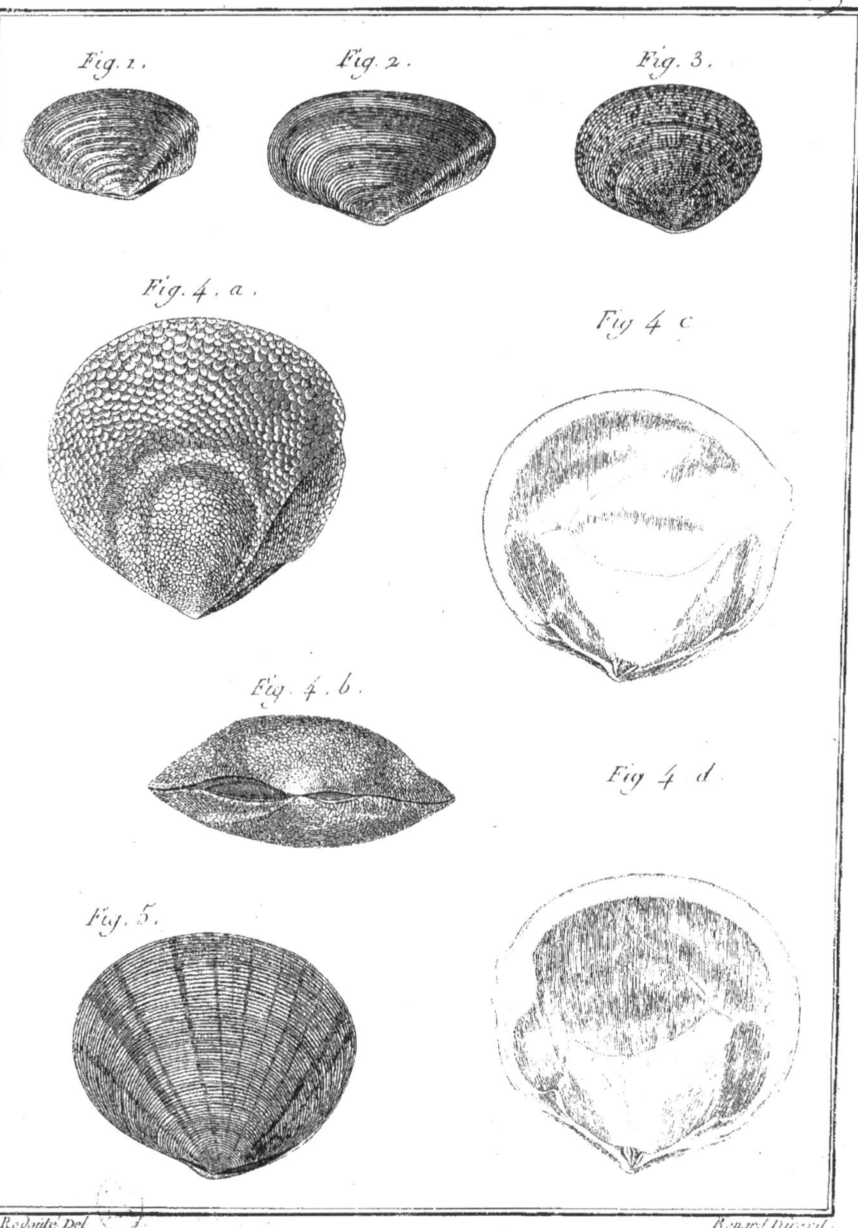

Redouté Del. Benard Direxit.

Histoire Naturelle, Vers Testacés à Coquille Bivalve régulière.

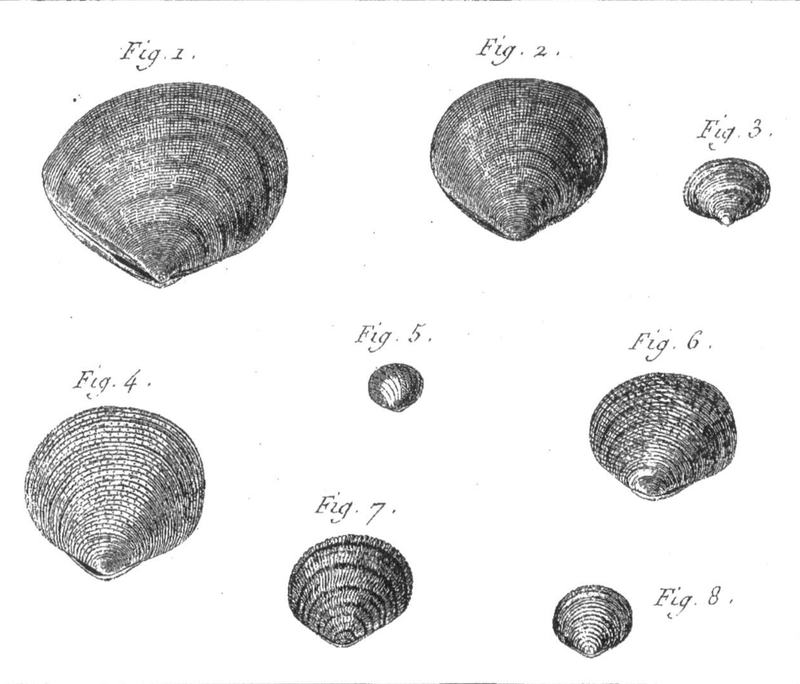

Bucarde . *Cardium* .

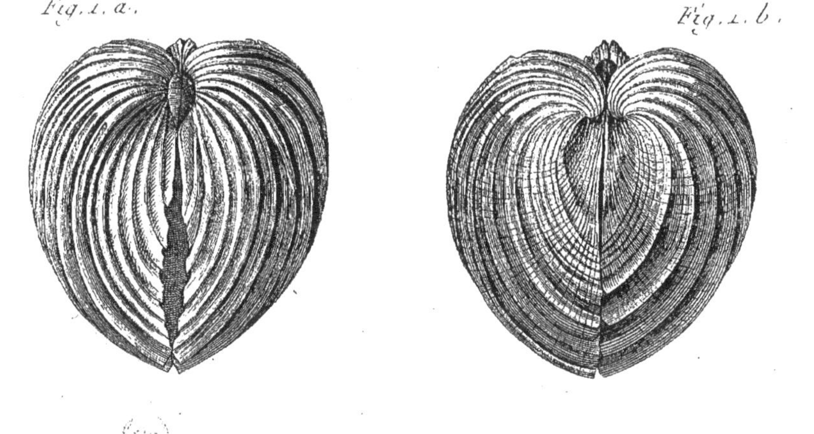

Redouté Del. Benard Direxit

Histoire Naturelle, Vers Testacés à Coquille Bivalve régulière.

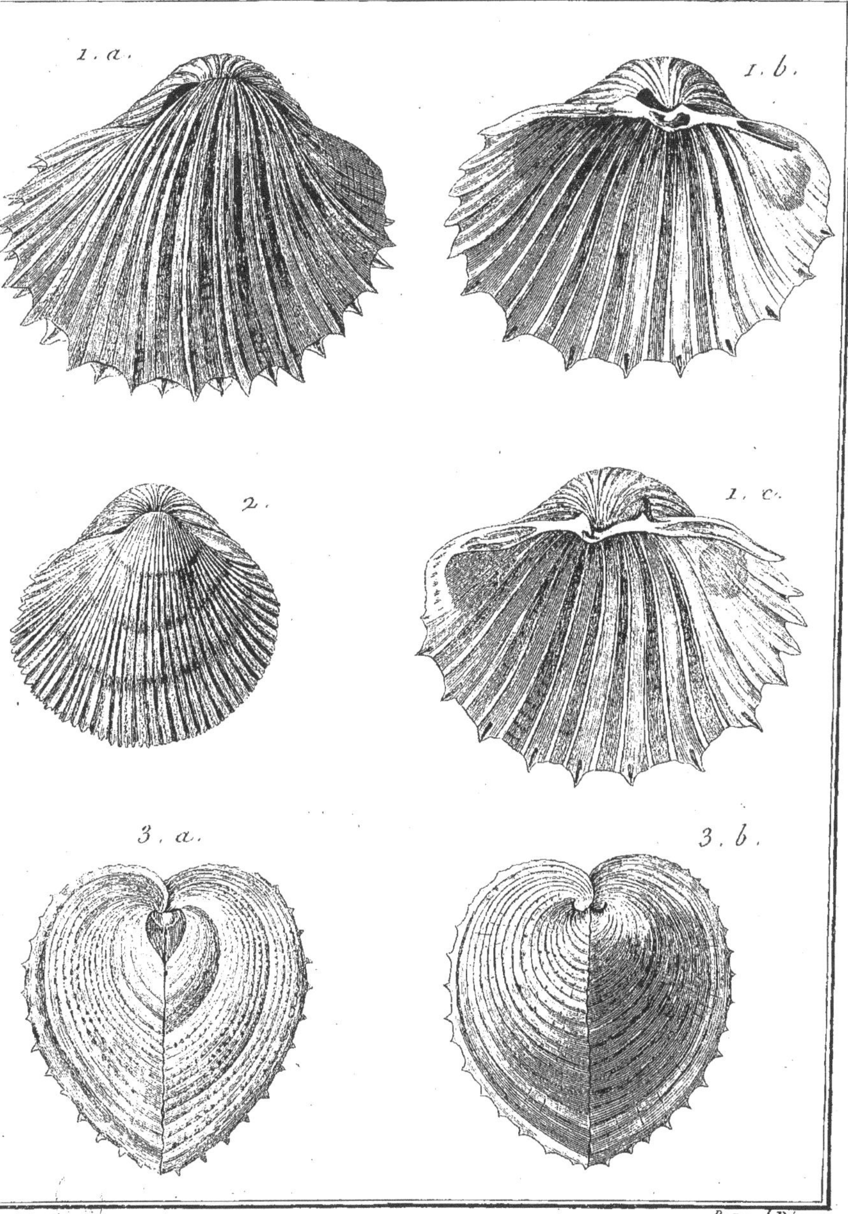

Benard Direx.

Histoire Naturelle, *Vers Testacés à Coquille Bivalve régulière*.

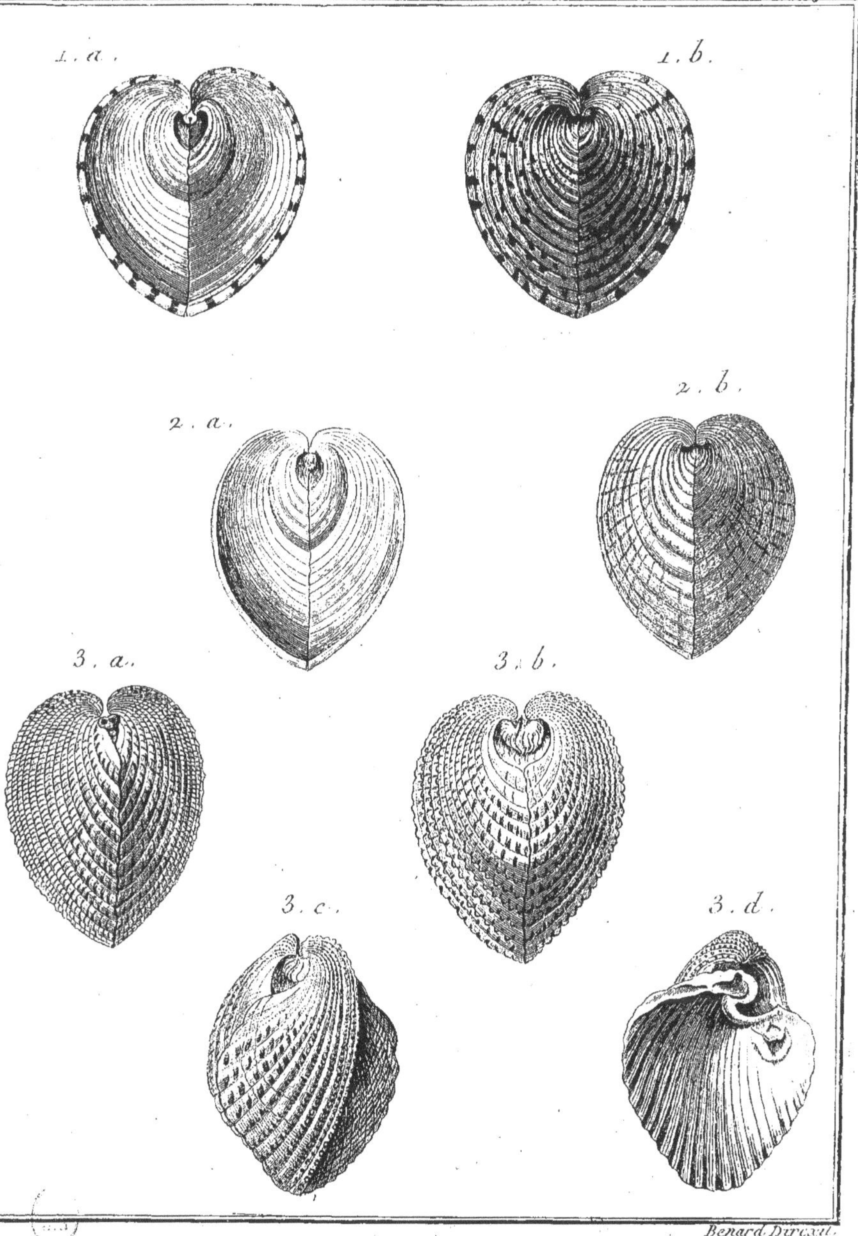

Histoire Naturelle, Vers Testacés à Coquille Bivalve régulière.

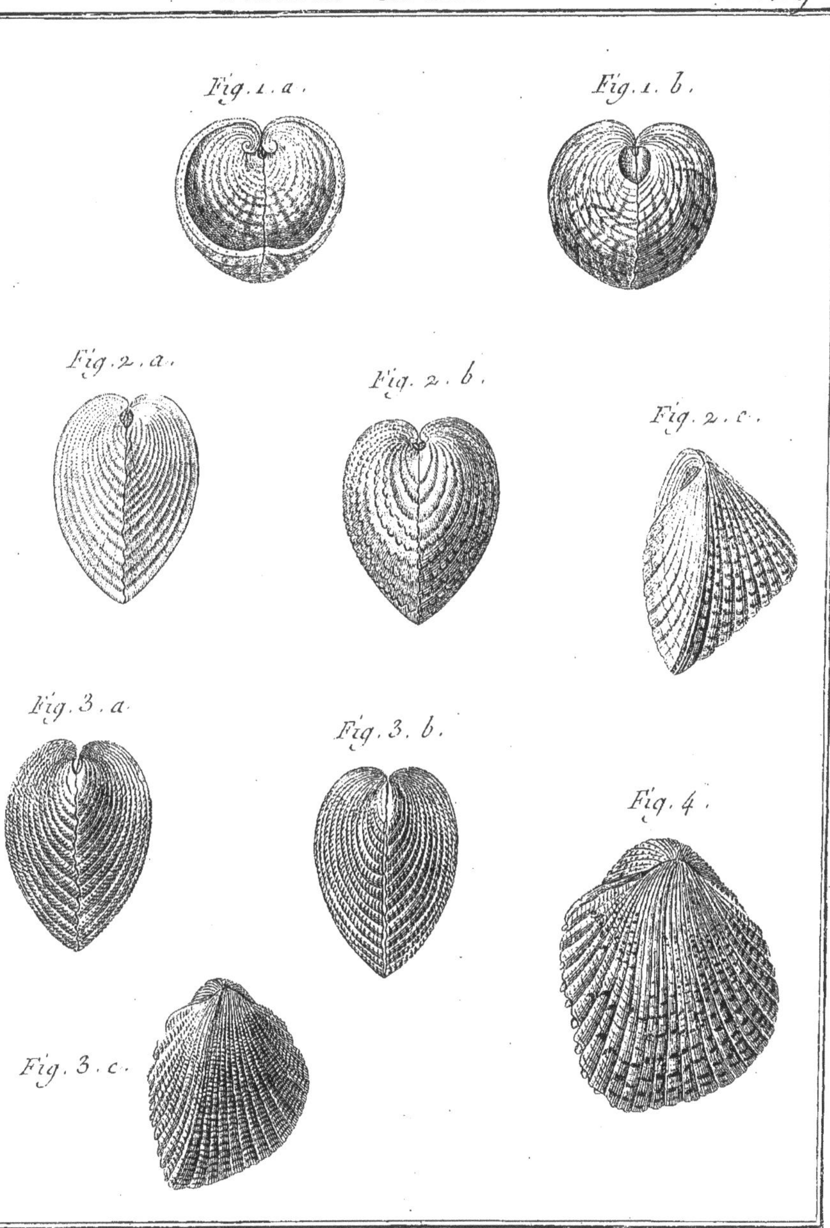

J. Redouté Del. — Benard Direxit.

Histoire Naturelle, *Vers Testacés à Coquille Bivalve régulière.*

Bucarde. *Cardium*. Pl. 296.

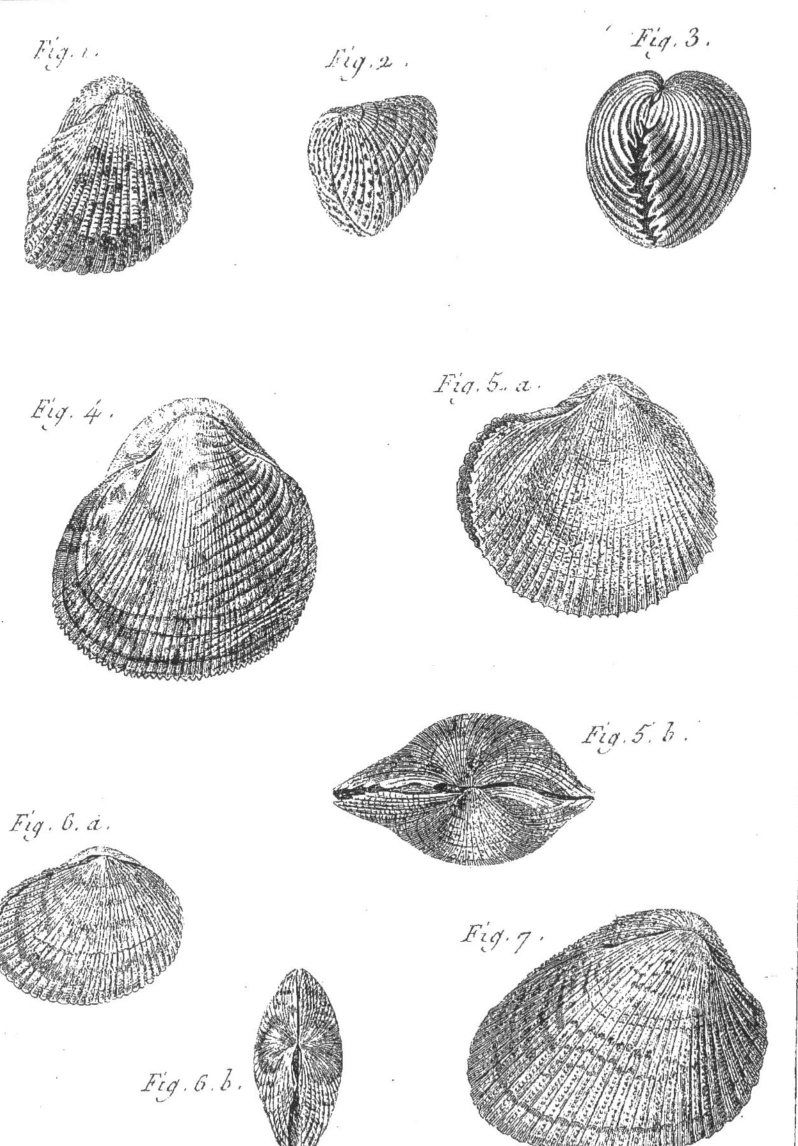

Benard Direxit.

Histoire Naturelle, Vers Testacés à Coquille Bivalve régulière.

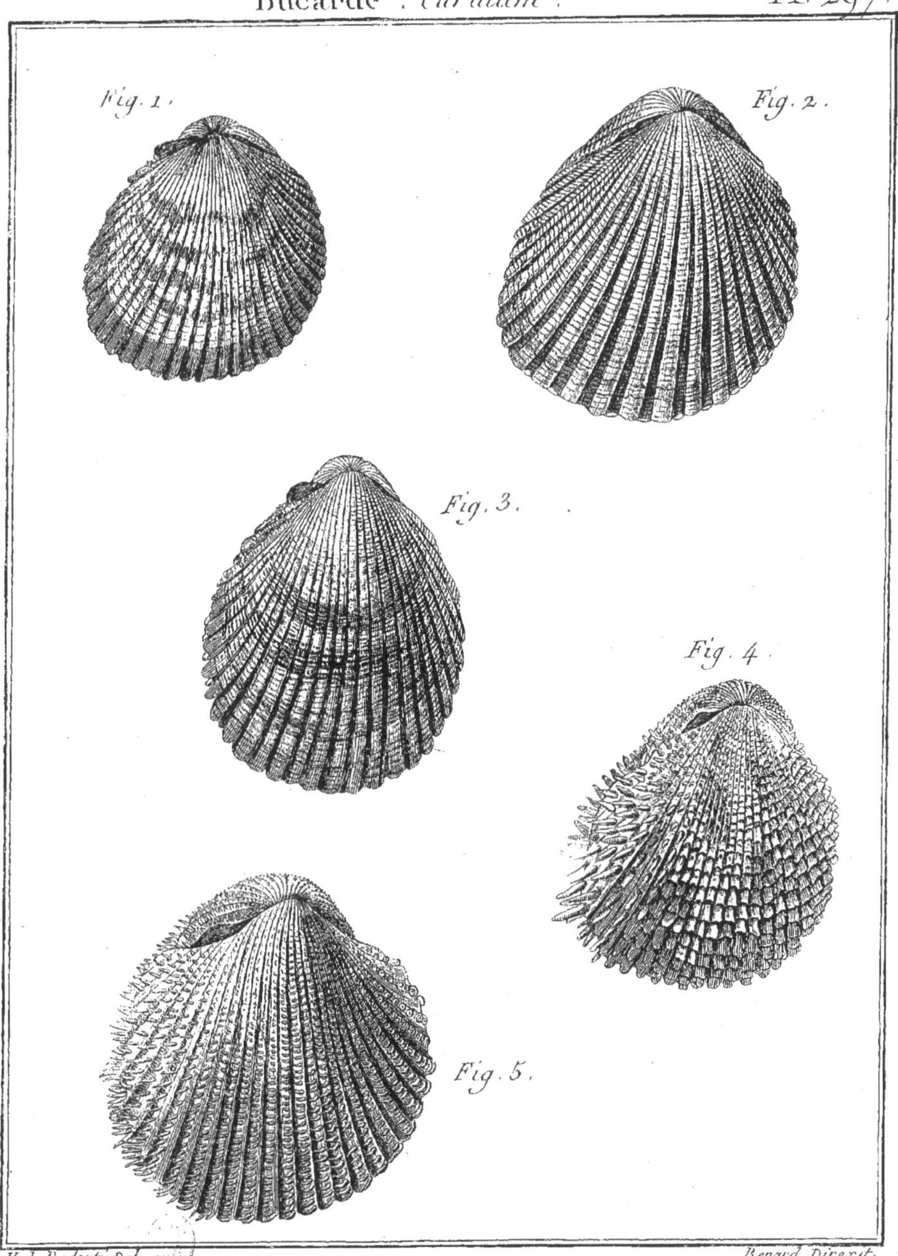

H. J. Redouté Del. Benard Direxit.

Histoire Naturelle, Vers Testacés à Coquille Bivalve régulière.

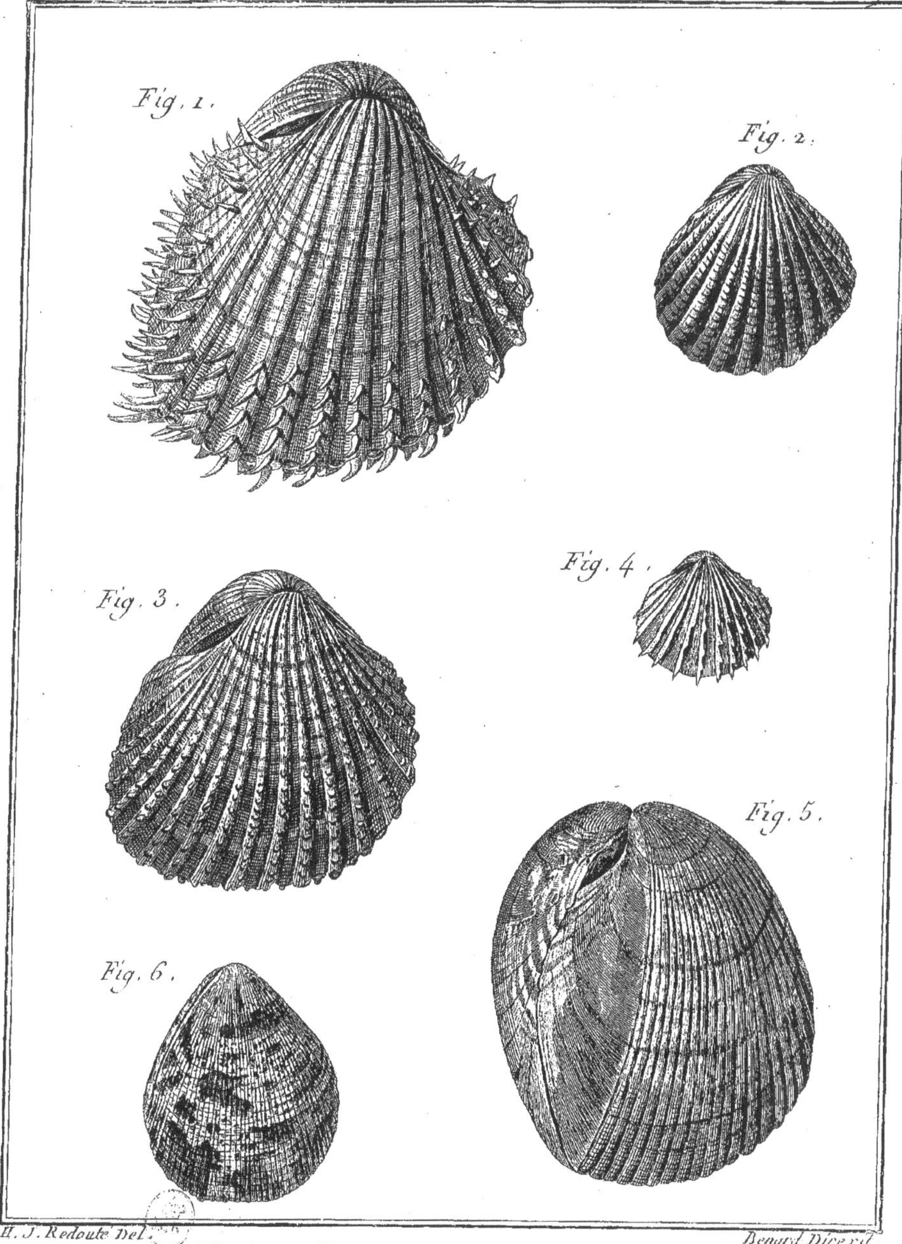

H. J. Redouté Del. Benard Direxit.

Histoire Naturelle, *Vers Testacés à Coquille Bivalve régulière*. 16.

Bucarde. *Cardium*. Pl. 299.

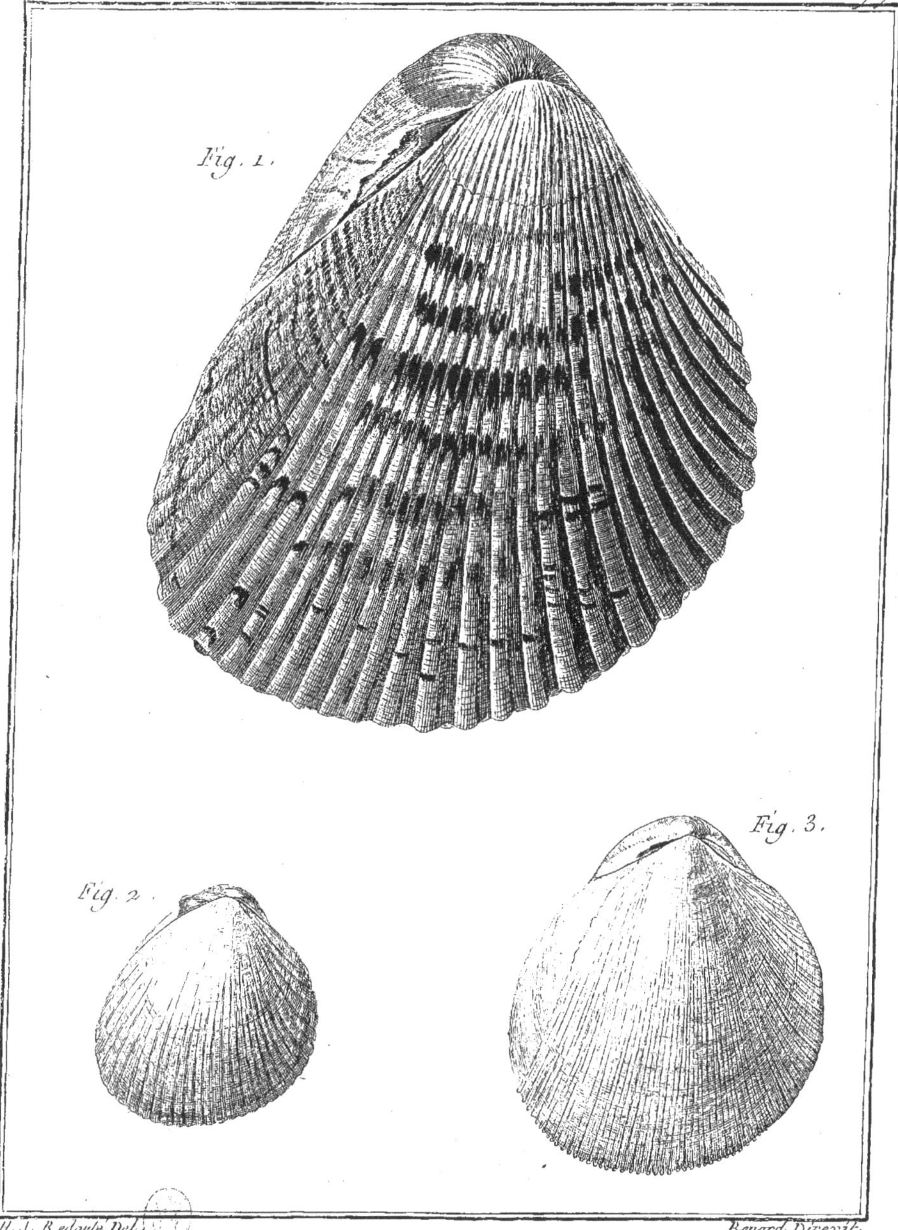

H. J. Redouté Del. Benard Direxit.

Histoire Naturelle, Vers Testacés à Coquille Bivalve régulière.

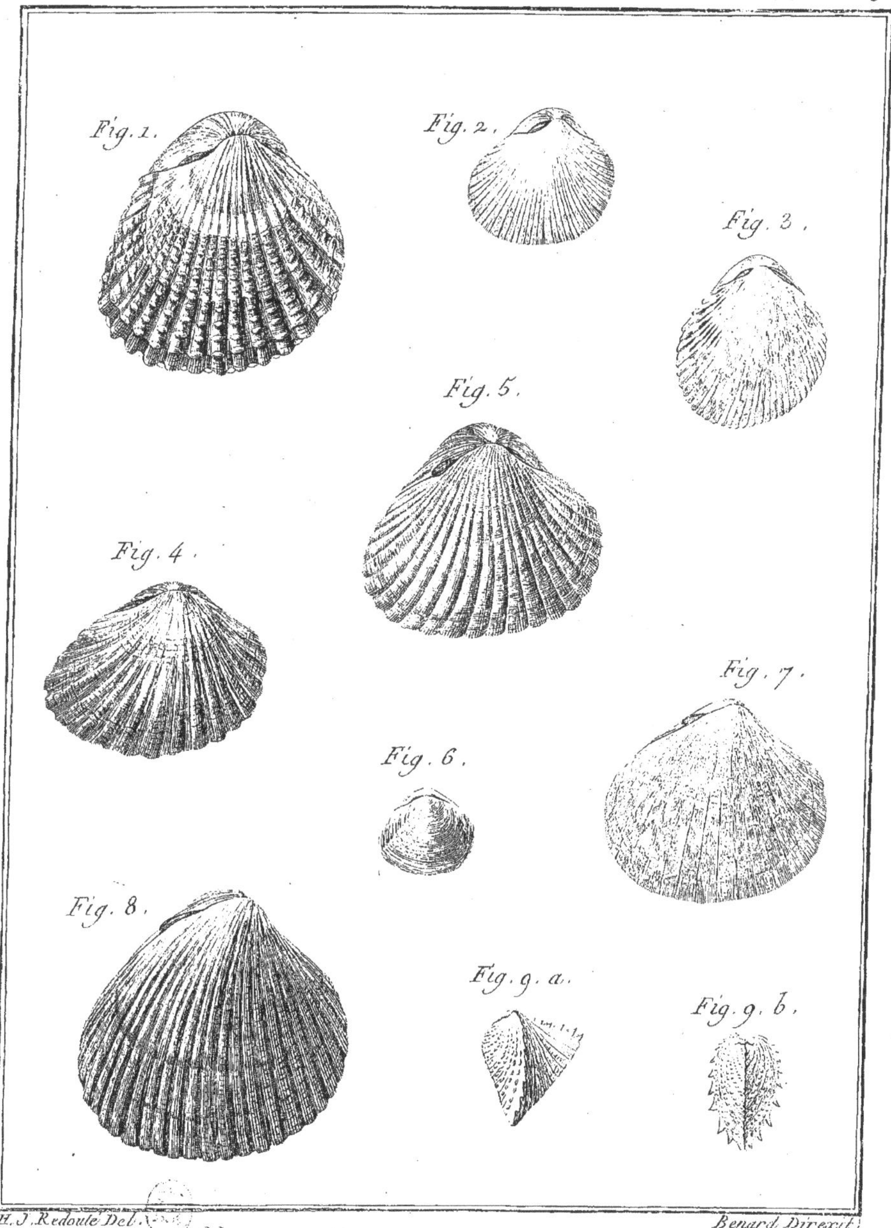

H. J. Redouté Del. Benard Direxit.

Histoire Naturelle, Vers Testacés à Coquille Bivalve régulière. 161.

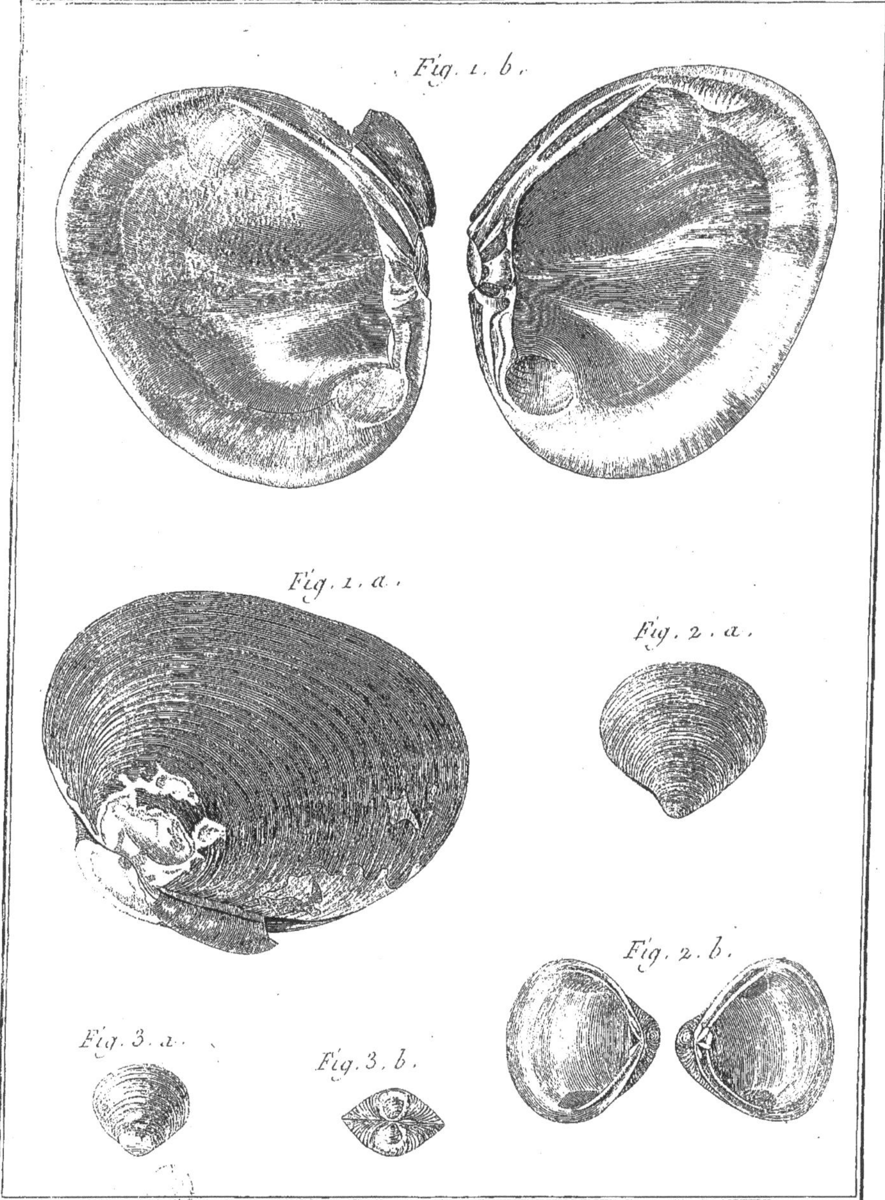

B. J. Reloule Del. Benard Direxit.

Histoire Naturelle, Vers Testacés à Coquille Bivalve régulière.

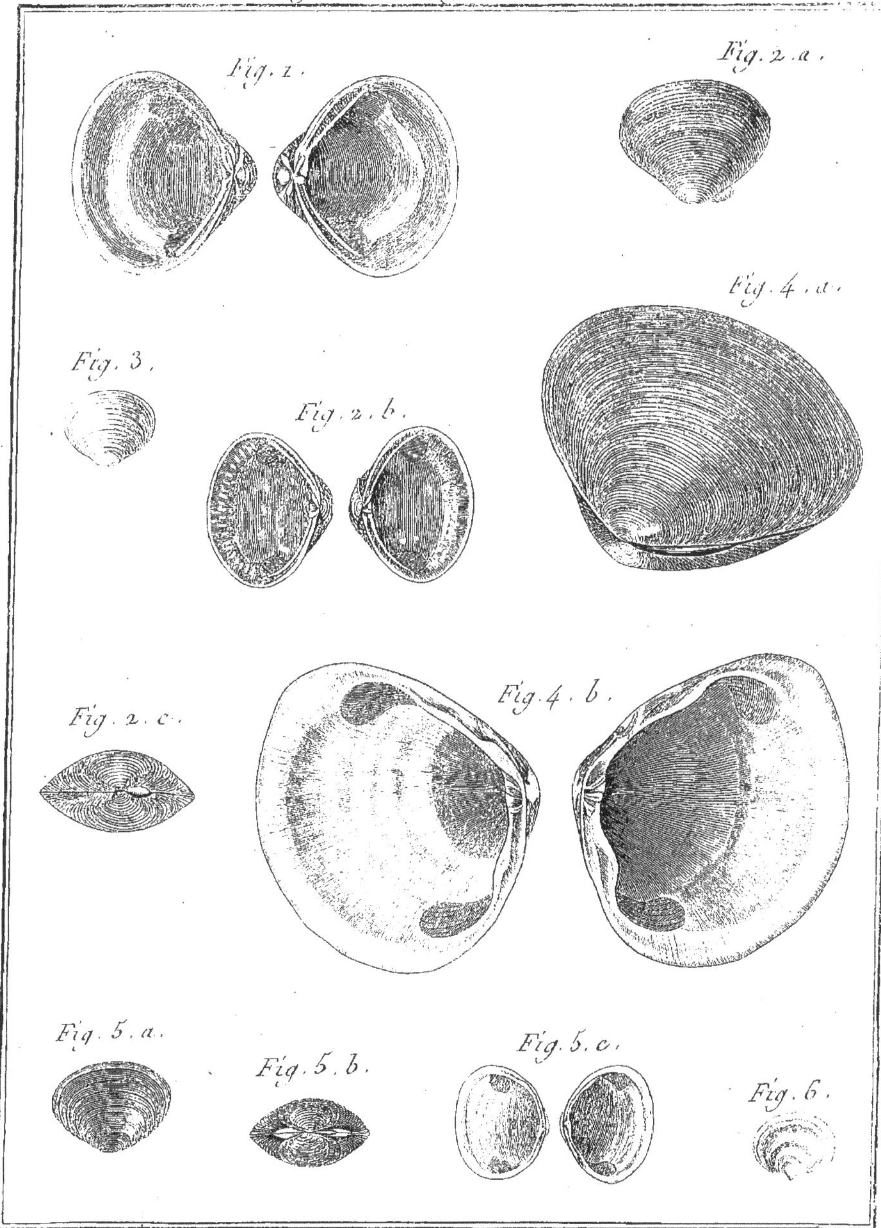

H. J. Redouté Del. Benard Direx.

Histoire Naturelle, Vers Testacés à Coquille Bivalve régulière.

Fig. 1. a.

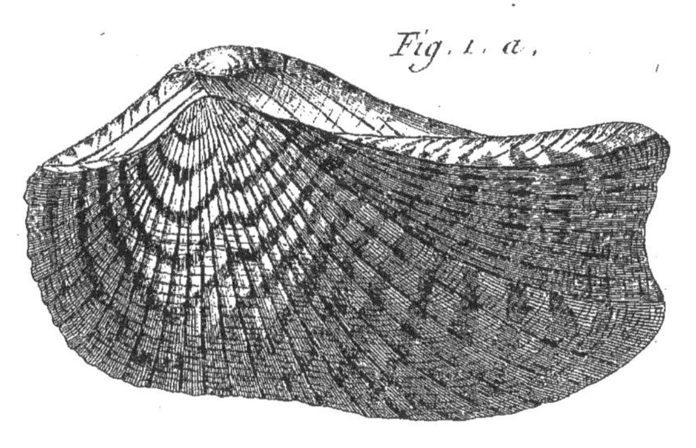

Fig. 1. b.

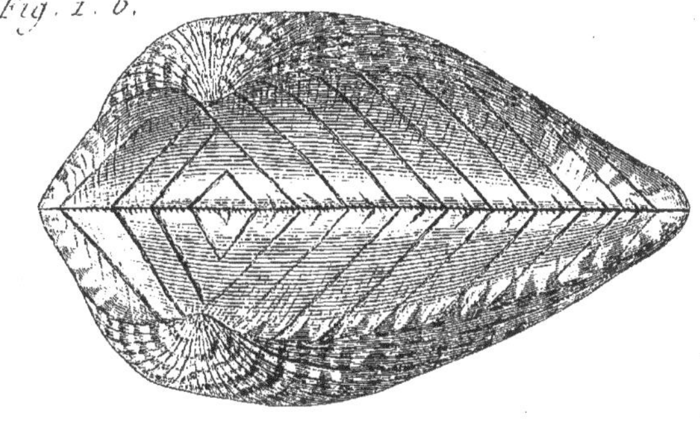

Fig. 1. c.

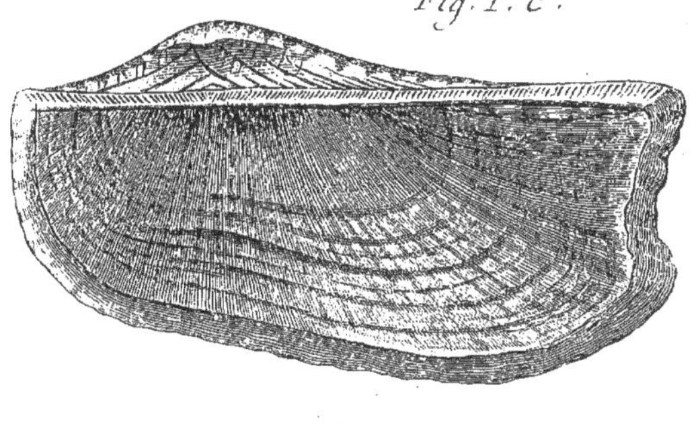

H. J. Redouté Del. Benard Direxit.

Histoire Naturelle, Vers Testacés à Coquille Bivalve régulière.

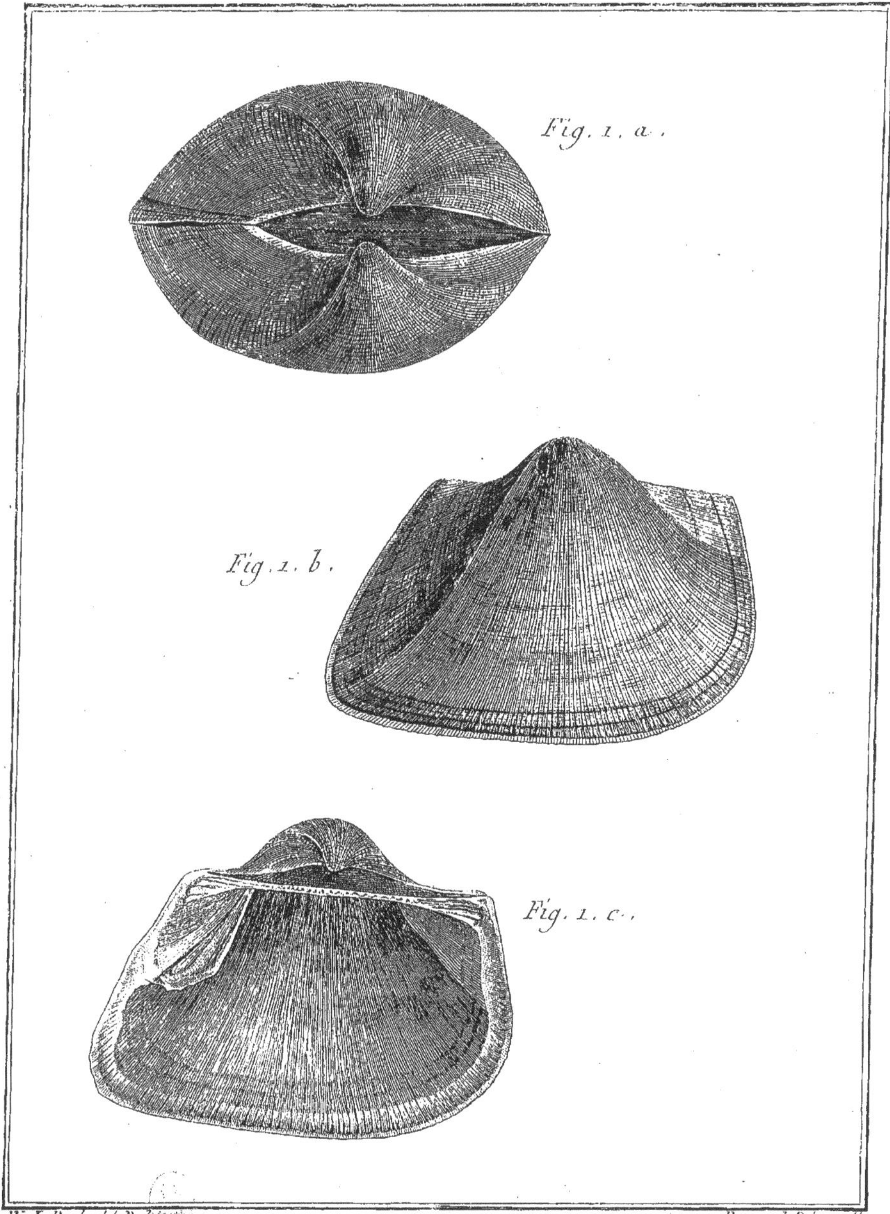

H. J. Redouté Del. Benard Direxit.

Histoire Naturelle, Vers Testacés à Coquille Bivalve régulière.

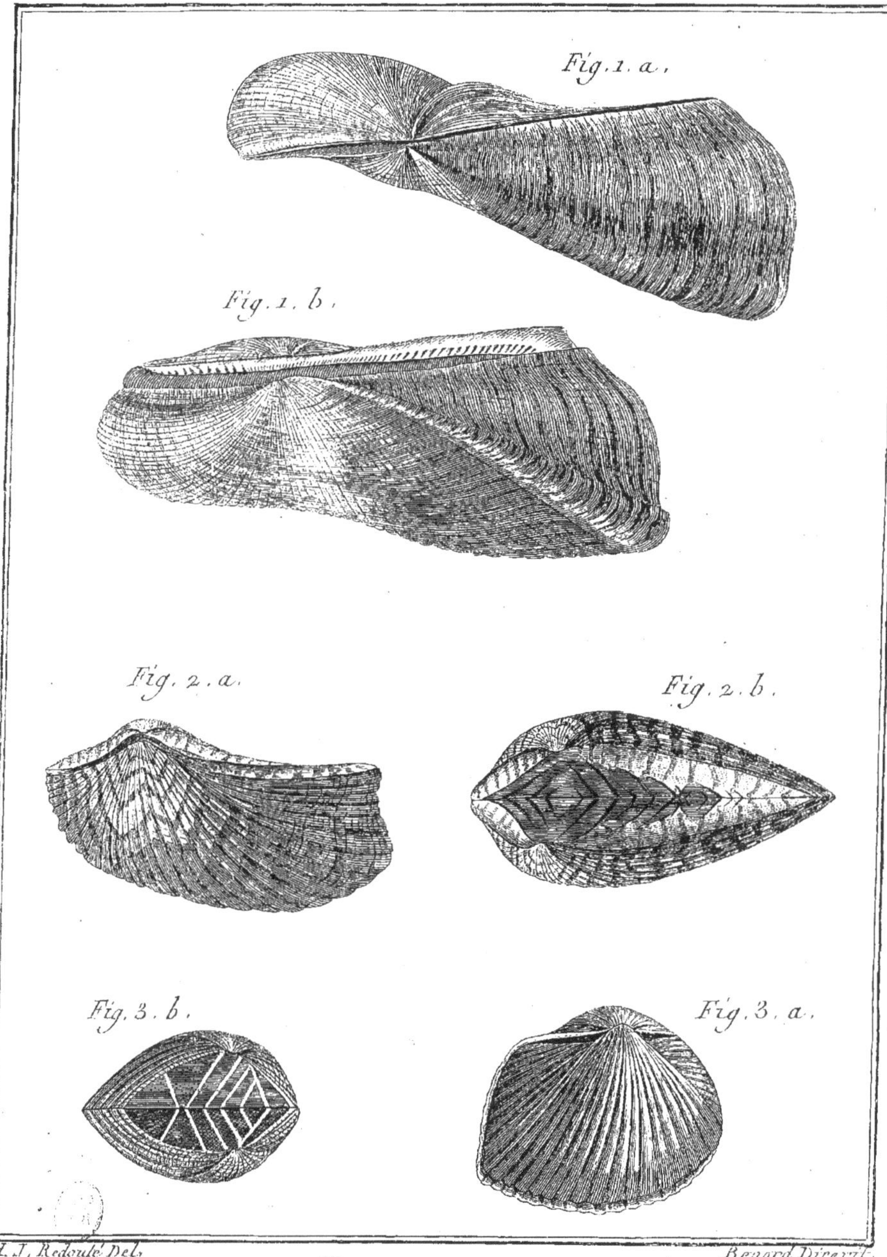

H. J. Redouté Del. Benard Direxit.

Histoire Naturelle, Vers Testacés à Coquille Bivalve régulière. 163.

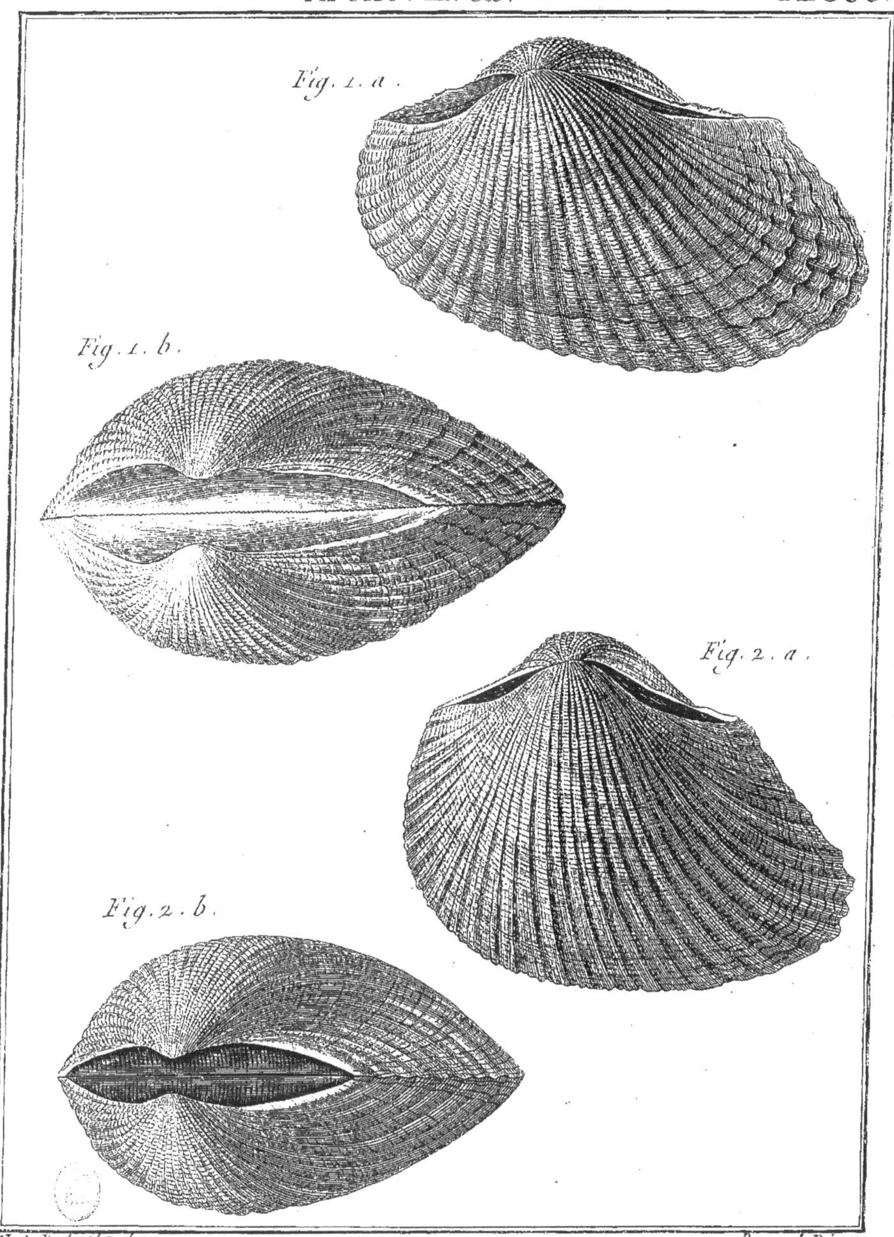

H. J. Redouté Del. Benard Direx.

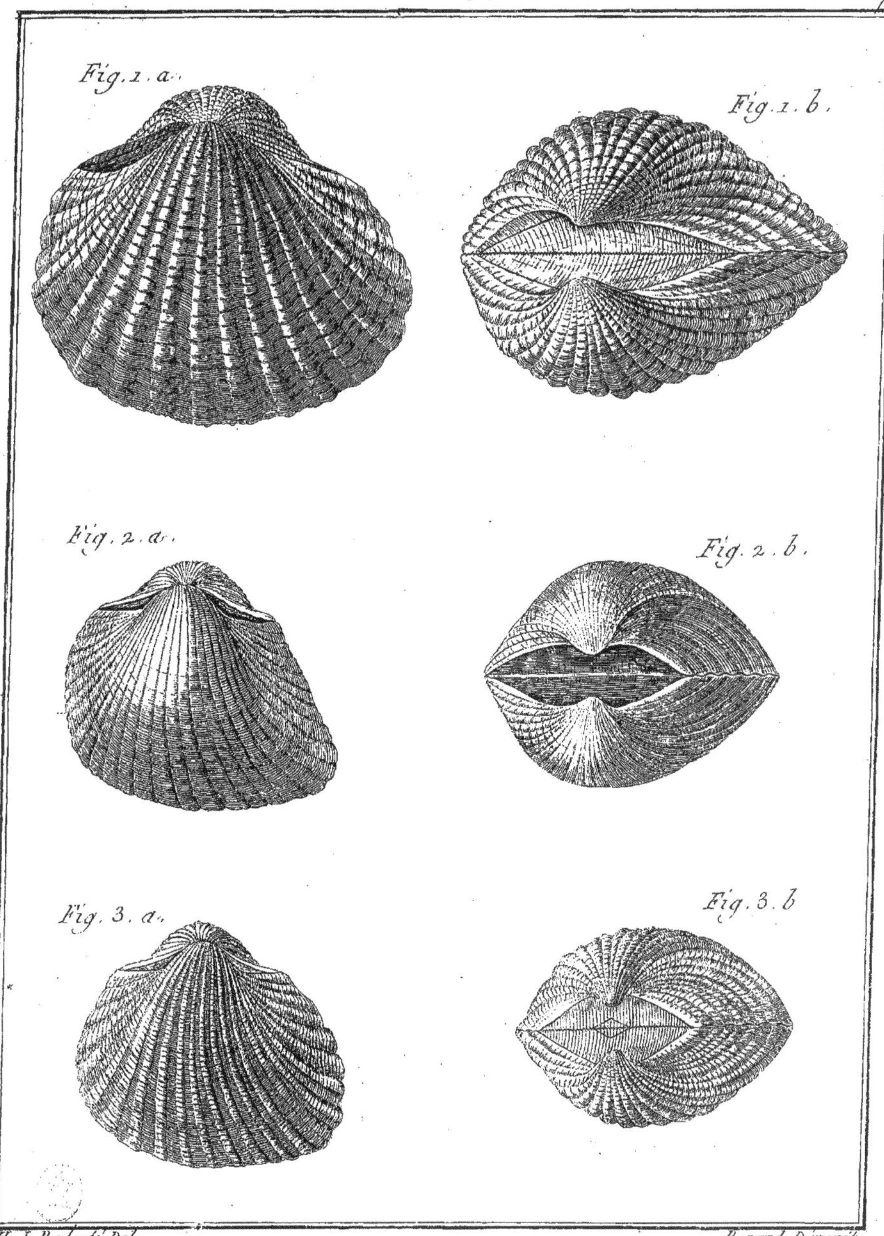

H. J. Redouté Del. Benard Direxit.

Histoire Naturelle, Vers Testacés à Coquille Bivalve régulière.

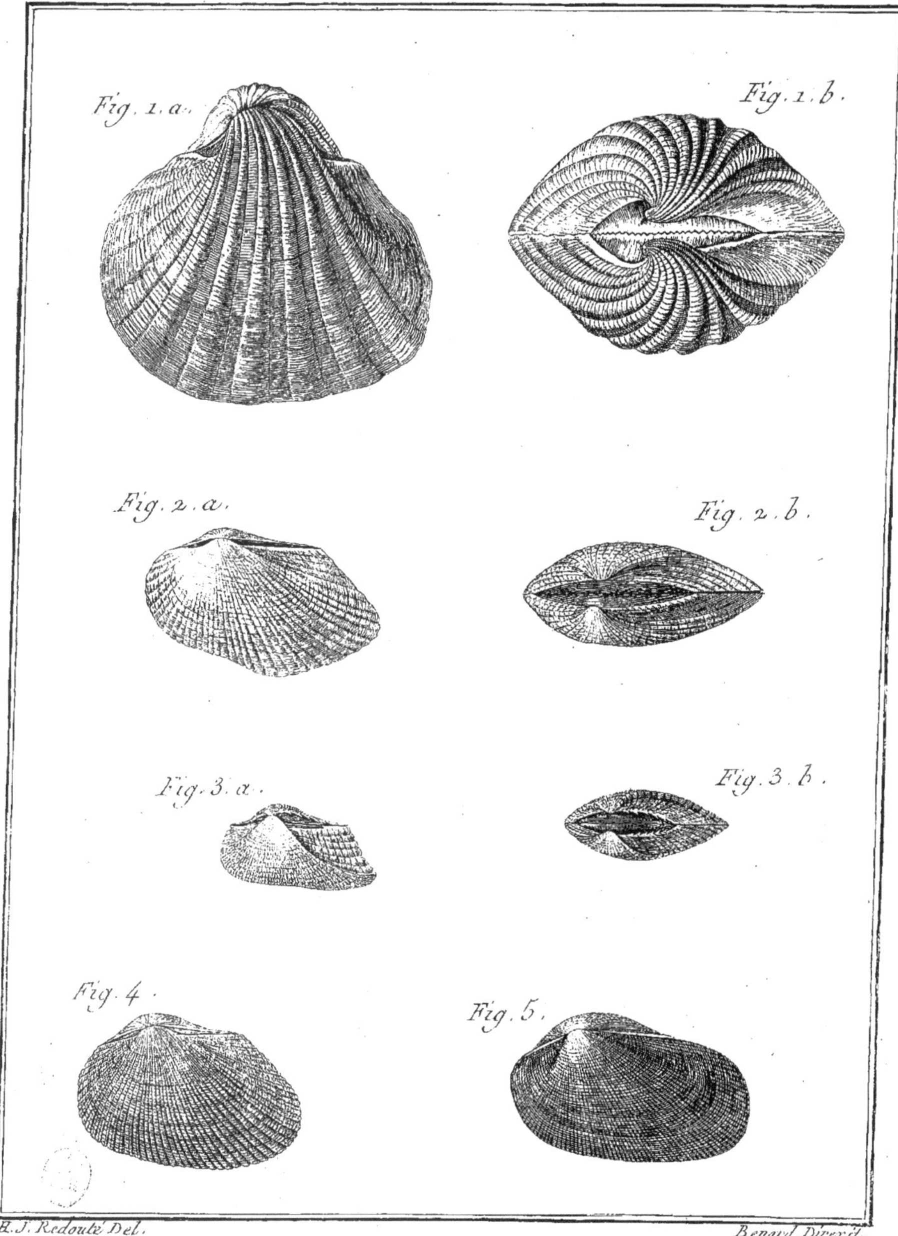

H. J. Redouté Del. Benard Direxit.

Histoire Naturelle, Vers Testacés à Coquille Bivalve régulière.

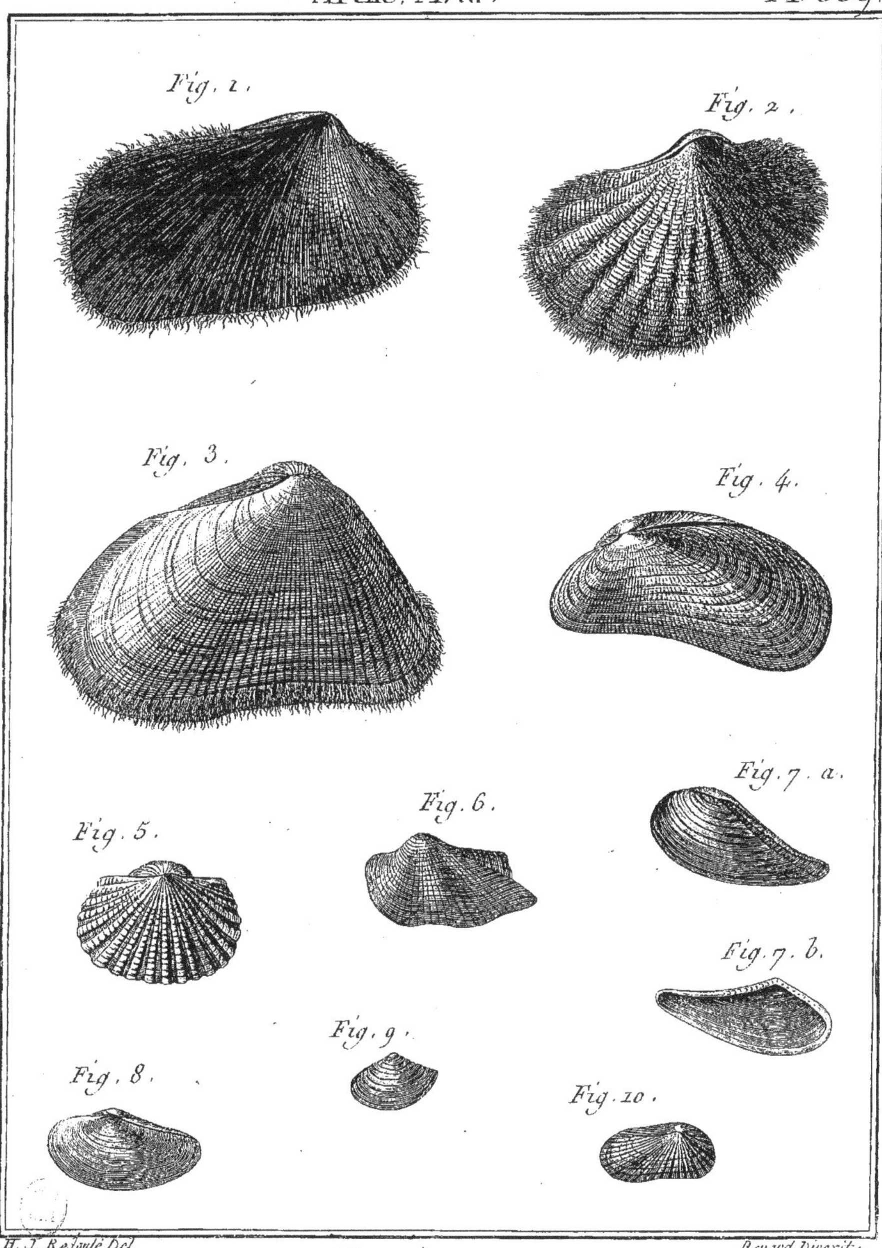

H. J. Redouté Del. Benard Direxit.

Histoire Naturelle, Vers Testacés à Coquille Bivalve régulière.

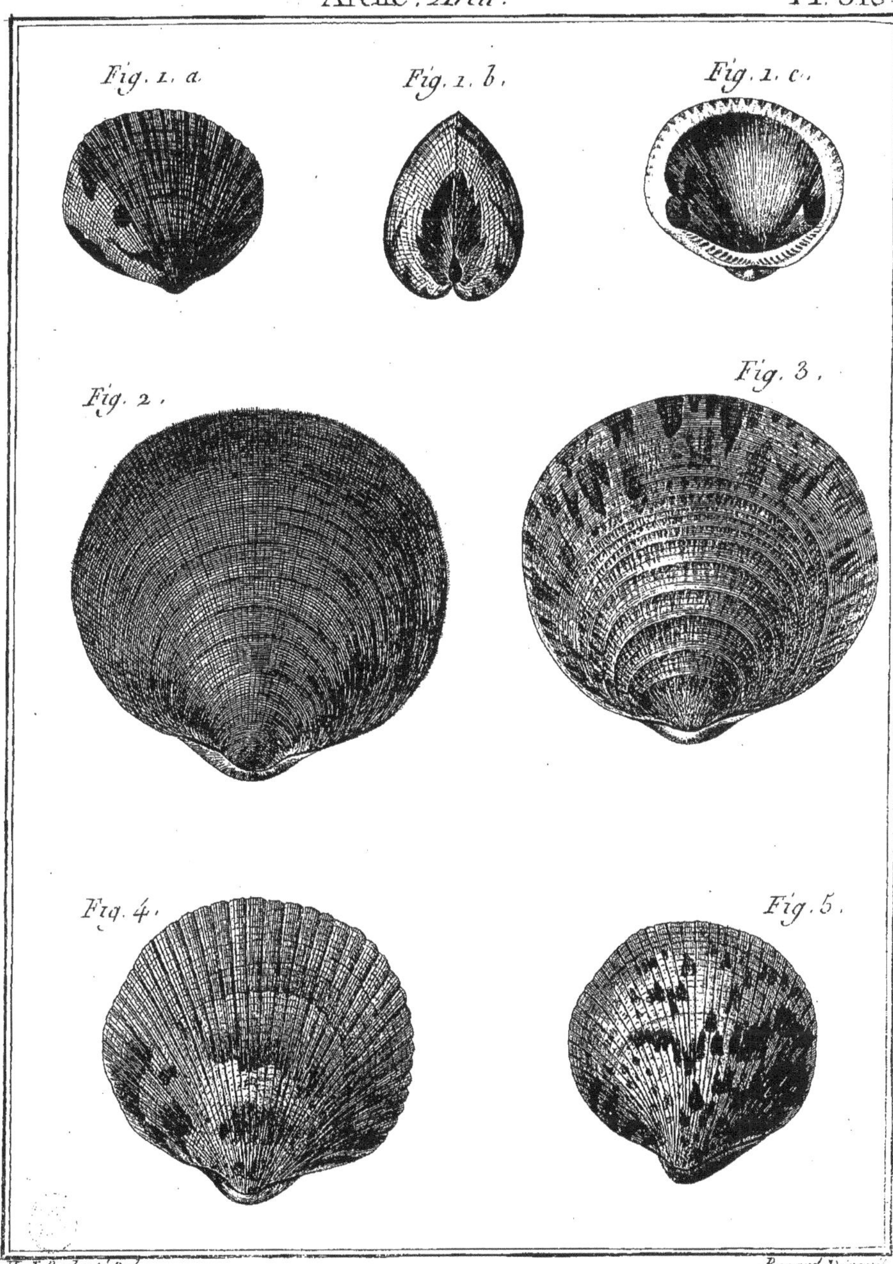

H. J. Redouté Del. Benard Direxit

Histoire Naturelle, Vers Testacés à Coquille Bivalve régulière. 166.

Arche. *Arca.* Pl. 311.

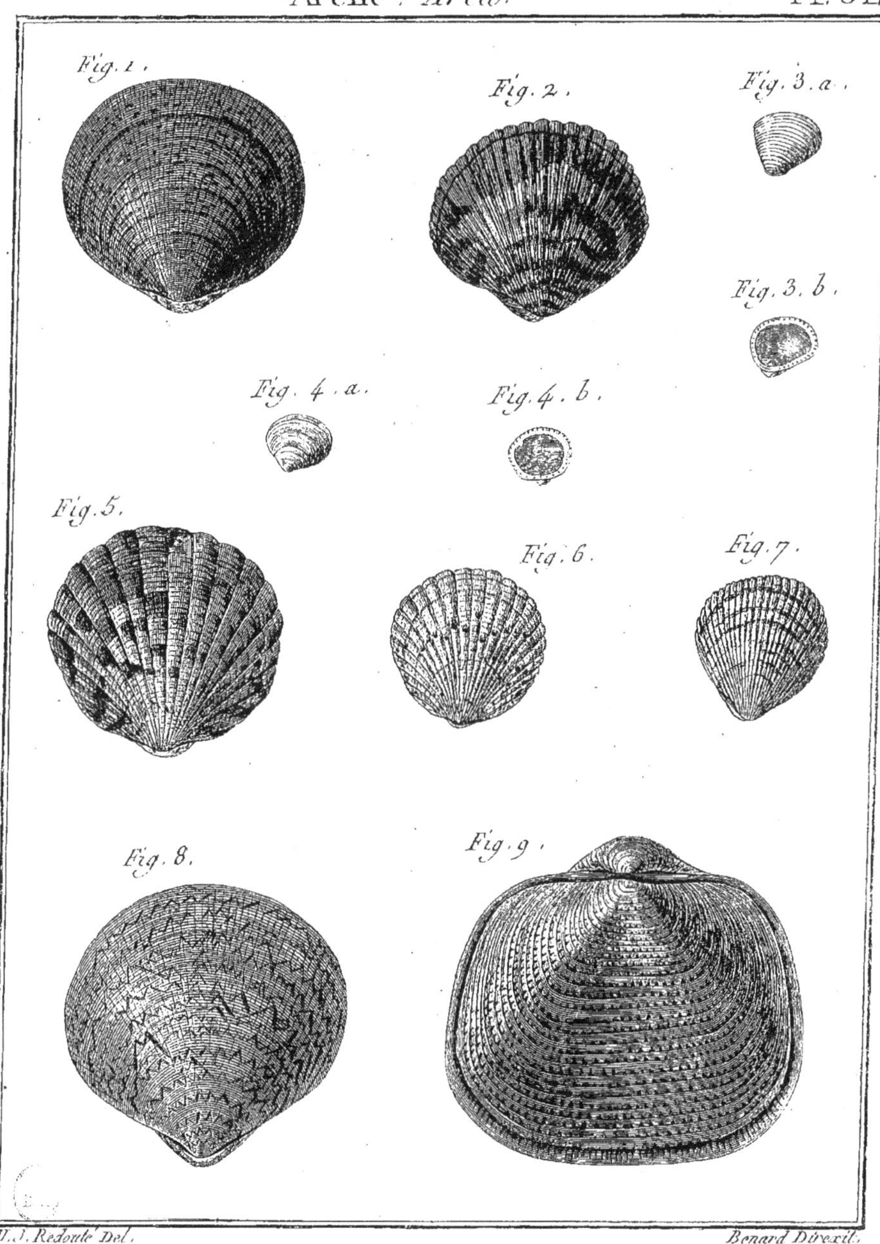

H. J. Redouté Del. Benard Direxit.

Histoire Naturelle, Vers Testacés à Coquille Bivalve régulière.

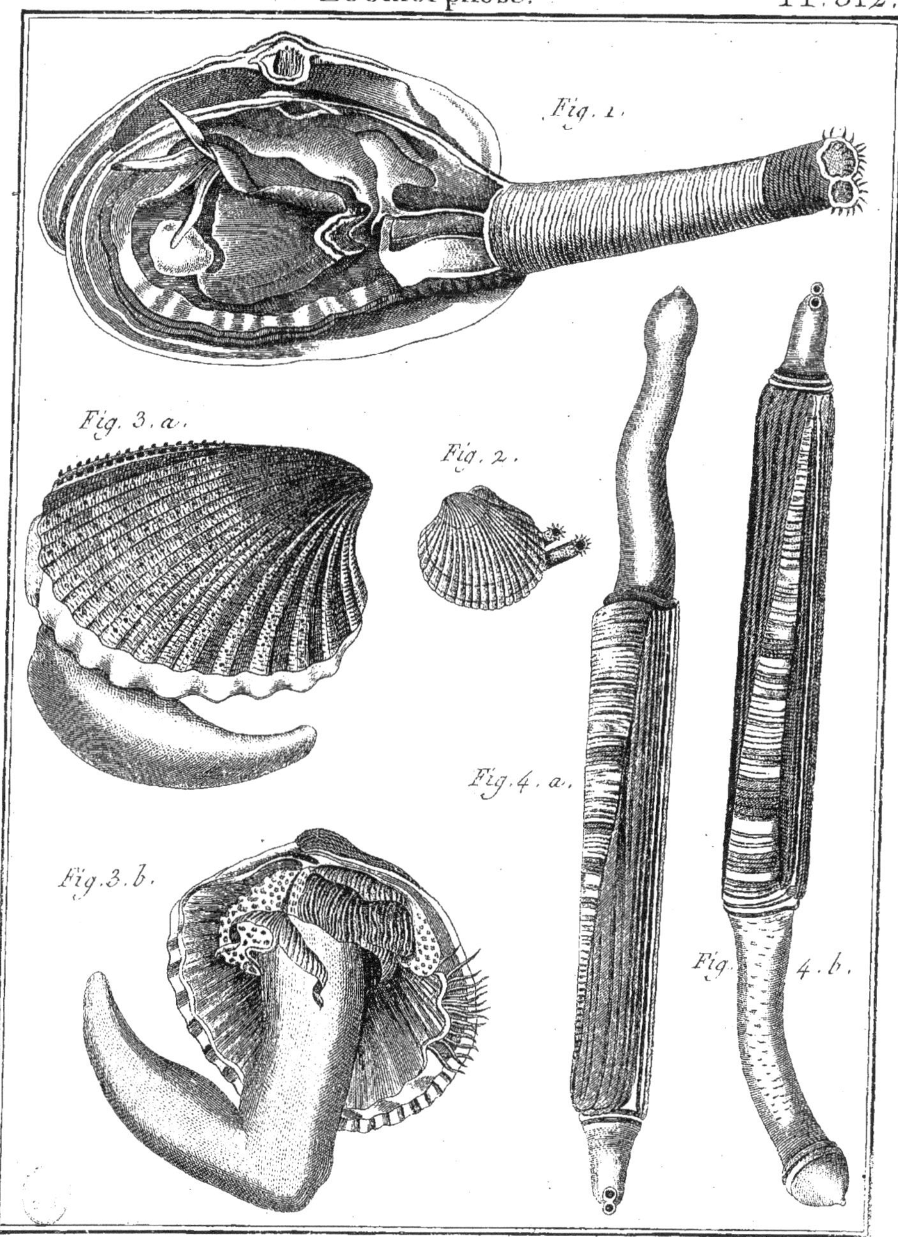

Benard Direxit.

Histoire Naturelle, Vers Testacés à Coquille Bivalve régulière.

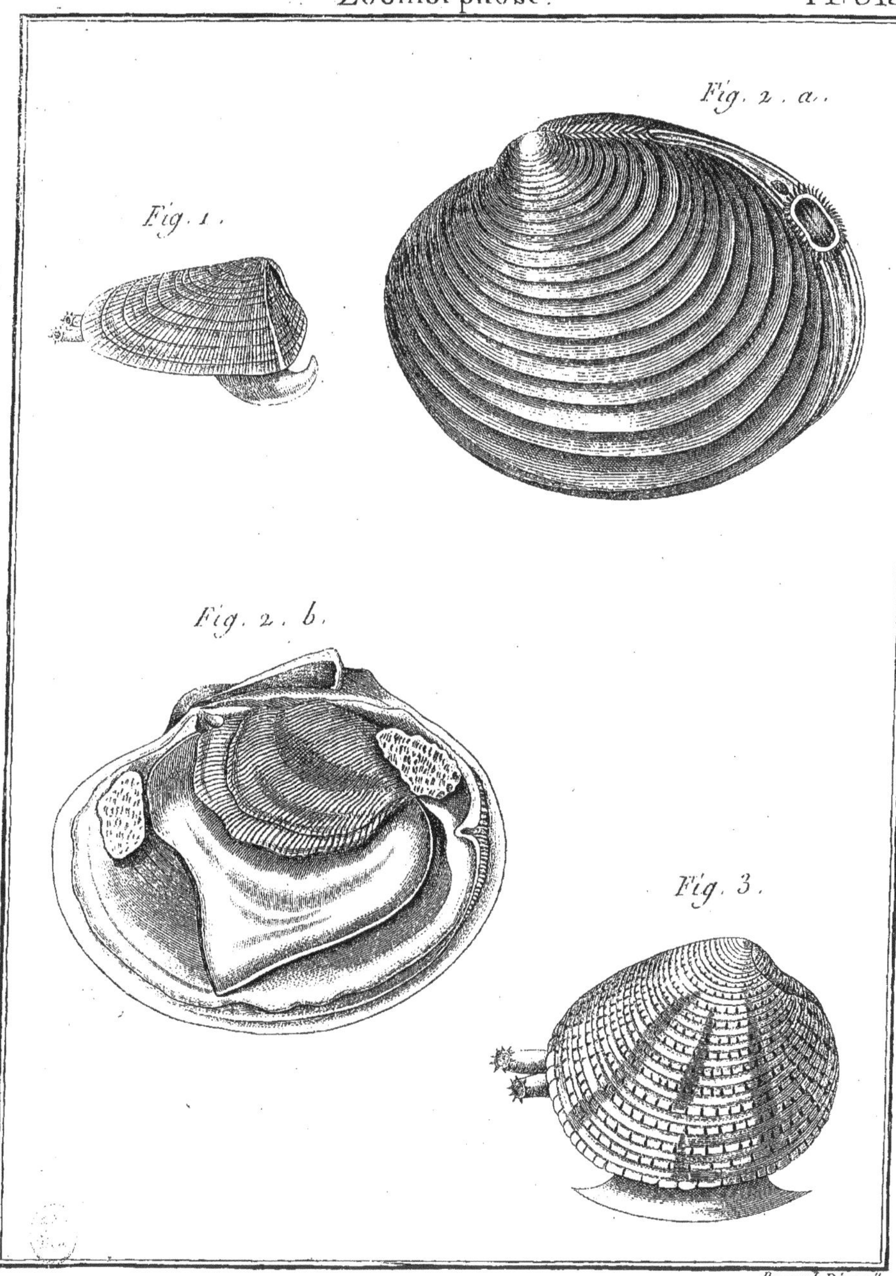

Benard Direxit.

Histoire Naturelle, Vers Testacés à Coquille Bivalve régulière.

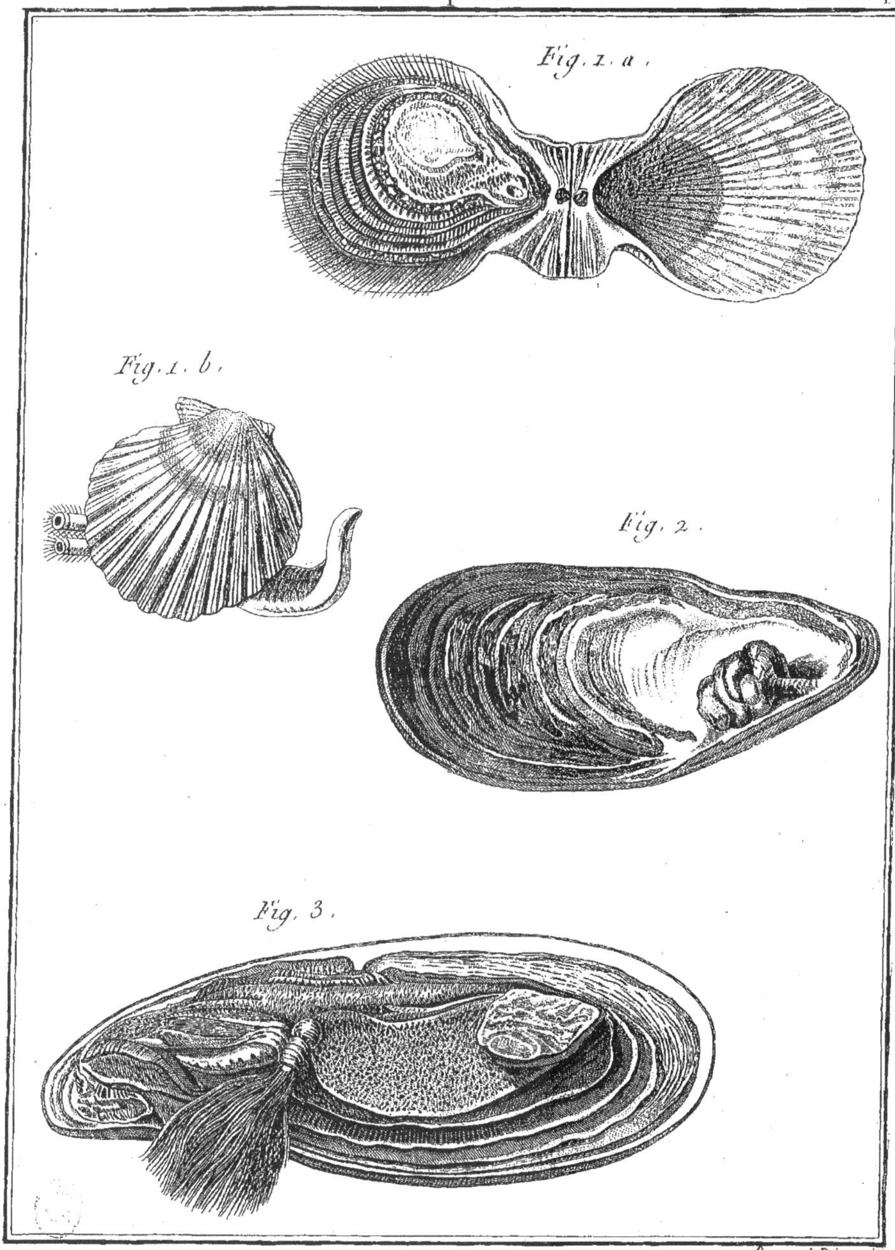

Benard Direxit.

Histoire Naturelle, Vers Testacés à Coquille Bivalve régulière. 168

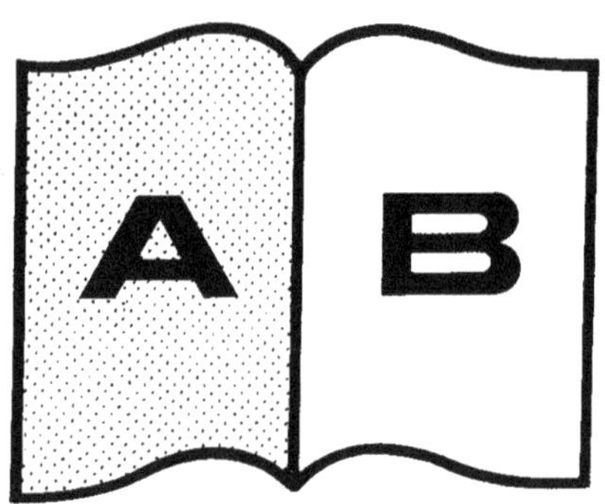
A
B

www.ingramcontent.com/pod-product-compliance
Ingram Content Group UK Ltd.
Pitfield, Milton Keynes, MK11 3LW, UK
UKHW020153250726
13967UKWH00003B/1028

9 782011 936400